合作博弈：

Cooperative Game:
Models and Strategies for Synergistic Network Governance
of Air Pollution in Jiangxi Province

江西省大气污染协同网络治理模型与策略

罗冬林 著

中国财经出版传媒集团
经济科学出版社
Economic Science Press

图书在版编目（CIP）数据

合作博弈：江西省大气污染协同网络治理模型与策略/罗冬林著. --北京：经济科学出版社，2021.11

ISBN 978-7-5218-3109-2

Ⅰ.①合…　Ⅱ.①罗…　Ⅲ.①空气污染-污染防治-江西　Ⅳ.①X51

中国版本图书馆CIP数据核字（2021）第245880号

责任编辑：杨　洋　赵　岩
责任校对：隗立娜
责任印制：王世伟

合作博弈：江西省大气污染协同网络治理模型与策略

罗冬林　著

经济科学出版社出版、发行　新华书店经销

社址：北京市海淀区阜成路甲28号　邮编：100142

总编部电话：010-88191217　发行部电话：010-88191522

网址：www.esp.com.cn

电子邮箱：esp@esp.com.cn

天猫网店：经济科学出版社旗舰店

网址：http：//jjkxcbs.tmall.com

北京季蜂印刷有限公司印装

787×1092　16开　15.75印张　300000字

2021年11月第1版　2021年11月第1次印刷

ISBN 978-7-5218-3109-2　定价：59.00元

前言

PREFACE

环境资源保护关乎中华民族未来，生态文明建设关系人民福祉，是实现中华民族伟大复兴中国梦的重要内容。正如习近平主席所言，绿水青山就是金山银山。但是，中国工业化和城镇化的进程中出现了环境“悬崖”危机。例如，2013年全国性的雾霾，2006~2018年黄河中游持续重度污染。为此，党的十八届三中全会决定把“系统”和“协同”上升为工作方法的总指导，党的十九届四中全会强调了作为国家治理体系和治理能力现代化题中之义的环境治理体系和治理能力现代化，以增进人民群众环境保护获得感。在面对2020年9月22日，习近平在第七十五届联合国大会上提出的中国的“CO_2排放力争于2030年前达到峰值，努力争取2060年前实现碳中和”的承诺，江西省提出“十四五”应对气候变化工作举措，推动经济高质量发展，加快实现碳达峰碳中和目标。鉴于大气污染是一种典型的嵌套社会困境，具有分层社会结构，个体、群体与集体利益产生冲突而导致群体行动的灾难性结果。这就要求打破人为的行政管辖分割，整合价值、资源和权力以及政策制定和执行的的碎片，平衡不同主体的利益诉求，积极推进温室气体与污染物协同治理。合作博弈理论引入环境治理分析框架，是近年来环境管理理论和实践发展的趋势，协同治理也是环境治理的有效途径和必然手段。因此本书以江西大气污染治理为切入点，探索、创新环境治理机制，为防治环境污染提供政策建议。

本书以江西省大气污染复杂性为现实出发点，以区域大气污染地方政府协同网络治理的影响因素为逻辑起点，找准江西省区域大气污染地方政府协同网络治理的合作博弈建模基础因素，然后以合作博弈理论为基础，构建确定性情景和不确定性情景下的环境污染协同网络治理的清晰联盟合作博弈和模糊联盟合作博弈模型，并进行实证研究。最后在借鉴国内外经验的基础上提出江西省大气污染治理对策。

由于作者学术水平有限，精力后备不足，时间不够充足，本书难免会出现一些瑕疵，敬请各位读者批评指正。

目 录

第1章 绪　论

1.1 研究背景及价值

1.1.1 研究背景

2012年党的十八大提出，要把生态文明建设放在突出地位，融入经济建设、政治建设、文化建设、社会建设各方面和全过程。我国出台《大气污染防治行动计划》《“十三五”生态环境保护规划》等政策，要求实行空气污染联防联控模式，大力加强协同合作治理。党的十八届三中全会决定把“系统”和“协同”上升为工作方法的总指导，党的十九届四中全会强调了作为国家治理体系和治理能力现代化题中之义的环境治理体系和治理能力现代化，以增进人民群众环境保护获得感。2017年党的十九大提出，打赢蓝天保卫战，坚持人与自然和谐共生、建设美丽中国。但是，由于我国经济与环境没有协调发展，造成空气污染严重。例如，《中国环境状况公报》显示，能见度每十年平均下降0.8公里、0.83公里和2.17公里的城市有北京、上海、广州等；并且这些城市的能见度小于10公里的天数显著增加。2017年，全国338个地级及以上城市仅有99个城市环境空气质量达标，338个城市发生重度污染2311天次，严重污染802天次。2018年，江西省工业废气排放量为15519亿立方米，二氧化硫排放量为15.16万吨，氮氧化物排放量为18.99万吨，烟（粉）尘排放量为20.98万吨。

以1年1个百分点的平均速度快速推进的我国城镇化，2011年已超过50%。但是，伴随着过于依赖工业经济和机动车保有量快速增长的土地城市化快速拓展、人口膨胀、城市发展，污染物排放和累积面临危险状态，环境污染问题就凸显出来。江西省是我国经济中等发达的省份，2012年城镇化率达47.51%，2020年将递增至

60%。能源结构以煤为主，城市经济结构不合理（以昌九宜三地区产业结构为例，见表1-1)，总体能源利用率偏低，现代服务业发展滞后。近几年来，江西省工业生产总比重处于上升趋势，达46%以上，第三产业所占比例不高。江西省这种区域经济和能源结构整体不合理造成跨区域空气污染，加剧了区域中心城市雾霾污染。

表1-1　　　　南昌、九江、宜春三个地区的产业同构系数

年份	地区组合	同构系数
2014	南昌—九江	0.999
	南昌—宜春	0.983
	九江—宜春	0.991
2015	南昌—九江	0.998
	南昌—宜春	0.980
	九江—宜春	0.990
2016	南昌—九江	0.997
	南昌—宜春	0.977
	九江—宜春	0.990

资料来源：根据《江西统计年鉴》数据计算而得。

空气污染会对人体健康造成巨大的经济损害。基于疾病成本估算，《迈向环境可持续的未来—中华人民共和国国家环境分析》称中国因空气污染每年造成的经济损失，相当于国内生产总值的1.2%；基于支付意愿估算则高达3.8%。据调查，南昌、九江等市肺癌致死率和霾粒子浓度的相关性很高。南昌市的API与许多疾病的门诊量有密切正相关关系。

早在2010年12月江西省就出台《江西省推进空气污染联防联控工作改善区域空气质量实施方案》，2013年6月，南昌、九江、宜春、抚州4市签署的《南昌、九江、宜春、抚州四市区域合作框架协议（前湖共识)》，开启大南昌都市圈的蓝图。7月提出加快推进昌九一体化发展战略，打造成江西发展的“双核”，形成强大的区域集合效应的背景下，同年出台了《昌九空气污染防治联防联控规划》，实行昌九空气污染联防联控，作为保障经济与环境协调发展的昌九一体化的保障。2018年实施“一圈引领、两轴驱动、三区协同”的区域发展战略，打造融合一体发展的大南昌都市圈（增加了上饶市），提出探索国家和地区在生态文明与开放型经济等领域部署的各项改革优先在都市圈试点；着重强调协同推进大南昌都市圈生态环境保护。

由于空气污染具有跨地区污染的特征，环境产权又不明确，并且“没有一个单一的行动者——公共的或私人的——拥有解决复杂的、动态的和多样的社会挑战所需的知识和信息”，单靠政府，或者一个地区的力量是远远不够的。这就需要形成一种协同网络治理，去应对复杂的空气污染，以期丰富江西省环境治理现代化体系，推进江西省环境治理能力现代化进程，推进江西生态文明建设，促进经济转型升级和持续健康发展，提升地区形象和竞争力。从而使得江西省的人才、经济与环境和谐发展。

1.1.2 研究价值

1. 理论价值

（1）开拓区域环境治理的新理论视角。从协同网络治理理论角度去研究区域空气污染地方政府合作治理是一个全新的视角。这既可以不断充实协同网络治理理论，使其向纵深处发展，又可以向广度上做适应性延伸；既可以打破单一的技术资源理论视角（环境工程技术）去研究区域空气污染问题，又可以整合多种资源来丰富环境污染治理理论。从而进一步完善和丰富区域环境与经济协同发展理论。

（2）深化协同治理理论与合作博弈理论的交叉性研究。协同合作关系涉及多元治理主体，而政府间的关系是区域环境治理的主导关系。这种结合研究作用在于，一方面，在协同原则下构建合作博弈模型，探索协同网络机制的实现与优化，使治理主体有合作路径可循；另一方面，在合作博弈机制下研究协同网络主体所构成的联盟结构及其目标指向协同效应，使得协同合作行为有具体的实施基础。

（3）完善环境污染治理理论与地方政府合作理论。区域环境治理主体从单一性到多元性的演化，并且治理模式也是根据具体国别、具体环境作动态性选择，没有一成不变的。以合作博弈理论为基础，结合江西省的实际情况，构建协同治理合作博弈模型，刻画协同网络治理的地方政府治理主体间博弈与策略选择，这有利于进一步丰富博弈理论，也使得区域空气污染治理经验升华为理论形态。同时，运用计量统计、隶属度函数、结构方程模型等实证方法，整合环境、社会、经济、管理等方面理论资源，进一步丰富完善环境污染治理理论和地方政府合作理论。

2. 实践价值

研究区域环境污染治理和合作博弈理论，构建和丰富协同网络治理理论，借鉴域外治理经验并本土化，以此指导江西省环境污染治理，实现环境优化经济发展的协同发展，对全国环境污染治理具有示范效应。

（1）推进江西省环境污染治理机制建设，为创新区域环境治理改革提供系统理论与智力支撑。我国经济社会发展中，环境污染问题变得愈加复杂，而地方政府在探索环境污染治理的有效途径和方式存在指导性理论不足，致使治理效果出现偏差。协同网络治理突破空间主体合作的藩篱，强化区域政府间进行沟通与合作，摈弃行政刚性的僵硬，激活区域政府协同网络治理系统自主性，建立协同合作网络机制，从而提高环境治理绩效。

（2）实现江西省环境保护与治理的协同性，促进环境与经济之间的高质量协调发展。党的十八大开始把环境问题的解决作为今后工作的重中之重。2018 年全面推进“蓝天保卫战”，建立空气污染防治协作机制，积极推进温室气体与污染物协同治理。协同网络治理本质上是一种合作机制，可以整合各种社会资源，调动各方力量投入空气污染治理这一目标之中。本书从环境与经济的影响关系出发，重点构建合作博弈机制，提出环境污染合作治理对策，对于加快昌九一体化，进一步地明确调整区域经济发展和产业布局，促进区域经济与环境双向合作，提升地方政府合作治理能力，最终实现江西省生态环境保护和经济高质量发展。

（3）提高江西省环境治理能力，推进国家治理体系和治理能力现代化建设。以合作博弈理论进行环境治理政府之间的角色定位，明确它们的治理职责，加强治理主体之间的协同性，构建治理主体之间的协同机制，进而提出协同治理的策略，这不仅推动江西省环境治理的协同化，提高治理主体环境治理能力，进而推进国家治理体系和治理能力现代化建设。

1.2 研究目标和研究内容

1.2.1 研究目标

鉴于空气污染的空间传输性特征，如何构建区域空气污染地方政府协同网络治理的合作博弈机制以解决区域空气污染是本书的总体目标。具而言之，包括：一是通过理论抽象并加以实证研究得出区域空气污染地方政府协同网络治理形成的影响因素；二是通过重复博弈方法探索协同网络合作信任稳定性条件；三是通过构建不确定合作情形下合作博弈模型来阐释环境协同治理机制。

1.2.2 研究内容

（1）江西区域空气污染联防联控的任务复杂性研究，是本书研究的必要因素。

通过任务复杂性理论分析与计量经济学实证得出区域空气污染治理的复杂性。

（2）区域空气污染地方政府协同合作网络治理形成的影响因素研究，奠定本书研究的逻辑起点。运用扎根理论提出其影响因素的概念模型，然后采用探索性因子分析模型与结构方程模型加以验证，从而分析出区域空气污染地方政府协同网络治理的基本机制。

（3）协同网络治理的合作信任稳定性研究。在对地方政府的人性假设进行分析的基础上构建重复博弈模型，分析其稳定性条件，并以数值进行验证。

（4）协同网络治理的合作博弈模型的建构与实证研究。一是构建合作博弈的理论模型；二是从清晰联盟、模糊联盟、直觉模糊联盟以及区间合作博弈等方面构建理论模型，然后用江西省工业数据进行验证。

（5）对策研究。一是总结国外区域空气污染治理的典型经验并透析对我国的启示；二是在结合我国及江西省实际的基础上，提出以公共价值引领地方政府合作治理、多管齐下降低合作成本、制度创新平衡利益等对策建议。

1.3 研究方法和技术路线

1.3.1 研究方法

（1）文献研究法和实地调研相结合。借用学校图书馆、互联网方式等网络资源以及书籍，收集协同网络治理理论及应用的理论研究、江西省的有关统计数据等相关材料，并且对江西省各市区进行实地调研，形成对区域空气污染地方政府协同网络治理的感性认识。

（2）理论研究与实证分析相结合。本书在管理学、经济学、社会学、环境学等理论的基础上，提炼总结出区域空气污染地方政府协同网络治理的一般性理论，然后根据调研、查阅资料等方法得来的数据，运用实证分析方法，研究江西省空气污染治理任务的复杂性、影响因素，验证得出的一般性结论，最后进行理论性的总结，形成研究成果。

（3）定性分析和定量方法相结合。本书中，区域空气污染地方政府协同网络治理形成影响因素的理论模型以及合作博弈理论分析，都是定性分析的研究。而定量方法则用于江西省区域空气污染影响因素的面板数据分解、区域空气污染地方政府协同网络治理形成的影响因素的结构方程（SEM）模型、合作信任的稳定性、合作利益分配模型验证等。

1.3.2 技术路线

本书的技术路线如图1-1所示。

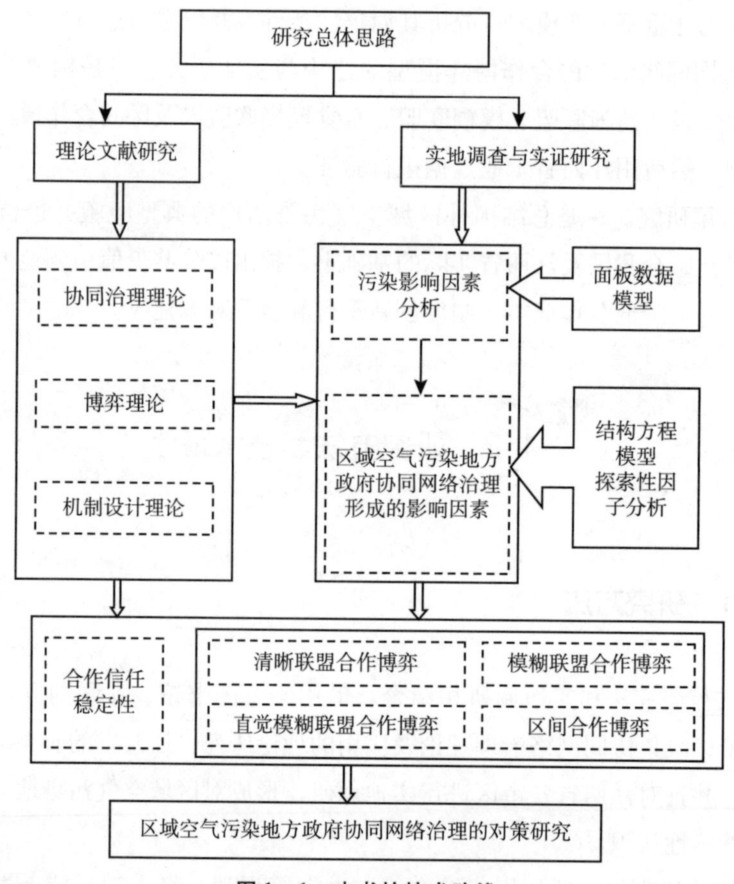

图1-1 本书的技术路线

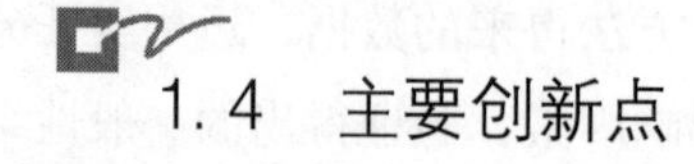

1.4 主要创新点

1.4.1 合成研究新视角

结合协同治理理论与合作博弈理论，区分确定和不确定情形下构建合作博弈模型，刻画协同关系变量，研究区域环境治理。

1.4.2 构建研究新方法

本书把扎根理论与结构方程模型、非线性规划与合作博弈模型综合起来进行研究，探求区域空气污染治理的理论根据和实证依据。

1.4.3 开辟研究新观点

（1）运用扎根理论构建区域空气污染地方政府合作网络治理形成主要影响因素的理论模型，并运用结构方程模型使得该理论模型验证表明，任务复杂性、公民环保素质、市场化水平、合作能力、信任度、期望收益具有相对重要性，影响作用较大。

（2）运用重复博弈方法，构建不同博弈规则下的博弈模型。模型结果表明，合作信任的稳定性是以贴现因子临界点为分界的，采用贴现因子与惩罚（补偿）成本组合策略，能促进博弈方合作信任；比较而言，带有触发策略的博弈因具有确定性而更有利于提高均衡效率，实现合作信任。

（3）四种不同的合作博弈模型表明，在合作收益可转移补偿的情况下，合作收益的合理、公平分配都是参与者协同合作得以长久、顺利、稳定最为关键的因素。

1.5 国内外相关研究综述

1.5.1 关于协同治理理论与应用研究

协同治理最早是由美国学者约翰·多纳休教授于1995年提出的。它是使相互冲突的不同利益主体得以调和并且采取联合行动的持续的过程，强调了治理主体的多中心化、治理权威的多样化、子系统之间的协作性、系统的联合动态性、自组织的协调性和社会秩序的规范化。关于协同治理的研究主题涵盖治理主体研究（于江和魏崇辉，2015）、治理客体研究（孙莹，2019）、治理模式研究（张继亮和王映雪，2018）和治理价值研究（王振兴等，2019）。研究内容归结起来如下所示。

1. 协同治理的基础概念研究

从国外研究看，帕迪利亚和戴格尔（Padilla & Daigle，1998）认为，协同治理是一种较为结构式的安排，有比较明确的组织结构和决策机制。沃尔特和皮特（Walter & Peter，2000）则把协同治理看作一个多主体共享信息、共同行动的正式活动，当然主体之间要有相对一致的愿景、目标和行动方略。安塞尔和加什（Ansell & Gash，2007）把协同治理当作一种制度安排，强调其是一种以共识为目标的较为正式的集体决策和行动过程，在这个过程中多个主体共同参与治理政策的制定和实施，共同维护公共秩序和公共利益。约翰斯顿等（Johnston et al.，2010）聚焦协同的制度设计、主体分工和过程构建，对协同治理模型做了较为深入的分析。爱默生等（Emerson et al.，2012）则在研究过程中构建出协同治理框架，并利用理论框架评价和分析特定领域的协同治理效果，以及利益相关者之间的合作与博弈。

我国学者朱纪华（2010）认为协同治理理论是指在公共生活过程中，政府、非政府组织、企业、公民个人共同参与到公共管理的实践中，在发挥各自的独特作用的同时，取长补短组建成和谐系统高效的公共治理网络。李辉和任晓春（2010）认为协同治理包含合作治理之义，强调合作治理的协同性，认为其包括匹配性、一致性、动态性、有序性、有效性五个特征。孙萍和闫亭豫（2013）认为协同治理即多中心主体采用协同合作方式参与治理活动。

2. 协同治理的政府角色与作用研究

国外学者弗里曼等（Freeman et al.，1997）则认为协同治理重在多主体的参与，要确保利益相关者均要参与决策和治理过程。雷利（Reilly，2001）认为治理追求的是治理目标最优化和治理效果最大化，所采用的手段则是政府和公民之间的协作协同。克莱尔·M. 赖安（Clare M. Ryan，2001）提出要对协同主体进行合理的分工，对协同过程进行适度的管理，确保提出的决策和治理的结果能够被各方所接受。拉斯克和韦斯（Lasker & Weiss，2003）认为政府应该在协同治理中具有以下三个方面的能力：促进治理主体广泛和积极的参与、确保对治理过程全方位的影响和控制、促进主体间合作协作。科赫（Koch，2005）认为协同治理要充分发挥非政府主体的作用，治理过程要有非政府部门等利益相关者的参与，要将小型企业、第三部门等组织纳入治理实践中。

3. 协同治理机制研究

国外学者布赖森等（Bryson et al.，2006）构造一种跨部门协同分析模型，安塞尔和加什（2007）提出的 SFIC 模型，研究协同治理机制。

我国学者康忠诚和周永康（2012）认为应从权力整合协同、资源整合协同、利益整合协同、价值整合协同和信息整合协同五个方面构建协同治理机制。杨颖

(2013) 认为，有效运行的协同治理机制有赖于治理主体的治理能力建设、治理机制的规范化运行和公共媒体的协同协作等。叶大凤（2015）构建一种多元主体协同治理机制框架，包括建立利益相关者共同参与机制、协同行动集体决策机制、政策利益相互协调机制和政策冲突妥协解决机制等。

4. 协同治理在环境治理中的应用研究

从国外看，协同治理对环境保护所产生的导向作用已经得到理论界和实践者的普遍认同，并贯穿于环境协同治理的渐进研究过程之中。这种研究主要集中在两个方面：(1) 治理主体的角色、地位与作用，包括：①政府中心论（Michael McGuire，2006；Mahjouri & Ardestani，2011）；②政府去中心论（Rhodes，2006；Armitage et al.，2012）；③多中心论（Ostrom，1990）。（2）治理机制方面。奥斯特罗姆（Ostrom，2010）认为，在环境治理方面，多元行为主体基于一定的集体行动规则，建立自我组织的多中心体制。这些行动规则是建立在行动主体博弈规则基础之上的。莱莫斯和阿格拉沃尔（Lemos & Agrawal，2006）提出建立多层次、跨部门、混合的协同治理模式。从国内相关研究看，主要是以西方相关理论为基础进行环境协同治理模式构建及情景应用。前者有：跨域水污染防治中的跨部门协同（朱德米，2009）；法律机制、生态补偿机制以及政绩评估机制（吴坚，2010）；政府、企业、民众、非政府环保组织“四中心”区域环境协同治理模式（汪泽波和王鸿雁，2016）；以河长制为框架建设黄河河道管理联防联控机制（张伟中等，2019）；地方政府异质性与区域环境合作治理的关系（宋妍等，2020）；后者有：吴坚（2010）以长三角、汪泽波和王鸿雁（2016）以京津冀、朱喜群（2017）以太湖流域等为实例进行应用研究。但从协同学角度对环境治理进行的研究，目前仅集中理论构架和实现机制方面。比如，吴季松（2014）根据协同论共同修复海河水生态系统。王俊敏和沈菊琴（2016）基于协同论视角构建跨域水环境的流域政府协同治理分析框架。

其中关于大气污染治理的应用研究，丹尔尔·泰特卡（Daniel Tyteca，1996）提出以数据包络分析方法为基础计算环境绩效指数，同时提出从产品输入、产品输出和污染物三个维度构建环境绩效评价指标体系。各国学者广泛合作，大气污染的跨区域协同治理研究逐步兴起。大气具有无边界性、流动性等特征，大气污染治理不再被认为是“区域的和企业自身的问题”而是“跨区域的公共问题”（陆伟芳等，2018）。邢华和邢普耀（2018）以京津冀大气污染综合治理攻坚行动为例，根据区域合作问题的复杂性和中央政府的介入程度两个维度，从政治嵌入、行政嵌入、机构嵌入和规则嵌入对大气污染纵向嵌入式治理的政策工具选择。李书娟（2018）构建数理模型研究跨界空气污染需要跨区协同治理。胡一凡（2020）从关系网络、行动策略、治理结构等方面研究京津冀大气污染协同治理困境与消解。

1.5.2 关于区域空气污染影响因素研究

纵观国内外关于区域空气污染影响因素的研究，大多数集中在运用环境库兹涅茨曲线（the environmental kuznets curve，EKC）对区域空气污染影响因素进行的实证研究上。

环境库兹涅茨曲线理论是由美国经济学家格罗斯曼和克鲁格（Grossman & Krueger，1991）用实证方法发现一国或地区环境污染与经济增长关系的理论，“一国（地区）环境污染情形与该国（地区）经济发展水平呈倒‘U’型关系，即经济发展水平较低时，环境污染较轻，随着经济发展水平提高，环境污染逐渐恶化，到达一定顶峰（拐点）后，环境污染又伴随着经济发展水平提高而逐渐好转”（见图1-2）。这一概念由帕纳尤（Panayotou，1993）提出后，相关研究大多表明，多数环境质量指标与人均收入之间的确存在一个倒“U”型的关系。

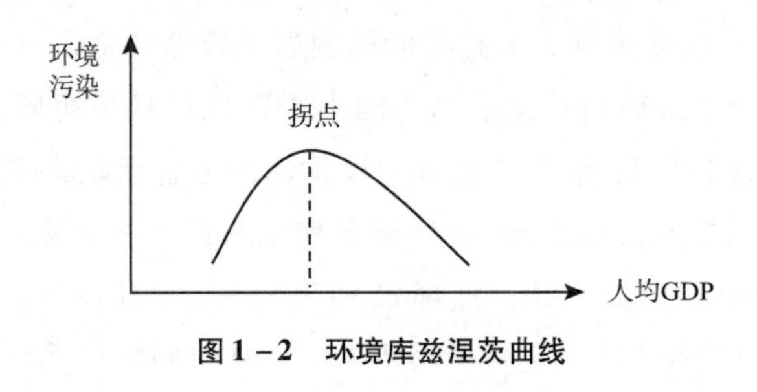

图1-2 环境库兹涅茨曲线

赛尔登和桑（Selden & Song，1995）利用1973~1984年的30个国家的悬浮颗粒物（SPM）、二氧化硫（SO_2）、一氧化氮（NO）和一氧化碳（CO）排放量等环境指标数据，运用Forster新古典主义环境增长模型实证研究了环境污染和经济增长之间的动态关系，得出二者确实存在倒“U”型关系。

加里和沙德贝吉安（Gary & Shadbegian，2003）对造纸行业环境规制活动与空气和水污染的排放关系进行检验性研究，并发现：减污支出和受污染影响居民的特征会减少污染排放。

克勒（Cole，2004）通过研究贸易开放度、结构变化等因素发现，高收入水平下不断增长的对环境法规的需求和对环保技术的投资、贸易开放、制造性产出比重降低和污染型产品进口的结构型变化等都有助于环境质量改善阶段的出现。

国内对EKC曲线的研究，如彭水军（2006）等运用1996~2002年我国省际面板数据，实证检验了我国经济增长与六类环境污染指标之间的关系。并指出，对环境库兹涅茨曲线关系产生重要影响的因素包括人口规模、技术进步、环保政策、贸易开放以及产业结构调整等在内的污染控制变量。

丁焕峰和李佩仪（2010）重点讨论经济发展水平、人口规模、科技水平、政府环保管制、贸易开放水平、产业结构和能源利用率对区域污染的影响，作用机理如图1－3所示。构造带有三次项的环境－收入简约模型，利用1998～2007年我国30个地区包括水污染、空气污染与固体废弃物污染在内的5类区域污染指标及其主要影响因素的省际面板数据来实证检验环境库兹涅茨曲线假设，探讨并指出导致我国区域污染恶化的主要区域污染影响因素。

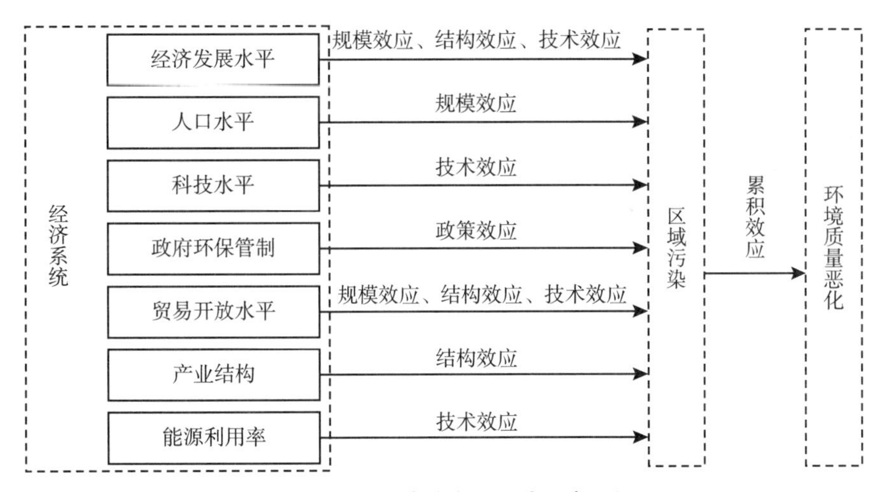

图1－3　区域污染的主要影响因素及机理

其模型表达式为：

$$Y_{it} = \beta_0 + \beta_1 x_{it} + \beta_2 x_{it}^2 + \beta_3 x_{it}^3 + \beta_{4k} Z_{kit} + \varepsilon_{it} \quad (1-1)$$

其中，Y_{it}表示区域污染指数；X_{it}表示区域经济水平；Z_{kit}表示其他区域污染影响因素；ε_{it}为随机误差项；下标 i＝1，2，3，…，N 表示地区；t＝1，2，3，…，T 表示时间；k＝1，2，3，…，K 表示影响因子个数。

郝新东（2013）等文章运用我国2001～2010年省区面板数据，考察到我国煤炭消费量与PM 2.5为正相关，而且是我国PM 2.5污染的主要成因。并提出，我国PM 2.5污染治理，重点是要控制煤炭消费总量，提高煤炭利用效率；同时要加强机动车污染防治、优化工业内部结构。

1.5.3　关于合作信任研究

信任是社会关系的黏合剂。对信任内涵与分类的研究，国外学者加芬克尔

（Garfinkel，1991）从心理学上指出，信任是对普通的和日常道德世界的持续、规则、秩序和稳定性的期望；尼古拉斯·卢曼（2005）从社会学上认为，显示信任就是肯定未来是确定的；科尔曼（Coleman，1990）从经济学上指出，信任是“致力于在风险中追求最大化功利行为，是一种社会资本形式，可减少监督与惩罚的成本”；科罗尔和英克潘（Currall & Inkpen，2002）从管理学上对它进行了界定，认为信任是一种依赖于合作一方的决定和期望，即对方会遵照共同的协议来行动。类型上，比较典型的有：朱克（Zucker，1986）的特质信任、过程信任与制度信任；萨科（Sako，1992）的契约型信任、能力型信任与善意型信任；麦卡利斯特（McAllister，1995）的情感型信任与认知型信任。国内学者费孝通（1955）认为，我国社会的信任结构是呈差序结构状态（实质是一种习俗型信任）。张康之（2005）从历史时间维度将信任分为习俗型信任、契约型信任与合作型信任。董才生（2004）认为，信任是一种以对他人能作出符合社会规范的行为或举止的期待或期望为取向的社会行为；胡石清（2009）在个体自利理性和社会理性的基础上提出信任产生的博弈机理。孙牧（2010）从网络治理角度提出，信任是为了实现共同利益，基于实现公共责任而产生的。李艳春（2014）提出信任连续体模型，表明信任的产生与发展是有条件的，并且这种条件处于行动者之间的利益完全对应与利益完全不对应之间，等等。

信任是现代组织的基础。组织间信任研究主要有：李长江（2005）提出了供应链节点企业间实现信任的法律机制、感情机制和信誉机制，并给出了三种机制下的定量模型。潘镇和李晏墅（2008）实证分析结果表明，伙伴结构特征和互动特征是两类影响联盟信任水平的重要因素，具有正向影响关系。肖冬平和顾新（2009）运用两阶段博弈说明知识网络组织间信任的形成机制：对于理性行为的组织而言，主要源自理性的算计。王涛（2010）认为，知识链成员间的尝试性信任、维持性信任和延续性信任是动态演进的，并且通过博弈论的分析得出知识链成员间相互信任的产生机制是“过程和规范”型。张康之（2005）认为，合作型信任发生在网络式的陌生人社会（后工业社会）；这种信息充分共享的社会里，网络结构决定了合作与信任的一体化；合作型信任是理性与感性的统一。任银荣（2010）认为，网络组织成员间的信任是不确定的交易关系时合作成员对合作方各方面做出可信赖的综合评价，相信能够实现网络战略目标，从而在合作成员间产生相互认同的一种双向机制。

信任是影响地方政府间合作的重要变量，是政府间合作治理的前提。邹继业和李金龙（2010）从博弈论分析了地方政府间信任关系形成的三阶段及其特点，并且从内、外部机制入手来探讨构建地方政府间信任关系的保障机制。程倩（2005）

分析了契约型政府信任关系的形成与意义，认为它是形式化和工具化的信任。闫章荟（2014）认为，公共服务供给主体间合作机理在于合作租金大于合作成本是建立低阶合作关系的必要条件；个体长期主观期望的普遍建立和合作组织间信任关系和承诺关系的形成有利于高阶合作关系的实现。杨兴凯（2011）从政府组织间信息共享的信任度进行测量，构建了信任传递模型。芮国强和宋典（2012）运用实证方法证明了政府信息公开的内容、渠道和效果对政府信任有着积极的促进作用，并提出相应的对策。

1.5.4 关于环境污染治理的合作博弈理论模型与应用研究

1. 合作利益的产生：污染物消减费用函数研究方面

一是污染物消减费用测算是合作博弈中利益分配的前提。世界银行政策研究局采用污染物联合削减费用函数针对中国327家工业企业污染物排放进行了研究（Dasgupta S.，Wang H.，Wheeler D.，1997）。在这一研究的基础上，污染物消减函数得到了广泛应用研究（曹东等，2009；Jean - Pierre Amigues & Tunc，Durmaz，2019；薛俭等，2014；任广军等，2019）。这些研究提供了如何计算合作收益的方法基础。

二是运用合作博弈理论研究污染治理。合作博弈主要研究局中人联盟的形成机理，以及联盟形成后共同支付（收益）的分配机制。就联盟结构研究而言，学者们（Myerson，1977；Jie Yang & D. Marc Kilgour，2019；杨洁，2019）提出了区间支付交流结构合作博弈。不同的联盟结构产生不同的共同收益（曹国华，2015；张凯，2018；赖苹，2019）。

针对分配机制，穆罕默德·卢克曼等（Muhammad Luqman et al.，2019）采用Shapley值法进行减缓气候变化合作费用分配研究，赵来军和曹伟（2011）的流域各地区污染物最优削减量模型，罗冬林和廖晓明（2015）考虑风险和投资方面，利用改进Shapley值法的大气污染物去除成本公平分摊。

2. 合作利益的分配：环境污染合作博弈模型研究方面

公平合理分配合作利益是合作治理环境污染的基础。从博弈模型来看，巴雷特（Barrett，1994）运用非合作博弈的分析框架对国际环境协议的签约国数目与协议所引起的福利变动间的相互关系进行了对比研究，发现一个全体国家所结成的宏大联盟（grand coalition）的完全合作局面得以维系的条件在于，合作与非合作的全球净收益差小。赫尔（Hoel，1992）的研究认为，环境协议的联盟只能在小范围内存在稳定性。哈尔克斯（Halkos，1996）建立欧洲酸雨静态博弈模型。此研究发现，与非合作相比，合作排污去除水平要高，而总的合作收益更大；迪纳等（Dinar et al.，1997）采用Shapley值法针对加州圣华金河谷污水排放进行了合作治理费用在排污者之间的分配研究，进行了比较评价。梅勒尔（Mäler，1989；1991）从静态博弈模型扩展到动态框架来研究酸雨问题。他考虑了国家之间的联合，在动态的框架下，当博弈时间趋于无穷时，“搭便车”的倾向将消失。

从国内研究来看，主要集中在合作博弈Shapley值法的应用研究上。赖苹等（2011）运用合作博弈论证了流域污染治理成本分摊；赵来军和曹伟（2011）以太湖流域为例，建立了流域跨界水污染合作平调模型，通过流域环境成本最小模型寻求流域各地区污染物最优削减量；刘红刚等（2011）构建了感潮河各地区环境合作博弈模型，利用Shapley值法进行合作收益的公平分配；齐亚伟（2013）利用合作博弈对区域经济合作中的环境污染治理进行了研究；薛俭等（2014）利用Shapley值法实证分析京津冀各省份SO_2去除成本公平分配，证明了省际合作博弈模型的有效性和实用性。此外，合作博弈在其他方面的应用研究很多，如鲍新中等（2009）对成本分配技术、卢亚丽等（2007）对我国农业面源污染治理、马智胜和王明超（2011）对环保设备选择成本分摊问题研究，等等。

3. 合作博弈与模糊数的结合

事实上，因资源禀赋、技术能力、文化背景、风险承受力、组织机构、人际关系、意识形态、地理位置及晋升考量等合作影响因素，合作者只将部分资源投入联盟中而形成模糊联盟。许多学者对清晰合作博弈进行扩展性研究。奥宾（Aubin，1981）首先在合作博弈中引入模糊联盟的概念，考虑局中人以一定的资源参与率加入联盟。鹤见（Tsurumi，2001）定义了一种单调非减且连续的模糊联盟合作博弈，即Choquet积分形式的模糊博弈，认为具有模糊联盟的合作博弈的Shapley值是存在的，但不是唯一的。李金等（Jin Li et al.，2020）将Shapley值运用在解决联盟共享福利上限污染许可问题。高璟等（2013）针对现实环境中联盟组成的不确定性，研究了具有模糊联盟的合作对策求解问题，提出了模糊联盟合作对策的平均分摊解。于晓辉等（2019）提出一种兼顾局中人的模糊参与度与联盟偏好的稳定分配方法，并且给出模糊联盟结构合作博弈的模糊Owen值稳定的充分条件。

直觉模糊联盟合作博弈是直觉模糊数与合作博弈的结合产物。米尔科瓦（Mielcová，2015）研究了直觉模糊集作为特征函数的n人可转移效用直觉模糊博弈期望核心。南江霞等（2019）通过区间Choquet积分得到直觉模糊联盟合作博弈的Shapley值函数，并以实例说明其合理性和有效性。

1.5.5 关于环境污染地方政府合作研究

在西方的理论界，地方政府间横向关系“可以被看作是由地位对等的地方当局形成的分散体系，而且这些地方当局被竞争与协商的动力所驱动”。从国外学者对跨区域环境资源治理的研究看，主要体现在政府间合作的价值观健全、共同目标追求与合作机制构建上。美国的丹尼尔·科尔曼（2006）认为，要加强跨区域合作，就必须健全价值观、弘扬合作与社群精神。“把各价值观视为‘统一的世界观’中融会贯通的不同侧面。”皮埃尔·卡蓝默（2005）指出，地方区域是21世纪治理的基石。并认为，优先突出共同标准、共同目标，保证治理主体都能够按照贯穿其职能的共同标准，对共同目标承担自己的责任。这是保证能够形成一个整体形式的治理主体的关键。戴维·卡梅伦（2002）提出了“府际治理”的理念来引导地方政府间的合作。这种理念认为，首先，地方政府间是互相依赖和伙伴关系；其次，注重联系、沟通以及网络发展的重要性，强调政府间在信息、共同分享、共同规划、一致经营等方面的协力合作；最后，强调公私部门的混合治理模式，倡导第三部门积极参与政府决策。海伦·沙利文和斯凯尔彻（Helen Sullivan & Chris Skelcher，2002）在分析英国地方政府合作演进的原因时指出，影响政府间跨区域合作的重要因素来自政治上、操作上以及财政上；采取契约、伙伴关系、网络三种形态，利用可行的合作机制、协同发展组织，甚至“公司治理”来增进其解决能力，以提供政府经营之重要发展途径，可圆满解决跨区间问题。罗森·布鲁姆（2002）提出促进各州之间合作的法律保障机制，即《充分信任与信用条款》《统一商业法规》。

从国内的研究现状来看，主要有以下几种观点。

林尚立（1998）认为，地方政府横向合作与协调的主体是同级地方政府以及不同级的不同地区的地方政府，合作领域具有互相补充性；合作内容指向涉及双方共同利益的问题；合作关系是比较自由的，因为地方政府之间不存在指导与被指导的关系，更不存在领导与被领导的关系。

陈瑞莲（2004）指出，公共问题的区域化趋势是，在这些问题无法由单一地方政府独立解决的情形下，唯一的解决之道就是地方政府间的合作；地方政府间的协商与沟通，可以消除对彼此的不信任和信息不对称问题，避免“囚徒困境”博弈的最坏结局。

郎友兴（2007）指出，有效治理跨区域环境污染应该从完善体制与机制上着手。各级政府之间的“环境共治”是中国未来环境保护体系的一个发展主轴。而地方政府进行有效合作就离不开治理理念的创新，区域认同意识的强化与整体意识的增强，中央政府的主动支持，政府间合作组织的建立，相关法律制度的保障。

张康之（2006）指出，人类的社会治理不再是工业社会中以政府为导向的管理，而是合作治理。这种治理主体是多元化的，政府不再是中心；合作方式是平等自由的参与式；治理目标是基于公共利益；治理结构是一种多元共存的网络化结构，在这种结构中，人不再是被动的，而是有自由和自主性的。他进一步指出，合作制组织不再是控制导向的组织，而是把组织的全部资源和能力都调动起来去承担任务和实现其功能；它受到合作意识形态的规范，在合作的理念下和合作的行动中去对各种各样的限制力量进行积极的整合，把限制性力量转化为行动的助力。

1.5.6 关于环境污染治理对策研究

有关环境污染治理研究的文献大量存在。李达（2007）、丁焕峰（2010）等从综合的角度提出了区域空气污染治理的对策。

从跨界污染角度来看，张志耀和贾劼（2001）在分析我国跨区域污染事件产生的主要原因的基础上提出几点防治建议：建立区域环保协作体系；加强领导环境意识，实行业绩评估和环境一票否决制；做好环境教育的宣传工作；完善环保法律，创建一流的执法队伍；调整产业结构和产业布局；加强治理技术和环境管理技术的研究；完善自动监测系统。易志斌和马晓明（2008）从跨界水污染问题出发，提出了有关防治对策，主要包括建立权威的政府协调机构；完善跨行政区域环境管理法律规范体系；引入市场机制，发挥经济手段的作用；建立合作机制。

从省域角度来看，谢志铭（2009）在实证的基础上对广东省环境污染治理提出了相应的对策。他认为，防治空气污染、控制污染排放是改善空气质量的根本措施，主要包括：工业合理布局；绿化造林；改变能源结构，推广清洁燃料，强化节能，提高能源利用率；强化环境监督管理，严控机动车尾气排放；最大限度地利用粤港双方开展珠江三角洲空气质量监测网络系统。

从环境行为来看，张学刚和钟茂初（2011）从博弈论的角度对政府环境监管与企业污染行为的关系，提出了五大对策，主要包括：加强技术创新，降低企业治污成本以及政府监管成本；增加对污染企业罚款，对积极进行治污的企业进行奖励措施；打破政企利益同盟，降低政府因企业污染而带来的利益；加强官员考核体系中环境权重及环境责任的惩处力度；引入第三方约束机制，增加政府政治成本以及企业声誉成本。

从国外经验引进研究来看，蔡岚（2013）以美国加利福尼亚州治理空气污染的经验启示下对政府提出了空气污染治理对策：空气污染治理需要树立政府间合作的理念；空气污染治理需要横向地方政府间的通力合作；空气污染治理需要纵向政府间的有效互动。陶希东（2012）以美国加利福尼亚南海岸空气质量管理区为蓝本，提出构建中国“空气质量跨界管理特区”和构筑中国“空气质量跨界管理区”。此外，宁淼等（2012）也将国外区域空气污染联防联控管理模式引入研究。

1.5.7 研究述评

纵观国内外学者对网络治理理论以及在环境污染治理中的应用研究，经过相关文献梳理发现，这些研究侧重于宏观与中观层面的模式建构及意义评价，缺乏对该理论的实证研究及定量分析，并且运用协同网络治理理论进行环境污染治理等方面的博弈视角研究还比较少。从现有的研究成果可知：

（1）地方政府间的合作信任稳定性多从质性研究，实证研究不够。本书试图综合运用隶属度函数与AHP方法来构建地方政府合作信任度测度模型，并构建博弈模型分析其稳定性条件。

（2）地方政府间协同合作是两种不同情形下进行的：确定性和非确定性。要准确把握地方政府间协同合作治理环境污染的机理，应该构建四种合作博弈模型，并进行例证。

第2章 基本概念与基本理论概述

2.1 基本概念

2.1.1 网络

网络可被界定为联结一组人、物或事件的特殊关系形式，是建立在利益协调上的自组织体系，体现“由不同的点所构成的一种协作与依赖的现实关系”（郑中玉和何明升，2004）。存在于网络中的一个人、事物或事件，可以被称为行动者或节点。关系中每个参与者的地位是平等的，这些地位平等的“节点”依靠共同目标或兴趣而自发地聚合起来的网络组织表现出平等、开放、分权等特征（张康之和程倩，2010）。到20世纪70年代末期，网络便取代多元主义、合作主义以及其他的传统模式，成为当代变迁的治理模式的适当隐喻。

罗茨（1999）认为，网络是一种广泛存在的社会协调方式；政府拥有的资源比团体多，是政策网络的支配者，它决定何种资源应该交换以及如何交换。网络的关系是不对称，政府创造网络，并控制接近权力的通道以及游戏规则。

陈振明（2003）认为，网络的基本内涵包括：（1）网络由各种各样的行动者构成，每个行动者都有自己的目标，且地位平等；（2）网络的存在性是由行动者之间的依赖性所决定；（3）网络行动者自己的目标是通过合作策略来实现的。

哈坎松（Hakansson，1987）从构成结构和元素方面描述网络的基本形态（见图2－1），认为行为主体、活动和资源是组成网络的基本要素。

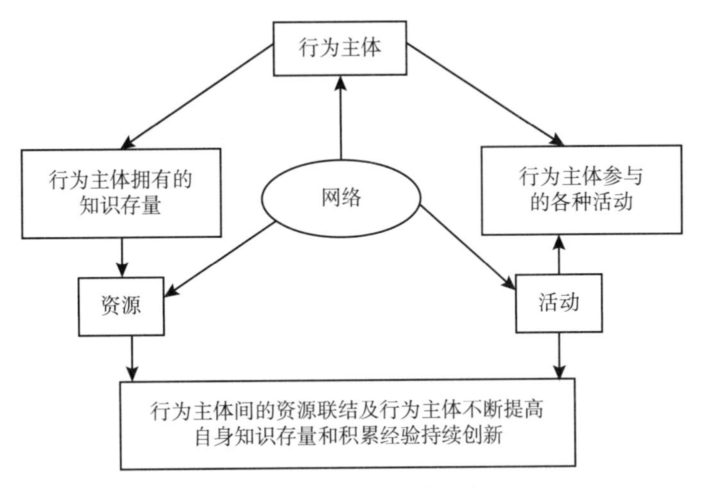

图 2 – 1　网络的基本形态

2.1.2　治理

源自拉丁文“gubenare”的治理“governance”有导航、掌舵的含义，常被用于有关指导的活动，组织引导自身的过程。按照联合国全球治理委员会（俞可平，2000）的具有很大代表性和权威性的定义，它是指个人和公共或私人机构管理其公共事务的诸多方式的总和；是使相互冲突的或不同的利益得以调和并且采取联合行动的持续的过程。它既包括有权迫使人们服从的正式制度和规则，也包括人们和机构同意的或以为符合其利益的各种非正式的制度安排。依据罗西瑙（2006）的观点，治理是一套公共领域的自主管理机制，无须依靠外在的强制力。它以一张多边共治的契约网就某一共同的目标，实现相关主体的平等参与、分享治理权。

治理的特征主要表现在：第一，治理是一个集体行动过程，而不是一套规范的条例；第二，治理不以支配为基础，更侧重于关系的协调；第三，治理涵盖公私两个领域的部门；第四，治理多为非正式的制度，以实现主体间的持续性作用（俞可平，2000）。

罗茨（1999）进而对治理的概念进行了比较全面的总结，对“治理”作了六种解释：作为最小国家的治理；作为公司治理；作为新公共管理；作为“善治”；作为社会—控制系统；作为自组织网络。而格里·斯托克（1999）从统治方式的视角界定这种新发展，认为治理之中的公私部门之间及公私部门各自的内部的界限均趋于模糊。其本质在于，它所偏重的统治机制并不依靠政府的权威或制裁。他从五个方面来概括治理的内涵：第一，治理主体的多元性，包括政府、社会公共机构和行为者；第二，社会和经济问题寻求解答的过程中存在界限和责任方面的模糊性；第三，相关集体行为的各个社会公共机构之间存在权力依赖关系；第四，治理行为者网络的自主自治；第五，治理认定，办好事情的能力不是依靠政府的权力、命令或其权威，而须动用新的工具和技术来加以控制和指引，诸如政府的能力和责任等。

2.2 基本理论概述

2.2.1 机制设计理论

最早源于希腊文“mechane”的机制含义是指机器、机械、机构。“mechanism”在英文里是指机械的结构及其工作原理。《现代汉语名词辞典》中，“机制”的释义为“对事物变化的枢纽关键起制衡的限制、协调作用的力量、机构和制度等”。从学科角度看，最早用于工程科学和物理学的机制，指机器、机械的机构及工作原理；生物学和医学中的“机制”是指生命有机体的内部结构及其活动规则；经济学中它表示一定经济机体内，各构成要素之间相互联系和作用的关系及其功能；社会学中其内涵表述为在正视事物各个部分的存在的前提下，协调各个部分之间关系以更好地发挥作用的具体运行方式；机制是新制度经济学中的具体的制度安排。而赫维茨把它描述为一个信息系统和一个基于信息系统的配置规则。依以上对机制的界定，凸出机制的三层内涵：一是机制存在的前提是事物各个部分的存在；二是部分之间的相互关系；三是各个部分的运作方式。

作为微观经济学和博弈论的分支领域，机制设计理论（mechanism design theory）是博弈论和社会选择理论综合运用的结果。机制设计理论始于利奥·赫维茨（1960）20世纪60年代的开创性文献，并以1973年发表的《资源分配的机制设计理论》论文正式奠定机制设计理论的基础。赫维茨旨在解决如何使个人目标和社会目标相一致，提出建立一个信息交流系统，并设计一系列可以获得合意结果的信息处理规则。其后又提出，委托人必须实施某种形式的激励促使代理人说真话，即激励相容，以解决信息不对称问题（1972）。依赫维茨看来，只有满足参与约束和激励相容约束这两个条件，社会目标才能实现（1973）。后来1977年埃瑞克·马斯金（1999）的“实施理论”、1979年罗格·迈尔森（1979）的机制“显示原理”等进一步丰富了机制设计理论。

机制设计理论的目的就是要寻找实现该目标的最优制度安排。其基本思路是把社会目标作为已知，寻找实现既定社会目标的机制。其核心原则包括：一是信息效率（成本或者制度执行成本）；二是激励相容。前者是指关于经济机制实现既定社会目标所要求的信息量多少的问题，即机制运行的成本问题，它要求所设计的机制只需要较少的关于消费者、生产者以及其他经济活动参与者的信息和较低的信息成本。有关活动的信息量的多少、信息的真伪、信息成本的大小等在一定程度上决定着活动目标能否实现的问题，而现实活动中信息分散化、信息成本扩大化以及信息的不对称等现象属于社会常态。这就是要求设计者在信息不完全和不对称的假设下制定活动规则，对相关信息需求要尽可能少，以减少信息所带来的制度的低效或失效（Myerson，1983）。后者是指如果在给定机制下，如实报告自己的私人信息是参与者的占有策略均衡，那么这个机制就是激励相容的。也就是说，制度或规则的制订者在不能了解所有参与者信息的情况下，可以考虑制定一个给予每个参与者以激励的规则，使参与者在追求个人利益的同时也达到设计者所设定的整体目标（The Royal Swedish Academy of Sciences，2007）。

2.2.2　协同学理论

协同学是研究普遍规律支配下的有序的、自组织的集体行为的科学（哈肯，2005），是研究系统从无序到有序演化规律的综合性学科，由20世纪70年代初德国理论物理学家赫尔曼·哈肯所创立。他提出一个基本假设，即在无生命物质中，新的、井然有序的结构也会从混沌中产生，并随着恒定的能量供应而得以维持（哈肯，2005）。在这个假设提出的基础上，哈肯（1989）在《高等协同学》中指出，协同学是研究由不同性质的子系统（如电子、原子、分子、细胞等）所构成的各种系统，研究子系统是如何在时间和空间上相互影响，并共同工作使系统沿着一定轨迹和结构运行的，重点是研究那些以自组织形式运转的结构，目的是找出与子系统无关并支配着自组织过程的一般性原理。协同学研究协同系统在外参量的驱动下和在子系统之间的相互作用下，以自组织的方式在宏观尺度上形成空间、时间或功能有序结构的条件、特点及其演化规律。由此可见，协同学研究的是在一个大系统中包含着多个子系统，这些子系统既相互独立存在，又相互影响和制约着彼此，它们在一定条件下相互作用产生协同效应，使系统形成了具有一定功能的自组织结构，进而使得原本混乱的系统从无序的状态转变为有序的状态。

1. 协同

协同（synergetics）一词是从希腊语（synergós）演变而来，其字面意思是“协调与合作”。它具有多层内涵。协同就是不同的人和组织，为了实现共同目标而结合起来进行跨界共事的情景（Huxham，2005）。协同是自愿的过程，不是强势组织的强行介入，也不是弱势组织的被动加入，而是各方自愿参加、自愿与他人互动的过程（Hardy & Phillips，1998）。协同是在一种动态的、相互作用的、持续演进的过程中各行为体之间的沟通、协调和合作关系（Gray，1989）。总之，协同通常是指某一系统的子系统或各种相关要素之间的相互合作。这种合作能够一定程度上使整个系统逐步趋于稳定和有序，并能够在质和量等方面产生更大功效，进而演进出新的功能，实现系统整体的提升和增值（杜庆晨，2019）。

协同导致有序一般要满足以下六个条件：一是系统是开放的，这样才能产生外界的信息沟通和能量交换；二是系统处于非平衡状态，这样需要对子系统不停地施加作用力，最终形成稳定有序的格局；三是具有可以度量和改变的序参量，实现对子系统相对精准的引导和控制；四是竞争与合作；五是控制参量；六是反馈机制。

2. 序参量

序参量是衡量系统的有序度，是非线性系统相变前后所发生质的飞跃的最突出标志。序参量表示系统的有序结构和类型，是所有子系统对协同运动的贡献总和。它是随时间变化较慢的系统状态变量，又称之为慢变量。

3. 涨落

系统可测的宏观量瞬时值相对于平均值或多或少有些偏差，这些偏差就叫涨落，或叫起伏。它是偶然的、随机的、杂乱无章的。涨落是形成系统有序结构的动力，是系统的有序之源。

4. 涌现

涌现性是指系统由多个要素组合后，出现组合前系统单个要素所不具备的性质，这些性质不属于任何单个要素，而是在系统从低层次跃升到高层次时才表现出来的。

5. 协同效应

协同效应是指当外部作用力作用于某个系统，且当这种作用力达到某个临界点时，会使整个系统的各个子系统之间相互作用而产生整体效应或集体效应，即从量来讲，就是“1+1>2”效应，从质来讲，就是系统的结构、元素、特点等产生新的内容，即涌现。

6. 自组织原理

哈肯认为，如果一个系统在形成时间、空间或者功能有序结构过程中没有受到来自外部的作用，就可以称这个系统是自组织的。自组织原理是指系统在没有收到外部指令和外部干扰的情况下，通过自身的学习和基于对外部信息的掌握，按照一定的规则自发地调整状态和姿态，保持稳定平衡运行的过程。自组织反映的是系统自我学习、自我创生、自我矫正、自我演化的能力，是协同学的精髓部分。

7. 支配原理

支配原理也称使役原理或伺服原理，即序参量支配子系统，快变量服从于慢变量的现象。支配原理的实质在于规定了临界点上系统的简化原则——快速衰变组态被迫跟随于缓慢增长的组态，即在接近临界点时，系统的动力学和凸现结构通常由少数几个序参量决定，而系统其他变量的行为则由这些序参量支配。

2.2.3 协同治理理论

协同治理理论源于西方国家，理论上基于协同学理论和治理理论，实践上基于这种基本共识：政府不是单一行动人，必须有非政府行动人参加；各行动人在达成共识的基础上，共同行动、共同进退。协同治理是政府与其他主体实现权力的共享，以此实现公共目标的过程；是一种特定的公私协同方法，着重强调政府与民间、公共部门与私人部门之间展开合作（Michael Moran et al.，2008）。协同治理主要存在于公共机构和非公共机构之间，是一种有公共机构介入的正式的活动安排（Ansell & Gash，2007）。治理中所有行动方通过签订协议或授权等方式，平等地享有治权（Keon Chi，2008）。强调协同治理中的个人和组织的自主性（Imperial，2005）。同时又要强调协同治理规则的重要性，协同规则的制定是确保公共事务治理目标实现的最关键要素（Simon Zadek，2006）。

依据我国学者的观点，协同治理是指处于同一治理网络中的多元主体间通过协调合作，形成彼此啮合、相互依存、共同行动、共担风险的局面，产生有序的治理结构，以促进公共利益的实现（李辉，2010）。在特征上表现在行动者系统的开放性、行动策略组合的多样性、文化制度结构的适应性、网络化组织的创新性以及社会协同机制的有效性五个方面（杨华锋，2012）。

协同治理的基本要素包括：协同主体、协同对象、协同机制、保障制度、协同目标。协同治理主体主要是指参与治理的行为主体，通常包括政府部门、企业主体、社会组织和社会公民等。协同治理客体是指协同治理所指向的对象，即“公共事务”。协同治理机制是指依据职能定位与岗位权责的调整和配置，以及确定好的各主体的责任与任务，多元主体间进行沟通、互动、行动、监督的方式方法。协同治理的保障制度一般也可以纳入协同治理机制，是指为确保多元主体开展协同治理所需要的制度环境，包括法治保障、激励约束制度等。协同治理目标是指预期要达到的治理目的。

因此，协同治理是政府主体与其他非政府主体的利益相关者，基于特定的社会问题，采用相对正式的机制进行协商、互动、决策和共同行动的过程（田培杰，2014）。其理论框架基本包括三个层面：开放系统中的复杂关系网络；多元主体行动下的自组织行为；无序状态到有序结构的发展。基本特征包括：一是公共事务性；二是多元平等性；三是政府的主导性；四是互动性；五是正式性（各参与主体的权利、义务、关系等都要通过正式的法律法规、合同文本等加以确定）；六是动态性；七是治理边界模糊性。

第3章 区域大气污染协同治理任务的复杂性

3.1 区域大气污染形成的气象条件多样性及我国大气污染现状

3.1.1 区域大气污染形成的气象条件多样性

空气污染与诸多气象因子密切相关，如能见度、相对湿度、气温、日照时数、降水量、地面风向和风速等。产生严重污染的空气环流背景因素在于高空形势、空气层结、高空相对湿度垂直分布特征、地面弱气压场和地面辐合、边界层的下沉运动、特殊的地形作用。更为显著的是，空气污染具有跨域复合污染性。有研究表明（闫喜凤，2013），南昌、九江、景德镇和鹰潭城市间污染物浓度和排放污染物的量对比发现，区域内部城市间相互影响显著，在一定气象条件下，区域城市间污染物会产生远距离输送，加大了区域空气污染的复杂性。

3.1.2 我国大气污染现状

2013 年全国多省区市出现不同程度的极端低能见度和重度空气污染的雾霾事件，“雾霾中国”就用来形容中国的空气环境概貌。2018 年汾渭平原重复这种现象。总体看来，我国空气污染主要表现在：

第一，持续时间长，并有增加趋势。比如，根据《中国 2003 年环境状况公报》，2013 年以来，以被雾霾所困扰的国内 25 个省 100 多个大中城市来计算，全国平均雾霾天数达到 29.9 天，同期相比偏多 9.43 天，创 52 年之最，呈持续性霾过程。呈增加趋势的地区有华北、长江中下游和华南地区，其中珠三角地区和长三角地区增加最快，譬如广东深圳和江苏南京平均每年增加4.1天和3.9天。中东部大部地区年雾霾日数为25~100天，局部地区超过100天。

第二，污染范围广，并呈跨地区性。根据《中国2000年环境状况公报》，监测的254个城市中，157个城市出现过酸雨，占61.8%，其中92个城市年均PH值小于5.6，占36.2%；统计的338个城市中，达到国家空气质量二级标准的城市有36.5%，超过国家空气质量二级标准的达63.5%，其中超过三级标准的有112个城市，占监测城市的33.1%。2014年京津冀及周边地区发生的大面积重空气污染过程波及15个省份181万平方公里，其中空气污染较重的面积超过98万平方公里。同时出现跨域复合污染。自2013年以来，从京津冀、长三角、珠三角这三个区域的污染情况来看，区域内省份间相互影响的贡献率比较大。以京津冀区域为例，部分城市二氧化硫浓度受外来源贡献率达30%~40%，氮氧化物外来源贡献率约为12%~20%，可吸入颗粒物外来源贡献率约为16%~26%。2018年，全面推进蓝天保卫战中，京津冀及周边地区、汾渭平原及长三角区域依然是重点区域。

第三，污染程度重。由中国环境监测总站发布的消息可知，2013年1月我国74个城市空气质量状况按《环境空气质量标准》（GB3095-2012）来评价，超标天数比例为68.4%；PM 2.5日均浓度超标率为68.9%，最大日均值为766微克/立方米，PM 2.5污染严重。生态环境部发布的数据显示，2017年，汾渭平原优良天数比例和PM2.5浓度，11个城市的PM2.5浓度年均值达68微克/立方米，是全国污染最严重的区域之一。另外，纵观2015~2017年，汾渭平原PM2.5、PM10、NO_2、O_3浓度均呈上升趋势，且是二氧化硫浓度最高的区域，优良天数比例逐年下降，呈恶化趋势。2019年以来，汾渭平原已连续两次遭遇重污染天气，其中西安、咸阳、渭南和临汾市重度污染持续7天，汾渭平原7个城市发布空气污染红色预警。

3.2 江西省大气污染现状及联防联控中存在的问题

3.2.1 污染现状

由《江西统计年鉴》《江西环境年鉴》《江西环境公报》可知，衡量空气污染程度的指标分别是二氧化硫（SO_2）、氮氧化物（NO_x）、臭氧（O_3）、可吸入颗粒（PM10）和细颗粒物（PM 2.5）、烟粉尘等。并且从这些文献及江西省有关网站信息可知江西省空气环境总体状况和各地区的空气环境状况。

从主要废气污染物排放情况来看，随着江西省工业化的发展，整个江西省2010～2018年二氧化硫（SO_2）的排放量从470954吨至151607吨，氮氧化物（NO_x）的排放量从220914吨至189857吨；烟粉尘的排放量从362583吨降至209781吨，都呈下降趋势（见图3－1）。

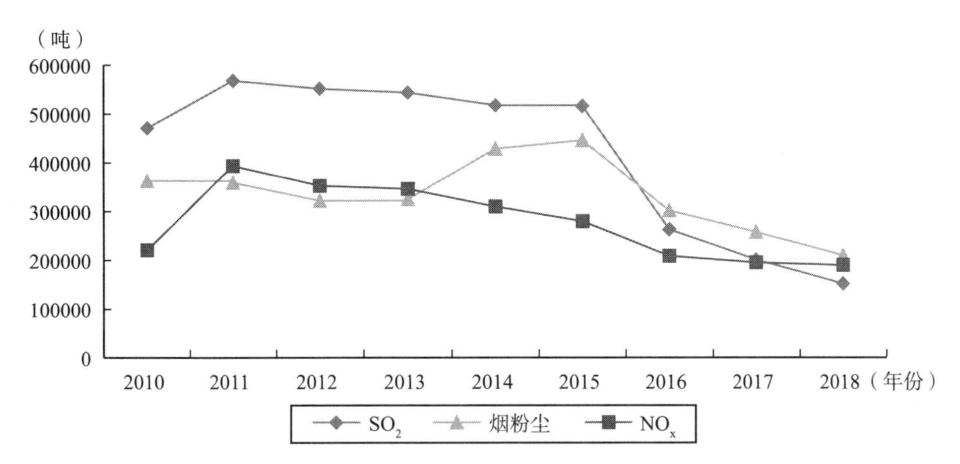

图3－1　2010～2018年江西省三种空气污染物排放量

资料来源：《江西统计年鉴》《江西环境年鉴》《江西环境公报》。

从2019年的《江西省环境状况公报》公布的环境空气质量状况来看，以2017～2019年12月为例，全省11个省区城市达标（优良）天数比例平均为58.1%、88%、85%，达标天数比例范围为22.6%～87.1%（萍乡市；景德镇市）、64.5%～100%（萍乡市；景德镇市；上饶市）、61.3%～100%（萍乡市；景德镇市）；超标天数中首要污染物均为细颗粒物（PM2.5）；以细颗粒物（PM2.5）为首要污染物的天数最多，其次为可吸入颗粒物（PM10）；细颗粒物（PM2.5）为首要污染物的天数最多，其次为二氧化氮（NO_2）和臭氧（O_3）。全省降水PH月均值为5.52、5.46、5.57，酸雨频率为49.2%、53.3%、30.3%。

其中，2017年废气中重金属排放量：铅、汞、镉、总铬、六价铬、砷（类金属）排放量分别为17419千克、1093千克、909千克、529千克、302千克、6831千克。

3.2.2　存在的问题

区域空气污染联防联控是通过划分空气环境功能区域，运用组织和制度资源打破行政区域的界限，要求区域内地方政府形成区域整体利益的共识，共同规划和实施空气污染控制方案，统筹安排，互相监督、协调，最终控制复合型空气污染、改善区域空气质量、共享治理成果与塑造区域整体优势，以实现解决区域性、复合型空气污染问题这一目标。具体包括主体机制、目标机制、运行机制、制度保障机制四个方面。其核心在于“五个统一”，即统一规划、统一监测、统一监管、统一评估、统一协调。近几年来，针对区域空气污染治理，江西省采用这种联防联控方式并取得一定成效。但是也存在问题，主要表现在：第一，有关法律制度供给不足。在江西省采取区域空气污染联防联控过程中，展开工作的依据是我国《关于推进大气污染联防联控工作改善区域空气质量的指导意见》（2010）、《大气污染防治行动计划》（2013）以及江西省的《江西省推进大气污染联防联控工作改善区域空气质量实施方案》（2010）、《昌九区域大气污染联防联控规划》（2014）等文件，而这些政策性文件不是行政法规。由此可见，联防联控是以工作方式来推进的，不是以法治来进行的，缺乏法律强制性（其他相关环境法律也没有规定区域空气污染法治）；第二，管理权力纵向单行。空气污染治理依然以我国现行的环境管理模式——属地模式为主，即地方政府对当地环境质量负责，行使环境行政权，各自为战，没有形成网络化体系。因而由于空气污染的空间传输性，这种管理模式下的治理权责不清。第三，联防联控组织平台尚未完善。比如，环境监测网络体系不完善，技术装备能力不足，技术与方法不完备，专业人才匮乏。另外，环境监测信息统一发布平台尚未建立，挥发性有机物、扬尘等未纳入环境统计管理系统，难以满足区域空气污染环境管理的需要。第四，尚未建立完善的合作治理利益分配机制，合作治理动力不足。第五，合作信任度不是很高，对治理物力、财力、人力投入心存疑虑，举足不前。

3.3 区域大气污染治理任务复杂性的理论分析

气象条件只是区域空气污染的物理条件。如果没有过度的 SO_2、NO_x、PM 10、PM 2.5 等散入空气中，在大自然的自净能力之下，空气污染是不会发生的。实质上，区域空气污染形成的深层原因在于污染背后的利益链接；污染加剧主要在于对利益的掠夺。从而出现资源依赖与错配、制度锁定、市场与政府双失灵等现象。这说明，区域空气污染治理任务复杂性表现在利益关联的复杂性。

3.3.1 基于资源依赖性的视角

根据资源依赖理论，组织需要通过获取环境中的资源来维持生存，没有组织是自给的，都要与它所依赖的环境中的因素互动，进行交换（Jeffrey Pfeffer，2003）。这些资源包括人力、信息、技术、政治、文化、制度等资源。而公共资源主要是指由公共组织特别是政府所拥有或支配控制的资源，包括合法性权威、资金、专项技能、知识和信息等（陈振明，2003）。资源是稀缺的，一是对于人类的欲望而言，是绝对的；二是对于它不平等地分散在各个不同的公共行动者手中而言（一般而言，政府是公共行动者，而企业、公民依据其本身所拥有的不可替代的资源而投入公共事务的治理过程中，就成为公共行动者），是相对的。

管理是在组织中进行的一种活动，其核心是有效配置组织的各类资源，以达成组织目标（成刚，2002）。空气污染治理始终面临着资源约束，没有哪个地方政府、组织和个人拥有充足的资源和知识可以独自解决所有的问题。在这种公共事务的治理过程中，这些公共行动者（污染治理者）由于这种资源的相对稀缺性的原因，往往处于一种相互依存的关系中。他们必须以合作的方式追求资源的合理配置，以节约及充分利用资源，达成对公共事务的治理。于是形成一种多中心治理结构，即各公共行动者一方面处于一种平等的地位，另一方面又处于一种基于资源分散持有基础上的相互依赖关系（蒋永甫，2012；陈振明，2004）。

3.3.2　基于路径依赖的视角

诺思（2008）认为，一个国家在经济发展历程中的制度变迁如同技术演进一样存在着“路径依赖”现象，因为制度变迁同样也存在着报酬递增和自我强化机制，这种机制使得制度变迁一旦走上某条路径，它的既定方向就会在以后的发展中得到自我强化，从而形成对制度变迁轨迹的路径依赖。诺思指出，报酬递增和由显著交易成本所确定的不完全市场是决定制度变迁轨迹的两个重要因素（安福仁，2011）。这种制度与技术、产业结构、能源、贸易、消费等相互镶嵌，形成一个综合体，比如，我国“碳锁定”效应中的制度——技术综合体。实质上，这种综合体是以利益关系为扭结的；在不改变利益分配的关系时就出现路径依赖。也就是说，这种路径依赖是一种“利益锁定”。

李达（2007）、丁焕峰（2010）、郝新东（2013）等学者指出，区域空气污染影响因素包括经济发展水平、人口密度、产业结构、环保管制、技术水平、贸易开放度等。空气环境污染是这些因素非平衡利用的结果。这种非平衡利用在恶性路径依赖的轨道上形成一个畸形体，从而变成造成空气污染的、源源不断的“供体”。

3.3.3 基于失灵理论的视角

1. 市场失灵

古典经济学家认为，市场是一部运作精巧、成本低廉、效益最佳的机器，有效地调节着经济运行和各个经济主体的活动（曹沛霖，1998）。福利经济学认为，在完全竞争和完全市场的情况下，竞争性均衡是帕累托最优的。然而，市场不是解决所有经济与社会问题的唯一途径，市场作为自愿配置的主要手段和经济运行的基本载体，存在着不可自救的缺陷。市场机制的这种缺陷在经济学上被称为“市场失灵”，是指在市场价格机能完全的运作下，市场形态无法达到完全竞争状态；抑或即使是完全竞争市场也不能使经济效率达到最高的现象（范建德，1998）。

空气污染防治中的市场失灵之所以产生，其原因正如丹尼尔·F. 史普博（1999）在《管制与市场》中所提到的：公共产品供给不足；外部性的存在；由市场竞争引发的垄断。具体地说，首先，环境容量具有公共物品属性或者环境产权不明确，因而不具备市场机制正常作用的基本条件——明确定义的、转移的、安全的、可转移的和可实行的，其结局可能就是在环境问题上的“公地的悲剧”。其次，空气污染产生的负外部性，如果没有政府环境管制的情况下，单个企业不会去承担社会成本，否则就会失去市场竞争力。最后，由于市场信息的不对称性，解决环境问题，尤其是跨区域性环境问题，需要巨额的交易成本。

2. 政府失灵

政府失灵是指政府的行动不能增进经济效率或政府把收入再分配给那些不恰当的人们（方福前，1994）。主要表现在政府政策失灵和政府管理失灵。

政策失灵是指那些扭曲了资源使用或配置的私人成本，对个人是合理的，但对社会却是不合理的（张坤民，1997）。在政策方面，地方政府对 GDP 等宏观经济总量的追求，常常忽略将环境成本计入整个生产成本之中，从而导致有“有增长、无发展”和“高增长，高污染”现象的出现。再者，部门制定有关环境政策来讲，由于有自身的利益追求，它通常是从自身利益最大化出发而不是从社会利益最大化出发的角度来考虑问题，就很难制定出和执行好有关环境治理的政策，相关政策也就很难起到使负的环境外部成本内部化的作用（李郁芳和李项峰，2007）。

管理失灵是指由于政府管理体制及其政府主管部门存在着一系列管理问题从而导致有关环境政策无法有效实施、执行和监督不力。首先是管理体制上地方政府的分割管理。空气污染防治是具有区域性、整体性和外部性，地方政府会从本地区利益出发，更多地把有限的公共资源及政策在众多的公共事务中进行综合考虑。而在突出政绩的动力下，如果在发展经济和污染治理之间取其一者，往往会以牺牲环境利益为代价发展本地经济。当行政区划界限只起到政治权力的空间投影和分割标志的作用时，这条假象分割线却阻隔着跨区域环境治理。正如梅和威廉姆斯（May & Williams，1986）所指出，各级政府之间需要环境共治。其次在环境管理中，常常存在“寻租”行为，即污染者不断向政府当局和环境部门寻租，把污染造成的外部成本转嫁给受污染者。

3.3.4 基于任务复杂性理论的视角

任务复杂性包括三个维度：时限性、技术复杂性和人力资产专有性。马奇和西蒙（March & Simon，1958）认为，复杂性任务具有三层内涵：一是具有未知的或不确定的可替代选择，或行动的效果；二是具有不准确的或未知的带有目的性的链接；三是具有包含大量子任务的特征。坎贝尔（Campbell，1988）定义任务复杂性为：实现所求最终状态的潜在路径具有多重性；所要得到的效果具有多样性；路径与效果之间存在着冲突；路径与效果之间存在着不确定的或可能的链接。塞兹和莱瑟姆（Seijts & Latham，2001）从人与任务互动的视角来定义任务复杂性，任务执行人在执行任务时表现出来的能力是复杂的（彭正银，2003）。

从这一理论角度讲，总体上，区域空气污染治理任务的复杂性主要表现在：（1）空气污染空间传输性造成区域空气污染治理的过程与效果难以划分，治理责任归于哪一区域治理主体；（2）时间累积性造成区域空气污染治理是个长期任务；（3）空气污染属于专项的环境治理，需要专门的技术和人力资源以及物资设备；（4）空气污染治理不仅仅是治理其本身（末端治理），而是要治理造成污染背后的经济发展失衡、消费观念偏向、产业结构错配等人为因素，以及要治理“带有目的性的利益链接”。这些治理方面都可以说是区域空气污染治理的子任务。

3.4 江西省大气污染主要影响因素的面板数据模型实证分析

3.4.1 模型建立与数据来源

为了分析空气污染与经济增长以及影响因素，从实证上说明空气污染治理任务复杂性，在前述学者的研究基础上，根据 Kuznets 曲线模型来构建空气污染水平和经济增长之间的计量经济模型。对原始数据取对数来消除各变量数据的异方差现象，建立模型如下：

$$\ln poll_{it} = \alpha_i + \beta_1 \ln g_{it} + \beta_2 \ln(g_{it})^2 + \beta_{3k} Z_{kit} + \varepsilon_{it} \tag{3-1}$$

其中，$poll_{it}$ 为人均污染物排放量（吨/人），表示空气污染程度；g_{it} 为人均 GDP（万元/人），表示区域经济发展水平；z_{kit} 是 k 个控制变量，表示其他区域污染影响因素；α_i 为特定截面效应，β_1、β_2、β_{3k} 为待定参数；i 表示地区数；t 表示时间；k 表示影响因子数；ε_{it} 为随机误差。

由于工业空气污染物占整个空气污染的 70%，再综合李达、丁焕峰等学者的研究，空气污染指标用工业 SO_2、烟粉尘的排放量来表示。控制变量包括：

（1）科技水平：工业科技支出占财政支出的比重（scie）；

（2）政府环境管制强度：污染物的去除量与排放量的比例（poli，由于工业企业不会自愿去除空气污染物，去除量只有在政策强度增强的情况下才增大）；

（3）贸易开放水平：进出口贸易额占 GDP 比重（trad）；实际利用外资率：外商直接实投资占 GDP 的比重（fori）；

（4）产业结构：第二产业总值占 GDP 的比重（indu）；

（5）人口规模：人口密度（人/平方公里）；

（6）能源利用率：万元 GDP 能耗（吨标准煤/万元 GDP）；

（7）经济增长速度：当期与前期的 GDP 增值（消除膨胀）比。

数据源自《江西省统计年鉴》《江西省环境年报》。同时，鉴于数据的可得性和完整性，时间起止为 1994 ~ 2013 年，空气污染指标以 SO_2、烟尘、粉尘排放量为准。

3.4.2 模型估计结果

面板数据模型分为三种类型：无个体影响的不变系数模型、含有个体影响的不变系数模型即变截距模型和含有个体影响的变系数模型，其中变截距模型又分为固定影响模型（fixed effect model，FE）与随机影响模型（random effect model，RE）。

本章节利用 Eviews6.0 软件进行模型估计。由表 3 - 1 豪斯曼检验可知，选用固定影响模型，采用似不相关加权法消除变量间的异方差及自相关性，依照式（3 - 1）对 SO_2、烟尘、粉尘指标进行回归检验。结果如表 3 - 1 所示。

表 3 - 1　　三种空气污染物排放量与人均 GDP 的估计结果

污染指标	人均二氧化硫	人均烟尘	人均粉尘
Hausman 检验 （p 值）	336. 898439 （0. 0000）	218. 114822 （0. 0000）	521. 994962 （0. 0000）
估计模型类型	FE	FE	FE
α_i	-1. 899191 （-2. 273914）**	-3. 037044 （-2. 939536）**	-4. 567498 （-5. 550523）***
lng 经济发展水平	0. 330395 （8. 520010）***	-0. 306908 （-10. 46245）***	-0. 119841 （-2. 737626）***
lng 平方	—	-0. 164098 （-7. 665946）***	0. 122270 （6. 604384）***
lnindu 产业结构	0. 247790 （2. 154114）**	-0. 395603 （-3. 132112）***	0. 468005 （2. 534382）**
lnpoli 环境管制强度	-0. 148868 （-14. 90109）***	—	-0. 138718 （-12. 68623）***
lnscie 科技水平	-0. 028051 （-2. 281724）**	-0. 033023 （-3. 097584）**	-0. 044334 （-3. 781000）***
贸易开放水平　lntrad	0. 133383 （8. 619519）***	0. 048635 （3. 006146）***	—
贸易开放水平　lnfori	0. 054485 （4. 583570）***	0. 027942 （2. 283236）**	-0. 055703 （-3. 682313）***
lnener 能源利用率	0. 089340 （5. 255159）***	—	0. 089577 （4. 441209）***
stup 经济增长速度	1. 162240 （4. 676837）***	—	-0. 586803 （-1. 806413）*
lnren 人口规模	-0. 407622 （-2. 721532）***	-0. 461474 （-2. 604835）***	-0. 233817 （0. 0986）*
Adj - R^2	0. 972126	0. 944799	0. 973697
D. W	1. 708699	1. 846230	1. 586192
样本数	220	220	220
Fixed Effects（Cross）			
NCH—C	-0. 303323	0. 482822	-0. 580495
JDZH—C	0. 307810	0. 454607	-1. 401478
PX—C	0. 688798	1. 372473	2. 077507

续表

污染指标	人均二氧化硫	人均烟尘	人均粉尘
JJ—C	0.051604	-0.113201	-0.552331
XY—C	0.748978	0.361323	1.008011
YT—C	1.314482	0.429899	-0.852436
GZH—C	-1.383540	-1.157067	0.433442
JAN—C	-0.549230	-0.661108	0.398531
YCH—C	0.300617	-0.376629	0.662037
FZH—C	-0.682408	0.061239	-0.763593
SHR—C	-0.493787	-0.854357	-0.429196

注：括号内为T统计量；***、**、*分别表示1%、5%、10%的显著水平。
资料来源：利用 EViews 6.0 软件进行模型估计而得。

3.4.3 空气污染主要影响因素分析

由表3-1可知，整体上江西省三种空气污染物与经济发展水平在统计上显著，估计结果与预期相符。但是每种污染物与经济发展水平的关系具有不同的特点，每个地区呈现不同个体效应。

从工业二氧化硫与经济发展水平来看，两者间呈对数线性递增关系，人均GDP每增加1%，工业SO_2排放量就增加0.330395%。而工业烟尘、粉尘与经济发展水平间呈对数线性递减关系，人均GDP每增加1%，工业烟尘、粉尘排放量就分别减少0.306908%、0.119841%。并且GDP与烟尘呈倒“U”型的EKC曲线状态。

从产业结构方面看，除了工业烟尘与产业结构呈负相关外，其余的都是正向对数递增关系，SO_2、粉尘每增加1%，两种污染物分别增加0.24779、0.468005。总体上江西省11个地区的第二产业比重处于相对上升趋势，即使有所调整，但还是影响环境污染的一个重要因素。

从环境管制强度对三种污染物的影响来看，SO_2、粉尘污染指标方程中的系数都显著，都与污染物排放量呈对数递减关系。结果表明，江西省环境强制政策起到一定的污染减排作用。而工业烟尘指标方程中的系数不显著，说明环境管制对烟尘减少没起到作用。

科技水平方面，3种污染物排放与科技水平都呈负向关系，它们每增加一个百分点，3种污染物分别降低0.028051、0.033023、0.044334。这说明，政府科研经费支出能有效抑制空气污染，改善空气环境质量。但降低比例较低，可能是由于科研与生产、污染治理等环节出现转化偏差的原因。

贸易开放水平方面，从表3-1来看，用进出口贸易和实际利用外资来衡量的贸易开放水平表现不同的显著水平。SO_2、烟尘排放与进出口贸易呈正向关系，分别是0.133383、0.048635，粉尘方程中系数不显著，表明为了增大贸易量不惜牺牲环境为代价；而在实际利用外资方面，与SO_2、烟尘的关系表现为正向递增，分别是0.054485、0.027942，与粉尘的关系表现为负向递减，为0.055703。这说明，一方面，在西方发达国家环境管制严格的政策下实行产业转向发展中国家，即所谓的"污染天堂"假说；另一方面，在各区域环保意识和政策增强的情况下，引入的外资企业要求具备高新技术和清洁生产技术，从而出现这种递减效应。

从能源利用与空气污染物排放的关系看，单位GDP能耗与SO_2、粉尘间呈对数递增关系，单位GDP能耗每增加1%，SO_2、粉尘排放量分别增加0.08934%、0.0895775%，而烟尘污染方程中的系数不显著。这说明江西省各地区的能源利用率有待提高。

经济增长速度对污染物排放的关系方面，前者对SO_2的影响是正向的，每提高1%，SO_2排放增加1.16224；对粉尘的影响是负向的，每提高1%，粉尘排放下降0.586803%。

就人口规模与污染物排放关系来看，人口规模与3种污染物排放都呈负相关性。这与预期的结果相反。其中的原因可能在于人口素质的提高，或因科技进步而获得新生产技术。

3.4.4　主要影响因素协整关系分析

协整的经济意义在于，如果两个经济变量存在协整关系，说明两者之间一定存在某种长期均衡关系。为了进步反映前述影响因素变量的相互关系，有必要进行协整检验与分析。

1. 平稳性与单整检验

面板数据平稳性检验是进行协整检验之前的必要步骤；仅当各变量都是同阶单整时才有可能存在协整关系。常用的检验方法有：（1）同质单位根检验法（Common unit root process）指各截面单元序列具有相同的单位根过程。具体检验方法有三种：LLC检验（Levin-Lin-Chu Test）、Breitung检验、Hadri检验。（2）异质单位根检验法（Individual unit root process）指各截面单元序列具有不同的单位根过程。具体检验方法有三种：IPS检验（Im-Pesaran-Skin Test）、Fisher-ADF检验与Fisher-PP检验。为了避免单一方法可能存在的缺陷，综合运用2种方法。现对各变量进行平稳性检验结果如表3-2所示。

表 3-2　　面板数据单位根检验结果

检验形式		含截距和趋势		含截距		都无	
检验方法		LLC	IPS	LLC	IPS	LLC	IPS
变量		t 值（p 值） I（n）	t 值（p 值） I（n）	t 值（p 值） I（n）	t 值（p 值） I（n）	t 值（p 值） I（n）	t 值（p 值） I（n）
lnpoll	SO_2					-12.6509 （0.0000） I（1）	-9.48016 （0.0000） I（1）
	烟尘	-2.90778 （0.0018）	-2.87317 （0.0020）				
	粉尘			-3.91831 （0.0000）	-4.77894 （0.0000）		
lng		-5.09270 （0.0000）	-3.48193 （0.0002）				
(lng)^2				-2.10164 （0.0178）	-3.57614 （0.0002） I（1）		
lnscie		-5.99358 （0.0000）	-4.61873 （0.0000）				
lnpoli				-12.0446 （0.0000） I（1）	-11.0940 （0.0000） I（1）		
lntrad						-4.25658 （0.0000）	-9.28254 （0.0000） I（1）
lnfori					-2.58309 （0.0049）	-2.12426 （0.0168）	
lnindu					-3.05117 （0.0011）	-5.48831 （0.0000）	
lnener					-2.04369 （0.0205）	-4.07756 （0.0000）	
lnren		-8.30435 （0.0000）				-7.32486 （0.0000） I（1）	
stup					-4.57373 （0.0000）	-3.48518 （0.0000）	

注：I（1）表示 1 阶单整；其余的表示原序列平稳。
资料来源：利用 Eviews 6.0 软件进行模型估计而得。

2. 协整检验与分析

面板协整检验时两个变量必须是同阶单整。但是，如果变量个数多于两个，即解释变量个数多于一个，被解释变量的单整阶数不能高于任何一个解释变量的单整阶数。另当解释变量的单整阶数高于被解释变量的单整阶数时，则必须至少有两个解释变量的单整阶数高于被解释变量的单整阶数。如果只含有两个解释变量，则两个变量的单整阶数应该相同。

面板协整检验的方法主要有 Pedroni（engle-granger based）方法（零假设为不存在协整关系）、Kao（engle-granger based）方法（零假设为不存在协整关系）和 Fisher（combined johansen）方法。其中 Pedroni 构造的 7 个检验面板数据协整关系的统计量，前 4 个是用联合组内维度（within-dimension）来描述，即 Panel-v、Panel-rho、Panel－PP 和 Panel－ADF 统计量，另外 3 个用组间维度（between-dimension）描述，即 Group-rho、Group－PP 和 Group－ADF 统计量，Pedroni 指出，每一个标准化的统计量都趋于正态分布，但在小样本情况下，Panel ADF 和 Group ADF 统计量的检验效果更好，在检验结果不一致时，要以这两个统计量为标准。根据表 3－2 单位根检验结果进行协整检验，结果如表 3－3 所示。

由表 3－3 至表 3－7 可知，粉尘污染物排放量与经济发展水平及其平方、进出口贸易水平存在长期稳定关系；烟尘污染物排放量与能源利用水平、经济发展水平存在长期均衡关系。这充分说明，空气污染影响因素长期存在。

表 3－3　　粉尘与 GDP 的协整检验结果

检验方法	统计量名		统计量值
Kao	ADF		－0.581765
pedroni	Panel－v		－3.937033
	Panel－rho		－1.825417 **
	Panel－PP		－5.733220 ***
	Panel－ADF		－5.299119 ***
	Group－rho		－0.029523
	Group－PP		－4.611433 ***
	Group－ADF		－3.643334 ***
fisher	原假设	联合迹值（p 值）	联合最大特征根（p 值）
	none	54.05（0.0002）	53.63（0.0002）
	At most 1	20.08（0.5779）	20.08（0.5779）

注：括号内为 T 统计量；*** 、** 、* 分别表示 1%、5%、10% 的显著水平。
资料来源：利用 Eviews 6.0 软件进行模型估计而得。

表 3-4　　粉尘与 GDP 平方的协整检验结果

检验方法	统计量名		统计量值
Kao	ADF		-2.572662***
pedroni	Panel-v		-3.225418
	Panel-rho		-1.975862**
	Panel-PP		-6.492356***
	Panel-ADF		-5.231998***
	Group-rho		-0.094521
	Group-PP		-6.240165***
	Group-ADF		-3.569826***
fisher	原假设	联合迹值（p值）	联合最大特征根（p值）
	none	32.73（0.0658）	36.95（0.0239）
	At most 1	12.27（0.9516）	12.27（0.9516）

注：***、** 分别表示 1%、5% 的显著水平。
资料来源：利用 Eviews 6.0 软件进行模型估计而得。

表 3-5　　粉尘与进出口贸易水平的协整检验结果

检验方法	统计量名		统计量值
Kao	ADF		-2.181978**
pedroni	Panel-v		-3.522313
	Panel-rho		-1.260646
	Panel-PP		-5.564792***
	Panel-ADF		-4.380249***
	Group-rho		0.558228
	Group-PP		-4.546184***
	Group-ADF		-2.534722***
fisher	原假设	联合迹值（p值）	联合最大特征根（p值）
	none	28.35（0.1644）	26.61（0.2263）
	At most 1	16.19（0.8063）	16.19（0.8063）

注：***、** 分别表示 1%、5% 的显著水平。
资料来源：利用 Eviews 6.0 软件进行模型估计而得。

表3-6　　烟尘与能耗的协整检验结果

<table>
<tr><th>检验方法</th><th colspan="2">统计量名</th><th>统计量值</th></tr>
<tr><td>Kao</td><td colspan="2">ADF</td><td>1.779838**</td></tr>
<tr><td rowspan="7">pedroni</td><td colspan="2">Panel-v</td><td>-1.800499</td></tr>
<tr><td colspan="2">Panel-rho</td><td>-0.789974</td></tr>
<tr><td colspan="2">Panel-PP</td><td>-5.342397***</td></tr>
<tr><td colspan="2">Panel-ADF</td><td>-4.665792***</td></tr>
<tr><td colspan="2">Group-rho</td><td>0.396813</td></tr>
<tr><td colspan="2">Group-PP</td><td>-4.878845***</td></tr>
<tr><td colspan="2">Group-ADF</td><td>-2.231608**</td></tr>
<tr><td rowspan="3">fisher</td><td>原假设</td><td>联合迹值（p值）</td><td>联合最大特征根（p值）</td></tr>
<tr><td>none</td><td>47.89（0.0011）</td><td>50.85（0.0004）</td></tr>
<tr><td>At most 1</td><td>14.89（0.8671）</td><td>14.89（0.8671）</td></tr>
</table>

注：***、**分别表示1%、5%的显著水平。
资料来源：利用Eviews 6.0软件进行模型估计而得。

表3-7　　烟尘与GDP的协整检验结果

<table>
<tr><th>检验方法</th><th colspan="2">统计量名</th><th>统计量值</th></tr>
<tr><td>Kao</td><td colspan="2">ADF</td><td>0.901743</td></tr>
<tr><td rowspan="7">pedroni</td><td colspan="2">Panel-v</td><td>-2.401051</td></tr>
<tr><td colspan="2">Panel-rho</td><td>-1.690813**</td></tr>
<tr><td colspan="2">Panel-PP</td><td>-5.729007***</td></tr>
<tr><td colspan="2">Panel-ADF</td><td>-4.612896***</td></tr>
<tr><td colspan="2">Group-rho</td><td>-0.013879</td></tr>
<tr><td colspan="2">Group-PP</td><td>-5.267418***</td></tr>
<tr><td colspan="2">Group-ADF</td><td>-2.848008***</td></tr>
<tr><td rowspan="3">fisher</td><td>原假设</td><td>联合迹值（p值）</td><td>联合最大特征根（p值）</td></tr>
<tr><td>none</td><td>44.14（0.0034）</td><td>41.17（0.0079）</td></tr>
<tr><td>At most 1</td><td>21.36（0.4984）</td><td>21.36（0.4984）</td></tr>
</table>

注：***、**分别表示1%、5%的显著水平。
资料来源：利用Eviews 6.0软件进行模型估计而得。

3.5　结论与启示

通过江西省11个地区3种空气污染物排放与区域空气污染影响因素的面板数

据模型估计结果，以及它们之间的协整关系研究，可以得出的结论是：总体上，江西省的经济发展水平、科技水平、政府环境管制强度、贸易开放水平、产业结构、人口规模、能源利用率、经济增长速度等因素对江西省区域空气污染具有显著影响，并且粉尘污染物排放量与经济发展水平、进出口贸易水平对粉尘污染存在长期稳定的影响关系，能源利用水平、经济发展水平对烟尘污染具有长期影响。

具体而言，随着江西省经济发展水平的提高，工业烟尘、粉尘的排放量有下降的趋势，而工业 SO_2 排放量有可能增加；近几年来，随着江西省各地区的第二产业比重上升，在能源利用效率不高的情况下，SO_2、粉尘排放量呈现加大趋势，会使得环境质量下降；贸易开放水平对空气环境质量影响不同，对 SO_2、烟尘排放具有正向影响作用，而对粉尘排放具有抑制作用；科技投入对 3 种空气污染物排放具有负向影响作用，这说明江西省科技投入产生了实效；环境管制对 SO_2、粉尘污染产生的抑制作用显著，而对烟尘排放的影响不显著，可能是由于污染企业的环境政策规避作用；人口规模对 3 种污染气体排放都呈负向作用，说明江西省人口素质提高的条件下可以达到降低污染，比如清洁生产技术的掌握、消费观念的改善等；经济增长速度对 SO_2、粉尘排放的影响作用分别是正向、负向的，而对烟尘排放的影响不显著。

从空气污染物排放影响因素的研究结论看，一方面要消除不利影响影响作用，另一方面要增强空气污染物排放的抑制因素作用，实现 GDP 增长与环境质量平衡发展。首先，正确认识空气污染物排放影响因素长期对环境质量造成压力，仍有上升趋势，环境形势不容乐观，并且空气污染治理任务复杂、繁重；其次，要求各地市政府加大教育、科研经费投入，提高人力资本，实行技术合作网络，进行生产技术和污染物处理技术创新；再次，调整、优化产业结构，扩大第三产业比例，各地区实行产业优势互补，降低单位 GDP 能耗；最后，提高绿色产品企业的出口能力，增强对 FDI 的环保规制，优先引进具有清洁生产技术的外资企业，使贸易结构、方式科学合理。

第4章 江西省大气污染协同治理的影响因素

4.1 基于扎根理论的影响因素理论模型分析

4.1.1 扎根理论概述

由芝加哥大学的巴尼·格拉泽（Barney Glaser）和哥伦比亚大学的安塞姆·施特劳斯（Anselm Strauss）两位学者共同发展出来的扎根理论（grounded theory）研究法（Hammersley，1990）是运用系统化的程序，同时运用了推理、比较、假设检验与理论建立等方法，“针对某一现象来发展并归纳式地引导出扎根的理论的一种定性研究方法”（毛洪涛等，2011）。

这种研究方法的特点在于，一是避免“先入之见”（avoiding preconception），鼓励研究者保持开放思想，发现和看待从数据中得到的概念（concepts）和概念之间的关系（relationships），这样可以补充原理论的不足；二是研究路线是从下往上，而不是从上往下；三是采取理论取样（theoretical sampling），即按照研究的目的和研究设计的理论指导抽取能够为研究问题提供最大信息量的研究对象（Glasser & Strass，1967）。

从研究方法这一视角来看，扎根理论的基本研究逻辑路径是“深入情境收集研究数据，经由数据间的不断比较，对数据抽象化、概念化地思考与分析，从数据资料中提炼出概念和范畴并在此基础上构建理论”（贾旭东，2010）。

扎根理论的主要思想体现在开放性编码（open coding）、主轴性编码（axial coding）和选择性编码（selective coding）这三重译码过程中。在操作步骤上主要包括：第一，开放性编码主要是“将收集到的资料分解，从中提取概念，将原始资料与概念、概念与概念进行不断比较并形成范畴”（McCallin，2003）。第二，主轴性编码主要是“构建范畴与范畴的逻辑关系，形成主范畴”。第三，选择性编码“通过识别统领最大多数其他类别的‘核心类别’，开发出故事线，将最大多数的研究结果囊括在一个比较宽泛的理论框架之内，并用所有的资料来验证这些关系”(Juliet et al.，1994；沙勇忠等，2013)。

4.1.2 理论取样与数据收集

扎根理论的核心在于数据资料的收集与分析过程。依巴尼·格莱泽的观点，“一切皆数据”：它可以“来源于访谈和观察，也可以来源于包括政府文件、录音、新闻报道、信件、著作等任何能为研究问题提供线索的材料（Barney & Anselm，1967)”。

理论取样是依据建构理论的需要而进行有目的地选择样本（Glaser，1978)；是从所发生现象中的一个样本出发，同时一边收集一边编码和分析数据，之后通过编码和备忘录的分析来确定下一步如何收集数据（Glaser，1998）而数据收集主要采用半结构化深度访谈来收集研究的第一手数据，并通过网络搜索相关政府网站信息、现场与电话访谈等方式取得相关数据。

从理论取样到开放性编码、主轴性编码和选择性编码的具体过程如表4－1、表4－2和表4－3所示。

表4－1　　访谈样本（摘要）

原始资料（访谈录）	开放性编码
如果我公司投入治理，会增大成本，产品竞争力就会降低，而别的企业不会。并且地方政府对企业又不一视同仁	A11 信任问题 A12 成本增大
我们环保做得好，政府要给予资金和技术支持，或者说减免税	A21 资金支持 A22 技术支持 A23 减免税
现在市场上排污权交易又没完全实行，第三方治理十八大才提及，实际上采用的也非常少，要是那样我倒觉得公平	A31 排污权交易 A32 第三方治理
污染企业是罪魁祸首；话说回来，当地政府应负主要责任，因为环境公共服务是政府的责任，并且它监管不到位	B11 责任分担 B12 监管
从消费角度来讲，我们老百姓也是污染制造者，但人要生存；只不过不能过度消费	B21 污染责任 B22 过度消费 B23 生存矛盾

续表

原始资料（访谈录）	开放性编码
2014 年清明节南昌市政府用“鲜花对换清洁空气”的做法非常好。只要政府做得合理，老百姓还是支持的	B31 措施 B32 免费鲜花 B33 公平合理
参加环保协会似乎有点形式的味道，对空气污染治理没有实质性的作用	B41 环保渠道 B42 环保参与
没有合作通道，老百姓怎么与政府合作；说实在点，又得不到实惠。很多人意识到空气污染的严重性，付出的行动却很少	B51 合作通道 B52 物质实惠 B53 环保意识与行为
手机上连个污染企业的信息都没有，若是有，我们消费时就不买它的产品	B61 污染信息公开 B62 消费选择
天空是大家的，我又没有产权，这与房子不同；说实在的，人总要有所利求，与政府合作治理，经济收获是什么呢	B71 环境产权 B72 经济利益
依我看，老百姓参与合作治理，一要看意愿；二要看途径；三要看能给他们带来什么好处	C11 合作意愿 C12 参与途径 C13 合作好处
企业是空气污染的直接制造者，资金不足，技术不够，它们寻求的大多数是政府的资金和技术政策支持。事实上，政府也掌控着这些资源	C21 责任归属 C22 资金与技术支持 C23 资源掌控
空气污染治理任务太复杂，空气污染会跨境传输，而且涉及经济发展、贸易、产业、能源、技术、人口等因素	C31 任务复杂 C32 污染跨境传输 C33 能源、产业等多因素作用
地方政府之间的合作治理，关键在于，相关信息要公开、共享；双方治理技术、资源的互补；合作带来污染、成本的降低等	C41 信息公开共享 C42 资源互补 C43 污染与成本降低
在我看来，双方的领导风格要相似；合作能力和信任度都要高。不过，要看对方是否按协议来分配投入与利益	C51 领导风格 C52 合作能力 C53 信任双方
最为重要的是成本收益分配，如政治晋升、成本节约、上级政府的财政转移奖励等	C61 成本收益分配 C62 晋升 C63 财政转移奖励
……	……

注：Anm 表示江西省企业对象 A 第 n 个的第 m 个概念化；Bnm 表示公民对象 B 第 n 个的第 m 个概念化；Cnm 表示政府对象 C 第 n 个的第 m 个概念化。

表 4－2　政策文件样本（摘要）

政策文件	原始资料（摘要）	开放性编码
昌九区域大气污染联防联控规划	建立联防联控目标责任制度，明确各级政府的责任主体地位和各部门的责任目标； 区域经济的一体化、环境问题的整体性及空气环流造成昌九区域内城市间污染传输影响给现行的环境管理模式带来了巨大挑战； 规划范围为南昌、九江、宜春三市内 23 个县（市区），人口约 1123 万人； 主要污染因子是二氧化硫、可吸入颗粒、氮氧化物、臭氧等；推进机动车排气污染防治监管能力建设；创新管理机制，提升联防联控管理能力； 建立联席会议制度、第三方监督性监测制度、区域环境信息共享制度等； 依法全面推行排污许可证制度，探索试行排污权交易；实施环境信息公开制度； 区域内，将实施 148 个项目，总投资 61.60 亿元； 强化科技支撑；加强先进环保技术成果转化应用，开展空气污染治理先进技术、管理经验等方面的交流与合作； 实施老旧车辆报废更新补贴政策；落实鼓励秸秆等综合利用的税收优惠政策；推行政府绿色采购； 落实脱硫、脱硝、除尘电价政策，继续执行差别电价和惩罚性电价政策； 对高耗能、高污染产业，金融机构实施更为严格的贷款发放标准；开展企业环境违法信息纳入人民银行等级评定、贷款及证券融资联动； 预计共减排二氧化硫 4.71 万吨，氮氧化物 4.56 万吨，颗粒物 4.92 万吨； 充分利用世界环境日、地球日等重大环境纪念日宣传平台，普及空气污染环境保护知识，全面提升群众环境意识，增强公众参与环境保护的能力； 其中，列出昌九区域空气污染重点监管企业名单；各级政府部门目标责任分工表	D11 责任控制 D12 任务挑战 D13 范围大 D14 人口多 D15 污染因子多 D16 监管能力 D17 联防联控管理能力 D18 联席会议制度 D19 第三方监督 D120 信息共享制度 D121 排污权交易 D123 信息公开 D124 项目投资 D125 科技支撑 D126 老旧车辆补贴政策 D127 差别电价 D128 金融贷款 D129 减排数量 D130 环保意识 D131 公众参与 D132 目标责任分工
南昌、九江、宜春、抚州四市区域合作框架协议（前湖共识）	“开放、合作、互利、共赢”，是四市区域合作的共同价值基础； 平等协商，协调互动；优势互补，扬长避短；政府推动，市场主导；资源共享，一体发展； 产业布局互补；生产要素互通；环境保护共建；科技创新协同；建立定期协商会议制度；建立信息互通和情况通报制度	E11 共同价值 E12 文化理念趋同 E13 平等协调 E14 资源共享 E15 科技创新协同 E16 信息互通 E17 合作经验

续表

政策文件	原始资料（摘要）	开放性编码
江西省推进大气污染联防联控工作改善区域空气质量实施方案	全面落实空气污染防治责任，充分发挥部门联动作用，形成合力； 要大力推广低氮燃烧技术，对低氮燃烧效率差的进行低氮燃烧技术改造； 促进能源结构调整，提高清洁能源利用率，加大城市天然气、液化石油气、煤制气、太阳能等清洁能源使用的推广力度； 加大资金投入力度，强化环境保护专项资金使用管理，推进重点治污项目和区域空气质量监测、监控能力建设； 完善环境经济政策，开展主要空气污染物排放指标有偿使用和排污权交易试点工作。完善区域生态补偿政策，研究对空气质量改善明显地区的激励机制； 组织编写空气污染防治科普宣传和培训材料，开展多种形式的空气环境保护宣传教育，动员和引导公众参与区域空气污染联防联控工作； 负责单位包括：各级政府，省工信委，省财政厅，省环保厅，省发改委，科技厅，省交通运输厅，省能源局，相关重点排放企业等	F11 部门联动 F12 技术改造 F13 能源结构调整 F14 资金投入 F15 监控能力 F16 有偿使用 F17 排污权交易 F18 生态补偿 F19 提升公众环保意识 F120 公众参与 F121 负责单位多
大气污染防治法修正案	第 5 条，任何单位和个人都有保护空气环境的义务，并有权对污染空气环境的单位和个人进行检举和控告。 第 8 条，在防治空气污染、保护和改善空气环境方面成绩显著的单位和个人，由各级人民政府给予奖励。 第 9 条，国家鼓励和支持空气污染防治的科学技术研究，推广先进适用的空气污染防治技术；鼓励和支持开发、利用太阳能、风能、水能等清洁能源。 第 14 条，征收的排污费一律上缴财政，按照国务院的规定用于空气污染防治，不得挪作他用，并由审计机关依法实施审计监督。 第 26 条，国家采取有利于煤炭清洁利用的经济、技术政策和措施，鼓励和支持使用低硫份、低灰份的优质煤炭，鼓励和支持洁净煤技术的开发和推广。 第 30 条，国家鼓励企业采用先进的脱硫、除尘技术	G11 检控权 G12 给予奖励 G13 鼓励和支持技术研究 G14 排污费上缴财政 G15 鼓励、支持替代品的生产和使用

续表

政策文件	原始资料（摘要）	开放性编码
空气污染防治行动计划	加快重点行业脱硫、脱硝、除尘改造工程建设；挥发性有机物、面源、城市扬尘、餐饮油烟污染治理、移动源污染防治； 采取划定禁行区域、经济补偿等方式，逐步淘汰黄标车和老旧车辆；公交、环卫等行业和政府机关要率先使用新能源汽车，采取直接上牌、财政补贴等措施鼓励个人购买； 调整优化产业结构，推动产业转型升级；严控“两高”行业新增产能；加快淘汰落后产能；压缩过剩产能； 加快企业技术改造，提高科技创新能力；强化科技研发和推广；大力培育节能环保产业； 推进煤炭清洁利用。通过政策补偿和实施峰谷电价、季节性电价、阶梯电价、调峰电价等措施，逐步推行以天然气或电替代煤炭； 发挥市场机制调节作用。本着“谁污染、谁负责，多排放、多负担，节能减排得收益、获补偿”的原则，积极推行激励与约束并举的节能减排新机制； 建立企业“领跑者”制度，对能效、排污强度达到更高标准的先进企业给予鼓励； 全面落实“合同能源管理”的财税优惠政策，完善促进环境服务业发展的扶持政策。完善绿色信贷和绿色证券政策，将企业环境信息纳入征信系统。推进排污权有偿使用和交易试点； 完善价格税收政策。根据脱硝成本，结合调整销售电价，完善脱硝电价政策。实行阶梯式电价； 按照合理补偿成本、优质优价和污染者付费的原则合理确定成品油价格，完善对部分困难群体和公益性行业成品油价格改革补贴政策； 地方人民政府要对涉及民生的“煤改气”项目、黄标车和老旧车辆淘汰、轻型载货车替代低速货车等加大政策支持力度，对重点行业清洁生产示范工程给予引导性资金支持； 中央财政统筹整合主要污染物减排等专项，设立空气污染防治专项资金，对重点区域按治理成效实施“以奖代补”； 建立健全环境公益诉讼制度。加快修改环境保护法，尽快出台机动车污染防治条例和排污许可证管理条例。各地区可结合实际，出台地方性空气污染防治法规、规章； 提高环境监管能力。加大环境监测、信息、应急、监察等能力建设力度，达到标准化建设要求；实行环境信息公开；建立重污染行业企业环境信息强制公开制度； 明确政府企业和社会的责任，动员全民参与环境保护	H11 污染源多 H12 经济补偿 H13 补贴购买新能源汽车 H14 产业结构优化 H15 技术研发 H16 电价政策补偿 H17 节能环保产业培育 H18 市场调节 H19 鼓励先进企业 H120 财税优惠政策 H121 绿色信贷 H122 排污权有偿使用 H123 脱硝电价 H124 引导性资金支持 H125 以奖代补 H126 完善环境公益诉讼制度 H127 监管能力 H128 环境信息公开 H129 环境信息强制公开制度 H130 政府企业社会责任

注：Dnm 表示文件对象 D 第 n 个的第 m 个概念化；Enm 表示文件对象 E 第 n 个的第 m 个概念化；Fnm 表示文件对象 F 第 n 个的第 m 个概念化；Gnm 表示文件对象 G 第 n 个的第 m 个概念化；Hnm 表示文件对象 H 第 n 个的第 m 个概念化。

表 4－3　　选择性编码结果

主范畴	次范畴	初始概念
主体因素	合作能力	C52 合作能力；D16 监管能力；E13 平等协调；E17 合作经验；F11 部门联动；F15 监控能力；D11 责任控制；G14 排污费上缴财政；D17 联防联控管理能力；D132 目标责任分工；H15 技术研发；H14 产业结构优化；H17 节能环保产业培育
	期望收益	A12 成本增大；B11 责任分担；B21 污染责任；B52 物质实惠；B62 消费选择；C13 合作好处；C21 责任归属；B32 免费鲜花；B71 环境产权；C43 污染与成本降低；C61 成本收益分配；D129 减排数量；F19 提升公众环保意识；H123 脱硝电价；C62 晋升；G11 检控权；C63 财政转移奖励；B72 经济利益
	资源依赖性	C23 资源掌控；C42 资源互补；E14 资源共享；E15 科技创新协同；E16 信息互通
	信任度	A11 信任问题；C51 领导风格；C53 双方信任
	文化兼容性	E11 共同价值；E12 文化理念趋同；C51 领导风格
外部环境因素	政策支持	A21 资金支持；A22 技术支持；A23 减免税；B51 合作通道；B61 污染信息公开；C41 环境信息公开共享；D18 联席会议制度；D124 项目投资；D125 科技支撑；D126 老旧车辆补贴政策；D127 差别电价；F14 资金投入；F18 生态补偿；G12 给予奖励；G15 鼓励、支持替代品的生产和使用；H12 经济补偿；H13 补贴购买新能源汽车；H16 电价政策补偿；H120 财税优惠政策；H121 绿色信贷；H126 完善环境公益诉讼制度；H129 环境信息强制公开制度
	市场化水平	A31 排污权交易；A32 第三方治理；D19 第三方监督；F16 有偿使用；H18 市场调节；H122 排污权有偿使用
	公民环保素质	A33 公平感；B22 过度消费；B33 公平合理；C11 合作意愿；D130 环保意识；E11 共同价值；E12 文化理念趋同；F120 公众参与；H130 政府企业社会责任；B41 环保渠道；C12 参与途径；B23 生存矛盾；B42 环保参与；B53 环保意识与行为
客体因素	任务复杂性	C31 任务复杂；D12 任务挑战；D13 范围大；D14 人口多；D15 污染因子多；F121 负责单位多；C32 污染跨境传输；C33 能源、产业等多因素作用；H11 污染源多

注：初始概念指开放性编码的结果。

4.1.3　研究结论

通过扎根理论四个步骤得出区域空气污染地方政府协同合作治理形成影响因素的三个主范畴，分别是：主体因素、外部环境因素和客体因素，以及九个次范畴（合作能力、文化兼容性、期望收益、制度支持、市场化水平、公民环保素质、任务复杂性、资源依赖性和信任度），并与相关文献进行对照（见表 4－4），从而构建出区域空气污染地方政府合作网络治理形成影响因素的构念模型，如图4－1所示：

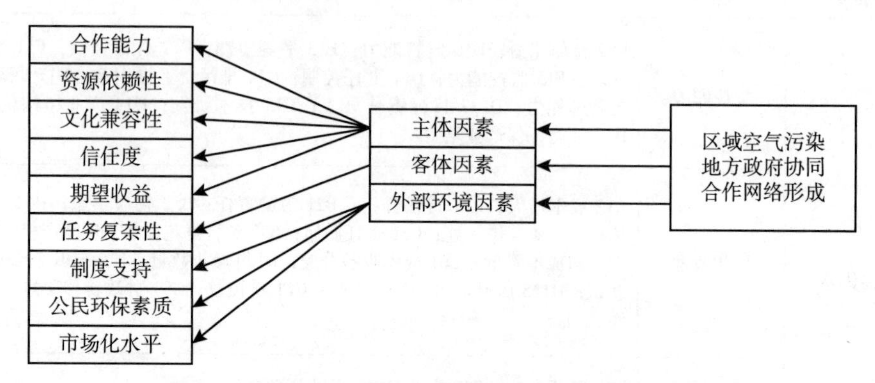

图4－1　区域空气污染协同网络治理形成的构念模型

表4－4　所抽取的范畴在相关文献中的对照

主范畴	次范畴	相关文献
主体因素	合作能力	戈德史密斯等（2008）；刘波等（2014）
	期望收益	席恒等（2009）；王欢明（2013）；谭英俊（2013）
	信任度	姚引良等（2010）；刘波（2011）；帕特南（1993）
	文化兼容性	戈德史密斯等（2008）；孙国强（2012）
	资源依赖度	恩里科·巴拉尔蒂（2012）；孙国强（2012）
外部环境因素	制度支持	姚引良等（2010）；刘波等（2014）
	市场化水平	戈德史密斯等（2008）；刘波等（2014）
	公民环保素质	
客体因素	任务复杂度	孙国强（2012）；刘波（2011）

4.2　影响因素假设的理论推演

4.2.1　主体因素的影响作用

斯蒂芬·戈德史密斯等（2008）认为，网络模式的挑战来自处理好问题的能力。解决好这种合作网络能力，地方政府不但能降低交易成本，而且还能吸引合作伙伴进行合作，从而降低空气污染程度。

据学者黄少安（2000）的观点，合作形成的条件是加入网络合作的收益与未合作所产生的收益差额大于零。也就是说，区域空气污染治理协同主体在合作网络形成之前的期望收益是肯定性的。同时，信任是合作的黏合剂，是战略合作网络关系的基石。它可以克服由道德风险和逆向选择带来的不确定性。协同主体之间彼此信任，可以有效消减合作过程中存在的不利因素，降低机会主义倾向，更容易促进协同关系的形成，进而保障合作目标的实现（Cao Q. et al.，2009）。文化兼容同样是协同合作的黏合剂，共同持有相容的价值观念的双方更容易达成合作。从而促进这种协同网络治理的形成。

另外，在协同治理关系中，每个主体都应该具备足以支撑自己完成协同任务的能力，并掌握一定的独特资源（陈霞和王彩波，2015）。传统的观点认为，网络组织形成的主要动因来自组织间资源互补的需要。根据资源依赖理论，组织需要通过获取环境中的资源来维持生存，没有组织是自给的，都要与它所依赖的环境中的因素互动，进行交换。资源依赖是地方政府间网络模式形成的基础条件。地方政府具有制度、资金和技术等资源，企业具有专门的技术、信息等资源；而社会资本积聚在民众之间。这些资源只有整合起来，才能发挥整体效应。对于污染处理专用性高的资源尤其如此。因为合作的基础是相互需要，各个主体在治理能力和资源掌握方面的互补性和协调性，是促进协同治理关系形成的潜在条件（白天成，2016）。正如斯蒂芬·戈德史密斯等（2008）指出，网络化治理的许多优势（专门性、创新性、迅速性、灵活性和扩大的影响力）成为迈向网络模式的巨大驱动力。于是，则有如下假设：

H_1：主体因素与区域空气污染地方政府协同网络治理形成呈正相关性。

H_{1-1}：合作能力与主体因素呈正相关性。

H_{1-2}：期望收益与主体因素呈正相关性。

H_{1-3}：资源依赖性与主体因素呈正相关性。

H_{1-4}：信任度与主体因素呈正相关性。

H_{1-5}：文化兼容性与主体因素呈正相关性。

4.2.2　外部环境因素的影响作用

空气污染治理是一个复杂任务。在资源制约的条件下，单靠地方政府或企业、公民去解决是达不到预期效果的。因此，上级政府（中央或省级政府）给予资金和污染治理技术支持，赋予公民法律权利（这与调研情况相吻合），是网络治理形成的物质基础和激励因素。

对于公民来讲，公民环保素质表现该区域公民社会成熟度；“成熟的公民社会，就会有明确的制度规范能够降低非确定性的负面影响”（谭英俊，2013）。制度规范越明确，民众越愿意与政府合作。就企业而言，环保产品或者环保责任通过市场机制来进行分配是形成合作的一个关键因素。市场化水平越高，通过招标方式的企业与地方政府之间的合作可以降低成本、控制风险、增进收益；排污权交易或者第三方治理更加顺畅；企业之间会形成良性的竞争关系，搜寻、履约等成本会得到抑制。于是，则有如下假设：

H_2：外部环境因素与区域空气污染地方政府协同网络治理形成呈正相关性。

H_{2-1}：政策支持与外部环境因素呈正相关性。

H_{2-2}：公民参与环保程度与外部环境因素呈正相关性。

H_{2-3}：市场化水平与外部环境因素呈正相关性。

4.2.3 客体因素的影响作用

根据前文研究，作为治理对象，区域空气污染具有空间传输性，涉及经济、技术、能源、人口等因素的影响。并且调研发现，各主体都认识到区域空气污染治理是个复杂任务，需要采取协同合作治理为必要。并根据彭正银（2011）等的研究成果，任务复杂性是驱动网络组织形成的诱导因素。于是，则有如下假设：

H_3：客体因素与区域空气污染地方政府协同网络治理形成呈正相关性。

综上所述，得到区域空气污染地方政府协同网络治理形成的理论模型（见图4-2）。

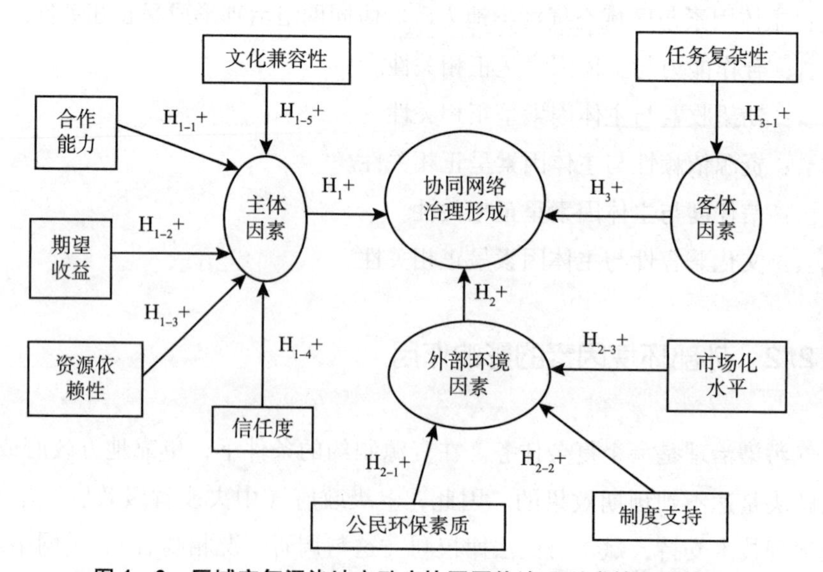

图4-2　区域空气污染地方政府协同网络治理形成的理论模型

4.3　基于结构方程模型的影响因素实证分析

4.3.1　因子分析方法与结构方程模型概述

1. 因子分析方法与模型

因子分析的概念起源于 20 世纪初卡尔・皮尔逊和查尔斯・斯皮尔曼等（Karl Pearson & Charles Spearmen et al.）关于智力测验的统计分析。其核心思想就是以最少的信息丢失为前提，将众多的原有变量综合成较少几个综合指标，即用较少的互相独立的因子反映原有变量的绝大部分信息。其数学模型是：

$$\begin{cases} X_1 = a_{11}f_1 + a_{12}f_2 + a_{13}f_3 + \cdots + a_{1k}f_k + \varepsilon_1 \\ X_2 = a_{21}f_1 + a_{22}f_2 + a_{23}f_3 + \cdots + a_{2k}f_k + \varepsilon_2 \\ X_3 = a_{31}f_1 + a_{32}f_2 + a_{33}f_3 + \cdots + a_{3k}f_k + \varepsilon_3 \\ \cdots \\ X_p = a_{p1}f_1 + a_{p2}f_2 + a_{p3}f_3 + \cdots + a_{pk}f_k + \varepsilon_p \end{cases} \tag{4-1}$$

其中，x_1，x_2，x_3，…，x_p 为实测变量，a_{ij}（i = 1，2，3，…，p；j = 1，2，3，…，k）为因子载荷，f_i 为公共因子，ε_i 为特殊因子，表示原有变量不能被因子解释的部分，等于实测变量与估计值之间的残差。

因子分析的基本步骤包括：相关性检验、因子提取、因子命名和计算因子得分。

2. 结构方程模型

结构方程模型（structural equation modeling，SEM）中有两个基本的模型：测量模型（measured model）与结构模型（structural model）。前者用数学定义就是一组观察变量的线性函数，反映潜在变量和观察变量之间关系的模型；后者是反映潜在变量与潜在变量间因果关系的模型。

具体而言，测量模型是表示观察变量 X，Y 与潜在变量 η，ξ 之间关系的方程组。其矩阵方程式为：

$$X = \Lambda_X \xi + \delta \tag{4-2}$$

$$Y = \Lambda_Y \eta + \varepsilon \tag{4-3}$$

其中，X 是由 q 个外衍（exogenous）观察变量组成的 q × 1 向量；Y 是由 P 个内衍

(endogenous) 观察变量组成的 $p \times 1$ 向量；Λ_X 反映外衍观察变量与外衍潜在变量之间的关系，是外衍观察变量 X 在外衍潜在变量 ξ 上的 $q \times n$ 因子负荷矩阵；Λ_Y 反映内衍观察变量与内衍潜在变量之间的关系，是内衍观察变量 Y 在内衍潜在变量 η 上的 $p \times m$ 的因子负荷矩阵；δ 是由外衍观察变量 X 的 q 个测量误差组成的 $q \times 1$ 向量；ε 由内衍观察变量 Y 的 P 个测量误差组成的 $p \times 1$ 向量。

结构模型是表示潜在变量与潜在变量之间关系的方程组。其矩阵方程式为：

$$\eta = B\eta + \Gamma\xi + \zeta \text{ 或 } \eta = \Gamma\xi + \zeta \quad (4-4)$$

其中，η 是由 m 个内衍潜在变量（果变量）组成的 $m \times 1$ 向量；ξ 是由 n 个外衍潜在变量（因变量）组成的 $n \times 1$ 向量；B 是内衍潜在变量 η 间的关系，是 $m \times m$ 系数矩阵；Γ 代表 ξ 变量对 η 变量影响的回归系数，是 $m \times n$ 的系数矩阵；ζ 内衍潜在变量 η 的残差，反映 η 在方程中未能被解释的部分，是 $m \times 1$ 向量。

这些结构方程模型的合理性是由模型的整体适配度决定，而其中的参数估计合理性主要是由模型的基本适配度决定的。根据学者们（Hair et al.，1998；Byrne，2001；Bagozzi & Yi，1988）的观点，模型基本适配指标检证包括：（1）估计参数中不能有负的误差方差；（2）所有误差变异必须达到显著水平（t 值 >1.96）；（3）估计参数统计量彼此间相关的绝对值不能太接近 1；（4）潜在变量与其测量指标间的因素负荷量（Λ_X、Λ_Y）值，最好介于 0.50～0.95；不能有太大的标准误差。而整体适配度指标如表 4－5 所示。

表 4－5　SEM 整体模型适配度指标及标准

统计检验量		适配的标准或临界值
绝对适配指数	χ^2 值	显著性概率值 P >0.05（未达到显著水平）
	GFI 值	>0.90 以上
	AGFI 值	>0.90 以上
	RMR 值	<0.05
	SRMR 值	<0.05
	RMSEA 值	<0.05（适配良好），<0.08（适配合理）
	NCP 值	愈小愈好，90% 的置信区间包含 0

续表

统计检验量		适配的标准或临界值
增值适配指数	NFI	>0.90 以上
	RFI	>0.90 以上
	IFI	>0.90 以上
	TLI（NNFI）	>0.90 以上
	CFI	>0.90 以上
简约适配指数	PGFI	>0.50 以上
	PNFI	>0.50 以上
	CN	>200
	NC（x^2 自由度比值）	1 < NC < 3，表示模型有简约适配度，NC > 5 表示模型需要修正

注：估计方法不同，参考指标不同。

4.3.2　探索性因素分析

1. 数据来源与描述性统计

为了进一步检验运用扎根理论对区域空气污染地方政府协同网络治理形成影响因素的理论构念，在预调的基础上对南昌市、九江市和宜春市三个地区的政府工作人员进行了问卷调查，发放调查问卷500份。回收问卷423份，问卷回收率84.2%，去除数据缺填和选答雷同的问卷21份，最终有效问卷402份。其中，按照随机抽样，把402个样本分成两半进行探索性因子分析和验证性因子分析。总样本的基本信息如表4－6所示。

表4－6　样本的描述性统计

样本特征		频数	频率
性别	男	249	61.9%
	女	153	38.1%
年龄	19～29岁	149	37%
	30～39岁	113	28%
	40～49岁	92	23%
	50岁以上	48	12%

续表

样本特征		频数	频率
受教育程度	大专	84	21%
	本科	205	51%
	研究生	113	28%
职务	科级以下	90	22%
	科级	285	71%
	处级	23	6%
	厅级以上	4	1%

2. 数据的 KMO 与 Bartlett 检验

因子分析的前提条件是原有变量之间应具有较强的相关关系。这种相关关系一般用巴特利特球度检验（bartlett test of sphericity）和 KMO（kaiser-meyer-olkin）检验。KMO 统计量的取值在 0～1。按照 Kaiser 给出的 KMO 度量标准：0.9 以上表示非常适合；0.8 表示合适；0.7 表示一般；0.6 表示不太合适；0.5 以下表示极不适合。

利用 SPSS19.0 软件对 201 份样本进行 KMO 与 Bartlett 检验，得到结果如表 4-7 所示。表 4-7 的检验结果表明，变量之间具有很高的相关性，很适合做因子分析。

表 4-7　数据的 KMO 与 Bartlett 检验

KMO 和 Bartlett 的检验		
取样足够度的 Kaiser-Meyer-Olkin 度量		0.862
Bartlett 的球形度检验	近似卡方	4714.855
	df	780
	Sig.	0.000

3. 提取主成分因子

主成分分析方法提取因子的核心是通过原有变量的线性组合以及各个主成分的求解来实现变量降维，其实是从一定数量的指标中找出少数几个综合性指标的方法。采用主成分分析方法提取后得到总方差的解释如表 4-8 所示。

表4－8　　总方差解释

解释的总方差									
成分	初始特征值			提取平方和载入			旋转平方和载入		
	合计	方差的%	累积%	合计	方差的%	累积%	合计	方差的%	累积%
1	10.007	25.018	25.018	10.007	25.018	25.018	4.033	10.081	10.081
2	4.409	11.023	36.041	4.409	11.023	36.041	3.699	9.248	19.329
3	3.202	8.004	44.045	3.202	8.004	44.045	3.568	8.921	28.250
4	2.510	6.276	50.322	2.510	6.276	50.322	3.378	8.446	36.696
5	2.035	5.088	55.410	2.035	5.088	55.410	2.944	7.359	44.056
6	1.786	4.465	59.874	1.786	4.465	59.874	2.893	7.233	51.289
7	1.560	3.899	63.774	1.560	3.899	63.774	2.838	7.096	58.385
8	1.456	3.641	67.414	1.456	3.641	67.414	2.746	6.864	65.249
9	1.288	3.219	70.634	1.288	3.219	70.634	2.154	5.384	70.634
10	0.760	1.901	72.534	—	—	—	—	—	—
39	0.146	0.364	99.646	—	—	—	—	—	—
40	0.142	0.354	100.000	—	—	—	—	—	—
提取方法：主成分分析。									

从表4－8结果可知，根据因子载荷的平方和特征值大于1的原则，对所有变量降维后，可以得到9个主成分，即9个公共因子。它们的累计方差百分比为70.634%，反映了原始变量的大部分信息。因此，可以利用降维后的9个主成分的变化来解释原始各变量的变化。为了使9公共因子的实际意义更加明确，更好地解释因子分析的结果，则对原因子载荷矩阵进行最大方差法正交交旋转，得到旋转成分矩阵如表4－9所示。

表4－9　　旋转成分矩阵

旋转成分矩阵[a]									
变量	成分								
	1	2	3	4	5	6	7	8	9
g8	0.857	—	—	—	—	—	—	—	—
g12	0.844	—	—	—	—	—	—	—	—

续表

旋转成分矩阵[a]

变量	成分								
	1	2	3	4	5	6	7	8	9
g9	0. 842	—	—	—	—	—	—	—	—
g13	0. 815	—	—	—	—	—	—	—	—
g11	0. 774	—	—	—	—	—	—	—	—
g10	0. 694	—	—	—	—	—	—	—	—
a3	—	0. 819	—	—	—	—	—	—	—
a1	—	0. 787	—	—	—	—	—	—	—
a2	—	0. 761	—	—	—	—	—	—	—
a4	—	0. 740	—	—	—	—	—	—	—
a5	—	0. 727	—	—	—	—	—	—	—
a12	—	—	0. 785	—	—	—	—	—	—
a14	—	—	0. 767	—	—	—	—	—	—
a10	—	—	0. 764	—	—	—	—	—	—
a13	—	—	0. 735	—	—	—	—	—	—
a11	—	—	0. 693	—	—	—	—	—	—
b2	—	—	—	0. 842	—	—	—	—	—
b1	—	—	—	0. 772	—	—	—	—	—
b3	—	—	—	0. 764	—	—	—	—	—
b4	—	—	—	0. 730	—	—	—	—	—
b5	—	—	—	0. 682	—	—	—	—	—
g6	—	—	—	—	0. 773	—	—	—	—
g5	—	—	—	—	0. 767	—	—	—	—
g4	—	—	—	—	0. 705	—	—	—	—
g7	—	—	—	—	0. 687	—	—	—	—
a15	—	—	—	—	—	0. 802	—	—	—
a16	—	—	—	—	—	0. 796	—	—	—
a17	—	—	—	—	—	0. 772	—	—	—
a18	—	—	—	—	—	0. 759	—	—	—
a22	—	—	—	—	—	—	0. 809	—	—

续表

旋转成分矩阵[a]									
变量	成分								
	1	2	3	4	5	6	7	8	9
a19	—	—	—	—	—	—	0. 744	—	—
a20	—	—	—	—	—	—	0. 730	—	—
a21	—	—	—	—	—	—	0. 699	—	—
a7	—	—	—	—	—	—	—	0. 766	—
a9	—	—	—	—	—	—	—	0. 740	—
a8	—	—	—	—	—	—	—	0. 709	—
a6	—	—	—	—	—	—	—	0. 684	—
g1	—	—	—	—	—	—	—	—	0. 848
g2	—	—	—	—	—	—	—	—	0. 840
g3	—	—	—	—	—	—	—	—	0. 778

提取方法：主成分。
旋转法：具有 Kaiser 标准化的正交旋转法。

a. 旋转在 7 次迭代后收敛。

注：绝对值 =0. 40。

由表 4 –9 可知，公共因子 f_1 包括 a_{30}、a_{31}、a_{32}、a_{33}、a_{34}、a_{35}共六个变量，其中 a_{30}、a_{34}、a_{35}表示公民环保意识，a_{31}、a_{32}、a_{33}表示民众的环保行为，综合起来可将其命名为公民环保素质。公共因子 f_2 包括 a_1、a_2、a_3、a_4 和 a_5 共五个变量，其中 a_1 表示地方政府的资源整合能力，a_2 表示网络拓展能力，a_3 表示责任控制能力，a_4 表示学习创新能力，a_5 表示利益协调能力，概括起来将 f_2 命名为合作能力。公共因子 f_3 包括 a_{10}、a_{11}、a_{12}、a_{13}和 a_{14}共 5 个变量，它们分别反映的是地方政府的公共利益为先、领导风格、责任行政、合作共赢理念和公平与效率兼顾，将其命名为地方政府文化兼容性。公共因子 f_4 包括 b_1、b_2、b_3、b_4 和 b_5 共 5 个变量，涉及产生因素多样、主体多元、利益多元、措施多种等，共同反映空气污染治理任务的复杂程度，则将其命名为任务复杂性。公共因子 f_5 包括 a_{26}、a_{27}、a_{28}和 a_{29}共 4 个变量，从政治晋升、经济、人才技术和法律等方面共同反映协同网络治理形成的政策制度支持，则其命名为制度支持。公共因子 f_6 包括 a_{15}、a_{16}、a_{17}和 a_{18}共 4 个变量，从利益分配、能力、信息的可靠性等方面共同反映对对方的信任，则其命名为信任度。公共因子 f_7 包括 a_{19}、a_{20}、a_{21}和 a_{22}共 4 个变量，涵盖污染降低、资源优化、技术提高、能力提升等，共同反映合作所能带来的利益，则其命名为预期收益。公共因子 f_8 包括 a_6、a_7、a_8 和 a_9 共 4 个变量，涉及人力、物质、技术、分工等依赖，共同反映合作中的资源依赖程度，则其命名为资源依赖性。公共因子 f_9 包括 a_{23}、a_{24} 和 a_{25} 共 3 个变量，共同反映污染治理市场化，则其命名为市场化水平。

由此可知，通过探索性因素分析的结果发现，基于扎根理论分析提炼的影响区域空气污染协同网络治理形成的因素构念得到初步验证。

4.3.3 验证性因素分析

因素分析（factor analysis）可分为探索性因素分析（exploratory factor analysis，EFA）和验证性因素分析（confirmatory factor analysis，CFA）。这两种模型的基本目标皆在解释观察变量间的相关或共变关系，但 CFA 侧重于检验假定的观察变量与假定的潜在变量间的关系（Everitt & Dunn，2001；吴明隆，2011）。这两种方法最大的不同，在于测量理论架构在分析过程中所扮演的角色和检验时机；EFA 所要达成的是建立量表问卷的建构效度，而 CFA 则是要检验此建构效度的切适性与真实性。

1. 样本要求与方法选取

学者们（Vlicer & Fava，1998）发现，在 SEM 分析模型中，因素负荷量的大小、变量的数目、样本数的多寡等是决定一个良好因素模型的重要变因。为达到模型估计的稳定性，穆勒（Mueller，1997）认为单纯的 SEM 分析，其样本大小标准至少在 100 以上，200 以上更佳，如果从模型观察变量数来分析样本人数，则样本数与观察变量的比例至少为 10∶1 至 15∶1（Thompson，2000）。本研究的样本数（201 份）达到样本要求。

估计方法上，对用于验证性因素分析，AMOS 软件中结构方程模型的 5 种估计方法（一般化最小平方法 GLS 法、最大似然法 ML 法、未加权最小平方法 ULS 法、尺度自由最小平方法 AFLS 法、渐进分布自由法 ADF 法）中最常用的是：最大似然法、未加权最小平方法和一般化最小平方法。最大似然法和一般化最小平方法都要满足样本足够大、观察变量是连续变量、测量变量是多变量正态分布的假定（吴明隆，2011）。根据本特勒和威克斯（Bentler & Weeks，1979）及易丹辉（2008）的观点，ULS 方法在数据不需要符合正态分布的假定条件下也能获得稳定的估计结果。根据表 4－10、表 4－11 和表 4－12 数据正态性检验结果所示，本研究采用 ULS 方法。

表 4-10　　主体因素数据的正态性检验 Assessment of normality

变量	min	max	skew	c. r.	kurtosis	c. r.
a14	1	5	-0. 617	-3. 568	0. 377	1. 09
a5	1	5	-0. 778	-4. 505	0. 794	2. 297
a22	1	5	-0. 714	-4. 134	0. 672	1. 944
a18	1	5	-0. 099	-0. 575	-0. 179	-0. 517
a19	1	5	-0. 703	-4. 068	0. 287	0. 831
a20	1	5	-0. 908	-5. 254	0. 848	2. 455
a21	1	5	-1. 026	-5. 936	1. 483	4. 292
a15	1	5	-0. 425	-2. 461	-0. 236	-0. 682
a16	1	5	-0. 991	-5. 733	1. 126	3. 26
a17	1	5	-0. 303	-1. 755	-0. 316	-0. 914
a10	1	5	-0. 581	-3. 365	0. 11	0. 318
a11	1	5	-0. 772	-4. 466	0. 259	0. 749
a12	1	5	-0. 724	-4. 188	-0. 02	-0. 057
a13	1	5	-0. 642	-3. 718	0. 604	1. 747
a6	1	5	-0. 837	-4. 847	1. 001	2. 896
a7	1	5	-0. 67	-3. 878	0. 345	0. 999
a8	1	5	-0. 71	-4. 11	0. 53	1. 533
a9	1	5	-0. 874	-5. 058	0. 629	1. 82
a1	1	5	-1. 034	-5. 983	1. 899	5. 495
a2	1	5	-0. 865	-5. 008	0. 841	2. 434
a3	1	5	-0. 851	-4. 923	1. 006	2. 911
a4	1	5	-0. 832	-4. 818	0. 937	2. 712
Multivariate	—	—	—	—	37. 638	8. 21

注：偏度系数>3、峰度系数、多变量峰度系数>8 时，CR>1. 96，表明数据不符正态分布。

表 4－11　外部环境因素数据的正态性检验 Assessment of normality

变量	min	max	skew	c. r.	kurtosis	c. r.
g13	1	5	－1. 326	－7. 672	2. 153	6. 23
g12	1	5	－1. 325	－7. 668	1. 384	4. 006
g7	2	5	－0. 554	－3. 204	0. 338	0. 977
g3	1	5	－0. 542	－3. 136	0. 105	0. 304
g1	1	5	－0. 678	－3. 924	0. 568	1. 643
g4	2	5	－0. 503	－2. 909	0. 674	1. 95
g5	2	5	－0. 573	－3. 316	0. 125	0. 363
g6	2	5	－0. 502	－2. 906	0. 013	0. 038
g8	1	5	－0. 903	－5. 226	0. 81	2. 345
g9	1	5	－1. 145	－6. 628	1. 394	4. 034
g10	1	5	－1. 068	－6. 181	1. 064	3. 079
g11	1	5	－0. 667	－3. 86	0. 613	1. 774
g2	1	5	－0. 548	－3. 174	0. 042	0. 121
Multivariate	—	—	—	—	9. 599	3. 446

表 4－12　形成影响因素数据的正态性检验 Assessment of normality

变量	min	max	skew	c. r.	kurtosis	c. r.
b5	0	1	－1. 073	－6. 212	1. 160	3. 357
b4	0	1	－0. 675	－3. 907	－0. 177	－0. 512
b3	0	1	－1. 172	－6. 783	1. 172	3. 39
b2	0	1	－0. 643	－3. 719	0. 090	0. 261
b1	0	1	－0. 962	－5. 567	0. 833	2. 41
b11	0	1	－0. 774	－4. 48	0. 787	2. 278
b12	0	1	－1. 245	－7. 204	2. 733	7. 909
b13	0	1	－1. 418	－8. 208	2. 285	6. 612
b6	0	1	－1. 326	－7. 676	2. 089	6. 044
b7	0	1	－1. 073	－6. 208	1. 406	4. 069
b8	0	1	－1. 012	－5. 859	1. 028	2. 975
b9	0	2. 333	－0. 598	－3. 462	0. 466	1. 35

续表

变量	min	max	skew	c. r.	kurtosis	c. r.
b10	0	1	-1. 130	-6. 539	1. 873	5. 419
Multivariate	—	—	—	—	75. 092	26. 954

注：此表数据是归一化的结果。

分析方法上，本研究采用分模型进行验证性分析。根据图 4-2 的区域空气污染地方政府合作网络治理形成影响因素的理论模型，存在三阶指标关系。而在 AMOS 软件只能解决一阶、二阶验证性因素分析。因此，逻辑上先分别对主体因素与外部环境因素进行一阶、二阶验证性分析，再进行总体的形成因素验证性分析（客体因素只有一个指标，直接纳入总体验证）。其中，由一阶验证结果进行指标合成与数据归一化处理，即把合作能力、信任度、文化兼容性、资源依赖度、期望收益、市场化水平、制度支持、公民环保素质等潜在变量的观测变量各自平均合成一个可测指标，分别为 b_6、b_7、b_8、b_9、b_{10}、b_{11}、b_{12}、b_{13}，客体因素因为只有任务复杂性一个指标，直接取其观测变量 b_1、b_2、b_3、b_4、b_5；归一化处理按照式（4-5）产生数据。

$$b_i = [x_i - \min(x_i)]/[\max(x_i) - \min(x_i)] \tag{4-5}$$

其中，b_i 表示处理后的数据，x_i 表示原数据。

2. 一阶验证性因素分析——多因素斜交模型

与多因素直交模型不同的是，多因素斜交模型表示因素构念间有相关关系存在；根据潜在变量间相关系数来判定高阶的共同因素，即这些潜在变量可以由另一个高阶因素来概括与解释。一阶模型是二阶模型的基础，因为只有在原先的一阶因素构念间有中高度的关联程度，且一阶验证性因素分析模型与样本数据要适配。

第一，模型基本适配度分析。

由 SEM 模型非标准化估计结果图 4-3、图 4-5、图 4-7 可知，各模型中的误差方差（如图 4-3 中的 $e_1=0.27$）都大于 0，符合前文巴戈齐和李（Bogozzi & Yi）提出的标准。

根据图 4-4、图 4-6、图 4-8 可知，5 个潜在变量合作能力、信任度、兼容性、依赖性和期望收益与各自的测量变量间的因素负荷量分别是：0.77、0.79、0.79、0.80、0.86；0.87、0.72、0.81、0.80；0.78、0.87、0.84、0.80、0.77；0.77、0.78、0.82、0.78；0.75、0.82、0.91、0.73。它们都在 0.50 与 0.95 之间。同样，3 个潜在变量市场化水平、制度支持、公民环保素质与各自的因素负荷量以及潜在变量、外部环境因素、客体因素主体因素与各自的因素负荷量都在 0.50 与 0.95 之间，符合前文巴戈齐等学者提出的标准。

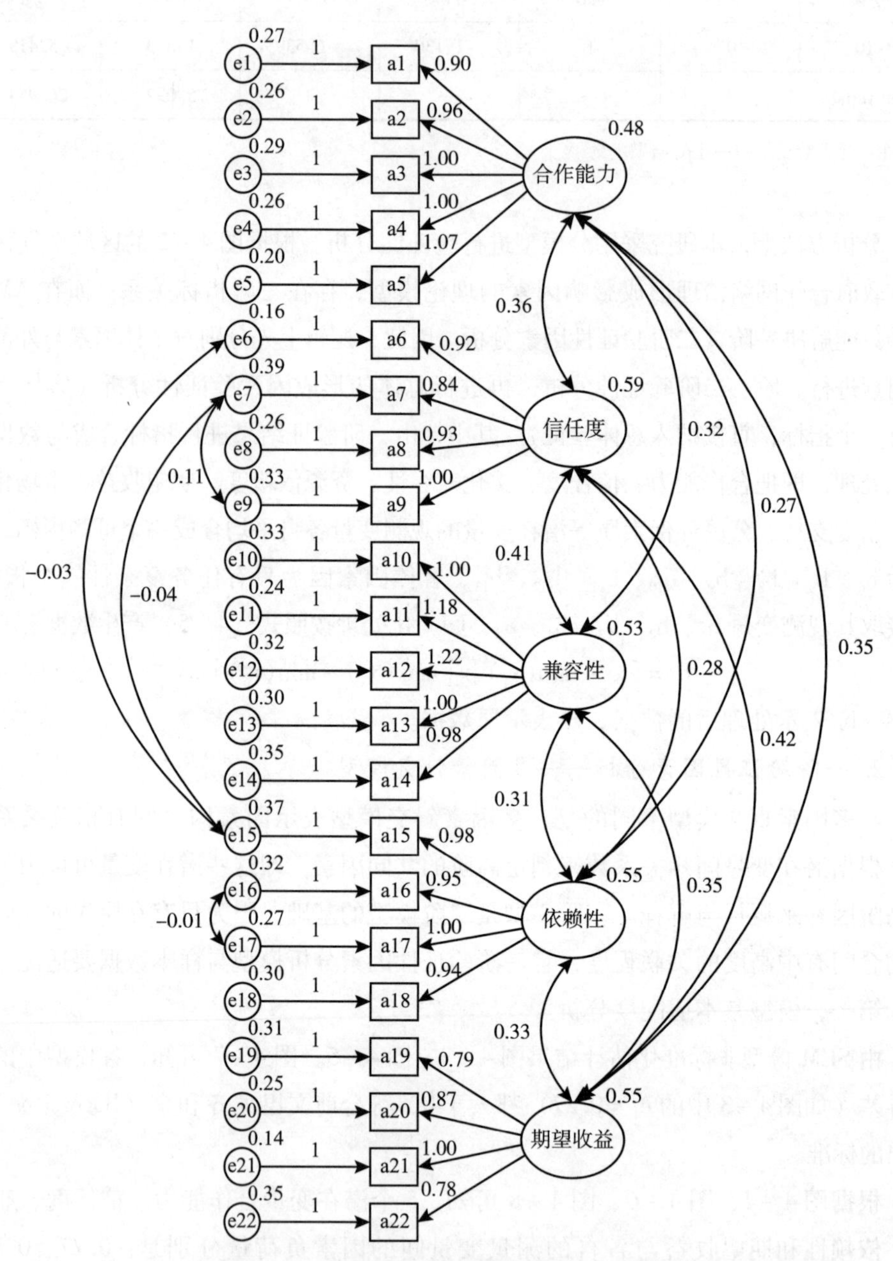

图 4－3 主体因素一阶非标准化验证性模型

资料来源：由 SEM 模型非标准化估计结果而得。

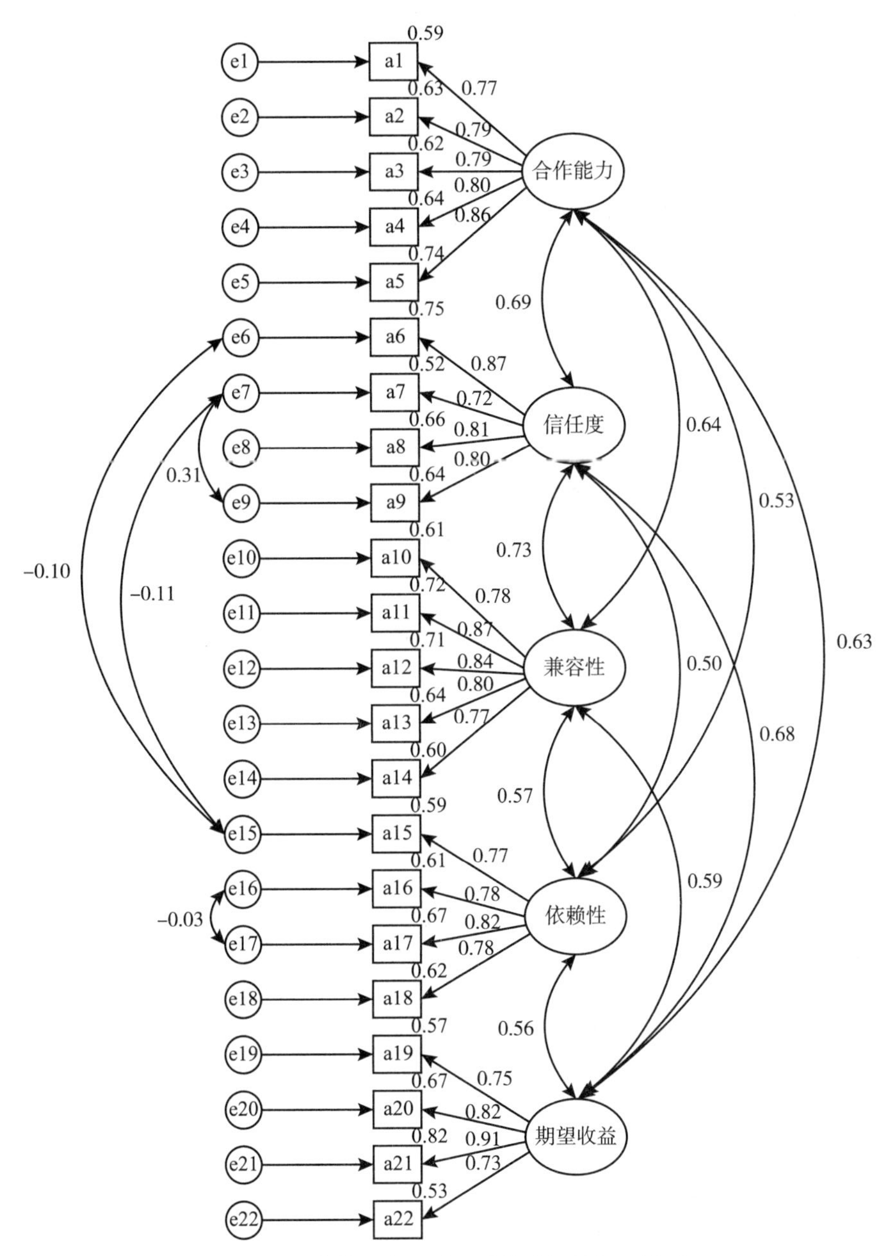

图 4－4　主体因素一阶标准化验证性修正模型

资料来源：由 SEM 模型非标准化估计结果而得。

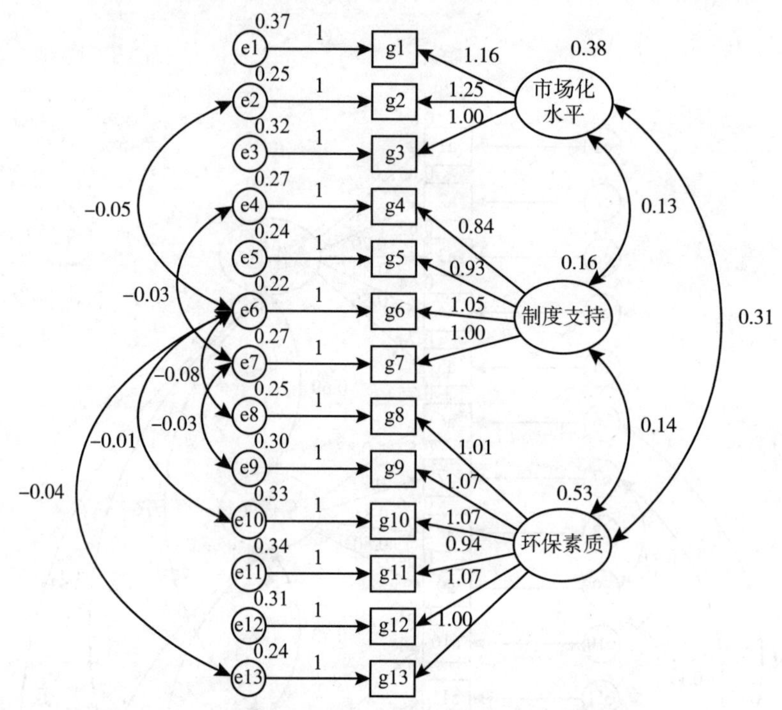

图 4－5　外部环境因素一阶非标准化验证性修正模型

资料来源：由 SEM 模型非标准化估计结果而得。

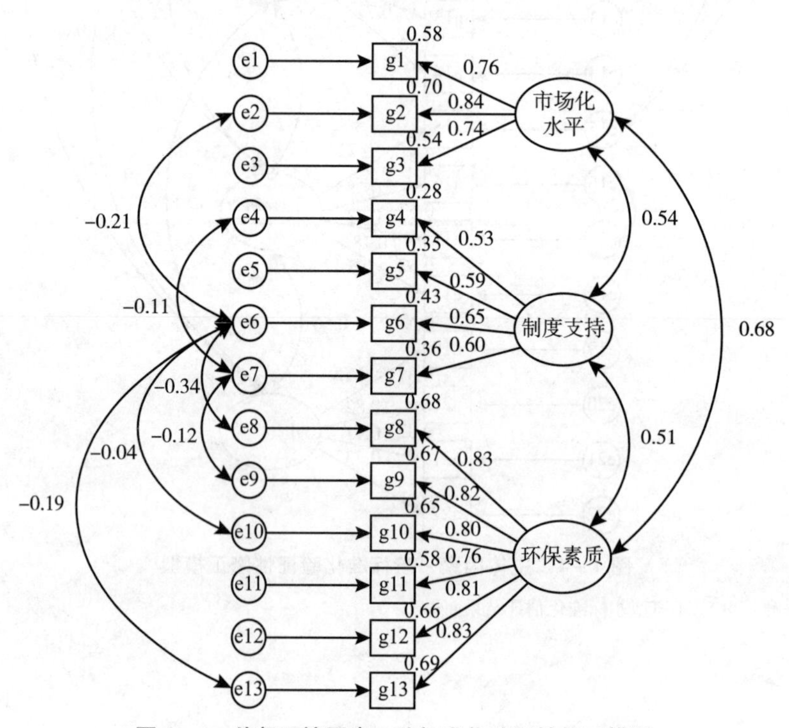

图 4－6　外部环境因素一阶标准化验证性修正模型

资料来源：由 SEM 模型非标准化估计结果而得。

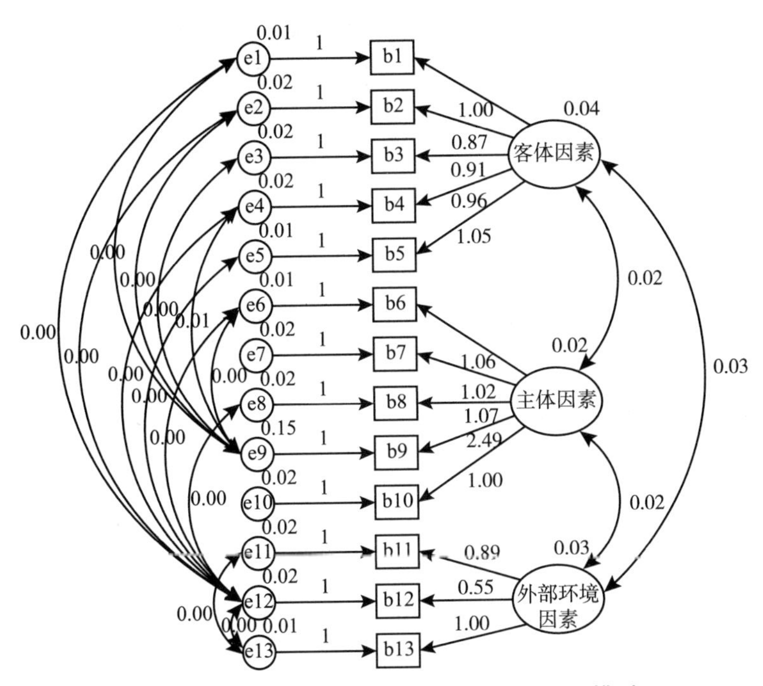

图 4 – 7　形成因素一阶非标准化验证性修正模型

资料来源：由 SEM 模型非标准化估计结果而得。

第二，模型整体适配度检验。

把表 4 – 13、表 4 – 14、表 4 – 15 检验结果与表 4 – 5 进行对照得出，各项指标都通过了适配度检验，说明模型与数据契合好，模型适配度良好，模型解释力和说服力好。

表 4 – 13　　主体因素一阶验证性模型整体适配度检验结果

适配度指标	绝对适配度指数			增值适配度指数		简约适配度指数	
检验统计量	RMR	GFI	AGFI	NFI	RFI	PGFI	PNFI
适配标准或临界值	<0. 05	>0. 90 以上	>0. 90 以上	>0. 90 以上	>0. 90 以上	>0. 5 以上	>0. 5 以上
检验结果数据	0. 030	0. 994	0. 992	0. 992	0. 991	0. 776	0. 838
模型适配判断	通过	通过	通过	通过	通过	通过	通过

表 4 – 14　　外部环境因素一阶验证性模型整体适配度检验结果

适配度指标	绝对适配度指数			增值适配度指数		简约适配度指数	
检验统计量	RMR	GFI	AGFI	NFI	RFI	PGFI	PNFI
适配标准或临界值	<0. 05	>0. 90 以上	>0. 90 以上	>0. 90 以上	>0. 90 以上	>0. 5 以上	>0. 5 以上
检验结果数据	0. 021	0. 997	0. 995	0. 996	0. 994	0. 613	0. 715
模型适配判断	通过	通过	通过	通过	通过	通过	通过

表 4-15　　形成因素一阶验证性模型整体适配度检验结果

适配度指标	绝对适配度指数			增值适配度指数		简约适配度指数	
检验统计量	RMR	GFI	AGFI	NFI	RFI	PGFI	PNFI
适配标准或临界值	<0.05	>0.90 以上	>0.90 以上	>0.90 以上	>0.90 以上	>0.5 以上	>0.5 以上
检验结果数据	0.002	0.997	0.994	0.994	0.991	0.537	0.625
模型适配判断	通过	通过	通过	通过	通过	通过	通过

3. 高阶共同因素存在性分析

由图 4-4 与表 4-16 所示，潜在变量合作能力、资源依赖性、文化兼容性、信任度、期望收益之间的相关系数中只有依赖性与信任度之间的相关系数是 0.496，其余都在 0.5 以上。这说明，5 个潜在变量可能存在有一个更高阶的共同因素。

同理，由图 4-6、图 4-8 与表 4-16 所示，潜在变量市场化水平、制度支持、公民环保素质之间、潜在变量主体因素、外部环境因素与客体因素之间的相关系数都在 0.5 以上。这说明，两个模型中的潜在变量可能存在都有一个更高阶的共同因素。

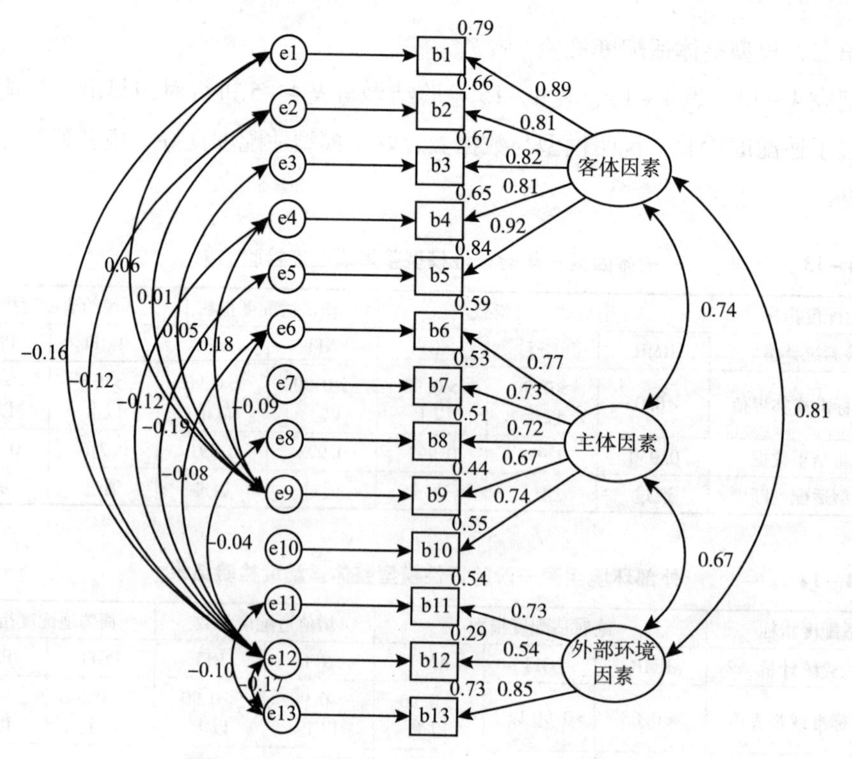

图 4-8　形成因素一阶标准化验证性修正模型

资料来源：由 SEM 模型非标准化估计结果而得。

表4-16　相关系数（Correlations）

项目			Estimate
兼容性	<—>	依赖性	0.571
依赖性	<—>	期望收益	0.560
兼容性	<—>	期望收益	0.592
信任度	<—>	兼容性	0.726
信任度	<—>	期望收益	0.679
信任度	<—>	依赖性	0.496
合作能力	<—>	依赖性	0.533
合作能力	<—>	兼容性	0.640
合作能力	<—>	期望收益	0.633
合作能力	<—>	信任度	0.686
市场化水平	<—>	环保素质	0.679
环保素质	<—>	制度支持	0.508
市场化水平	<—>	制度支持	0.538
主体因素	<—>	客体因素	0.740
外部环境因素	<—>	客体因素	0.810
主体因素	<—>	外部环境因素	0.667

资料来源：由SEM模型非标准化估计结果而得。

4. 二阶验证性分析

由一阶验证性分析得知，合作能力、依赖性、文化兼容性、信任度和期望收益以及市场化水平、制度支持和公民环保素质两组潜在变量都存在更高的共同因素。现分别用主体因素、外部环境因素来解释这两组潜在变量，并加以验证。

第一，模型信度与效度分析。由于用ULS估计方法没有参数效度检验，本研究根据福内尔和拉克尔（Fornell & Larcker，1981）提出的组合信度（composite reliability）及平均变异量抽取值（average variance extracted，AVE）来判定主体因素的构思信度与收敛效度。CR判断标准值采用福内尔和拉克尔（1981）推荐的CR值大于等于0.70；AVE值大于等于0.50（Bagozzi & Yi，1988；Fornell & Larcker，1981；吴明隆，2011）。前者表明潜变量用来解释相应可测变量群的可信度；后者说明潜变量构念的解释变异量大于测量误差对构念的解释变异量，即量表具有较好的收敛效度。

组合信度和平均变异量的计算公式分别是式（4-6）、式（4-7）：

$$\rho_c = \frac{(\sum \lambda)^2}{(\sum \lambda)^2 + \sum(\theta)} \tag{4-6}$$

$$\rho_v = \frac{\sum \lambda^2}{\sum \lambda^2 + \sum(\theta)} \tag{4-7}$$

其中，ρ为组合信度，λ为指标变量在潜在变量上的标准化参数估计值（因素负荷量，indicator loading），θ为观察变量的误差变异量（indicator error variances）（ε的变异量），其值=1-因素负荷量平方（信度系数）。

由AMOS标准化估计输出报表4-17、表4-18、表4-19所示的数据，根据式（4-6）与式（4-7）计算，分别得到主体因素二阶验证性模型、外部环境二阶验证性模型、形成因素二阶验证性模型的组合信度与平均变异量（见表4-17、表4-18、表4-19）。

由表4-17、表4-18、表4-19可知，3个二阶验证性分析模型内在质量理想。

表4-17　　主体因素二阶验证性模型信度与效度计算结果

测量指标	因素负荷量	信度系数	测量误差	组合信度 CR	平均变异量 AVE
a1	0.776	0.602	0.398	0.901	0.647
a2	0.791	0.626	0.374		
a3	0.790	0.624	0.376		
a4	0.802	0.643	0.357		
a5	0.859	0.738	0.262		
a6	0.867	0.752	0.248	0.878	0.644
a7	0.718	0.516	0.484		
a8	0.815	0.664	0.336		
a9	0.803	0.645	0.355		
a10	0.784	0.615	0.385	0.907	0.663
a11	0.868	0.753	0.247		
a12	0.843	0.711	0.289		
a13	0.799	0.638	0.362		
a14	0.772	0.596	0.404		

续表

测量指标	因素负荷量	信度系数	测量误差	组合信度 CR	平均变异量 AVE
a15	0.769	0.591	0.409	0.868	0.621
a16	0.781	0.610	0.390		
a17	0.817	0.667	0.333		
a18	0.785	0.616	0.384		
a19	0.753	0.567	0.433	0.879	0.647
a20	0.817	0.667	0.333		
a21	0.906	0.821	0.179		
a22	0.731	0.534	0.466		
合作能力	0.796	0.634	0.366	0.885	0.608
信任度	0.838	0.702	0.298		
文化兼容	0.811	0.658	0.342		
依赖性	0.663	0.440	0.560		
期望收益	0.778	0.605	0.395		

注：检验达标要求：CR≥0.7（还有学者认为 CR≥0.6），AVE≥0.5。
资料来源：由 AMOS 标准化估计输出而得。

表 4-18　外部环境因素二阶验证性模型信度与效度计算结果

测量指标	因素负荷量	信度系数	测量误差	组合信度 CR	平均变异量 AVE
g1	0.764	0.584	0.416	0.823	0.666
g2	0.841	0.707	0.293		
g3	0.732	0.536	0.464		
g4	0.590	0.347	0.653	0.694	0.486
g5	0.596	0.355	0.645		
g6	0.649	0.421	0.579		
g7	0.572	0.327	0.673		
g8	0.825	0.684	0.316	0.919	0.701
g9	0.823	0.677	0.323		
g10	0.804	0.646	0.354		
g11	0.759	0.578	0.422		
g12	0.815	0.663	0.337		
g13	0.829	0.686	0.314		

续表

测量指标	因素负荷量	信度系数	测量误差	组合信度 CR	平均变异量 AVE
市场化水平	0.848	0.719	0.281	0.819	0.661
制度支持	0.672	0.452	0.548		
环保素质	0.801	0.642	0.358		

资料来源：由 AMOS 标准化估计输出而得。

表 4－19　　形成因素二阶验证性模型信度与效度计算结果

测量指标	因素负荷量	信度系数	测量误差	组合信度 CR	平均变异 AVE
b1	0.889	0.79	0.21	0.928	0.722
b2	0.813	0.661	0.339		
b3	0.816	0.666	0.334		
b4	0.808	0.653	0.347		
b5	0.917	0.841	0.159		
b6	0.77	0.593	0.407	0.847	0.525
b7	0.727	0.529	0.471		
b8	0.717	0.514	0.486		
b9	0.666	0.444	0.556		
b10	0.739	0.546	0.454		
b11	0.732	0.536	0.464	0.595	0.519
b12	0.539	0.291	0.709		
b13	0.854	0.729	0.271		
客体因素	0.948	0.899	0.101	0.772	0.745
主体因素	0.78	0.608	0.392		
环境因素	0.854	0.729	0.271		

资料来源：由 AMOS 标准化估计输出而得。

第二，模型估计结果分析。模型基本适配度方面，由 SEM 模型非标准化估计结果图 4－9、图 4－11、图 4－13 可知，各模型中的误差方差都大于0，符合前文学者（Bogozzi & Yi）提出的标准。根据图 4－10、图 4－12、图 4－14 可知，各模型中的因素负荷量都在0.50 与0.95 之间，符合前文巴戈齐等学者提出的标准。

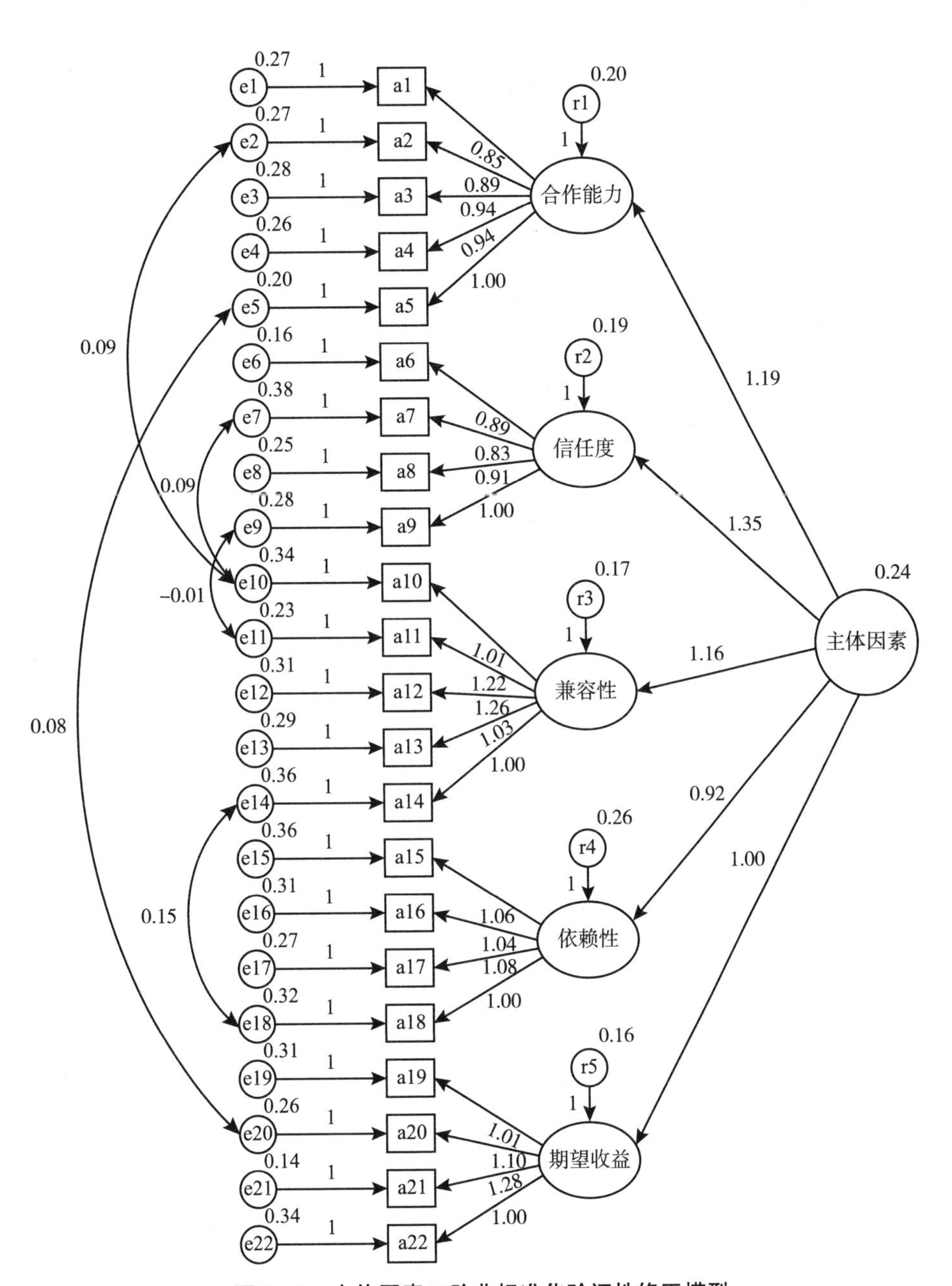

图 4－9　主体因素二阶非标准化验证性修正模型

资料来源：由 SEM 模型非标准化估计结果而得。

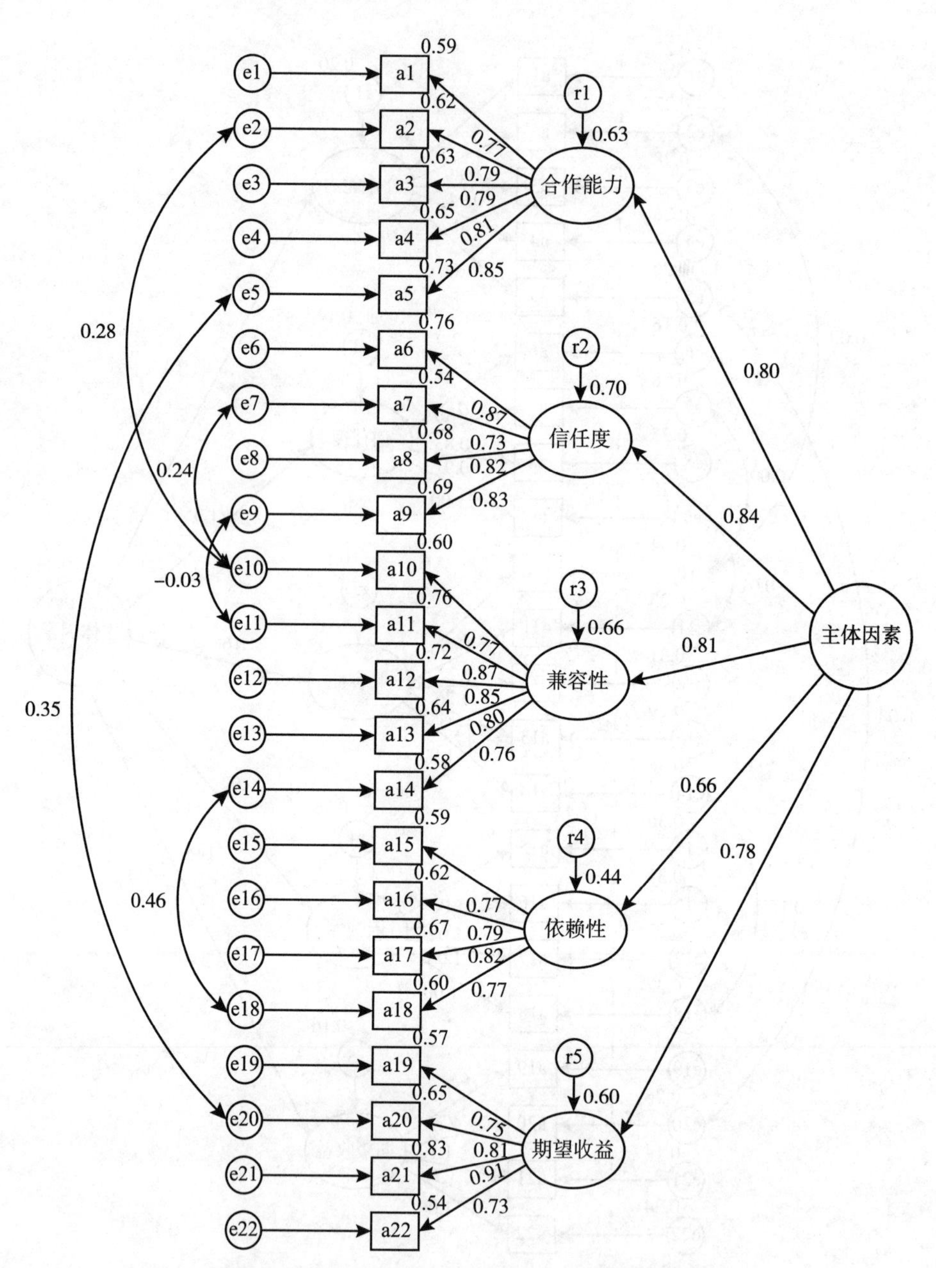

图 4－10　主体因素二阶标准化验证性修正模型

资料来源：由 SEM 模型非标准化估计结果而得。

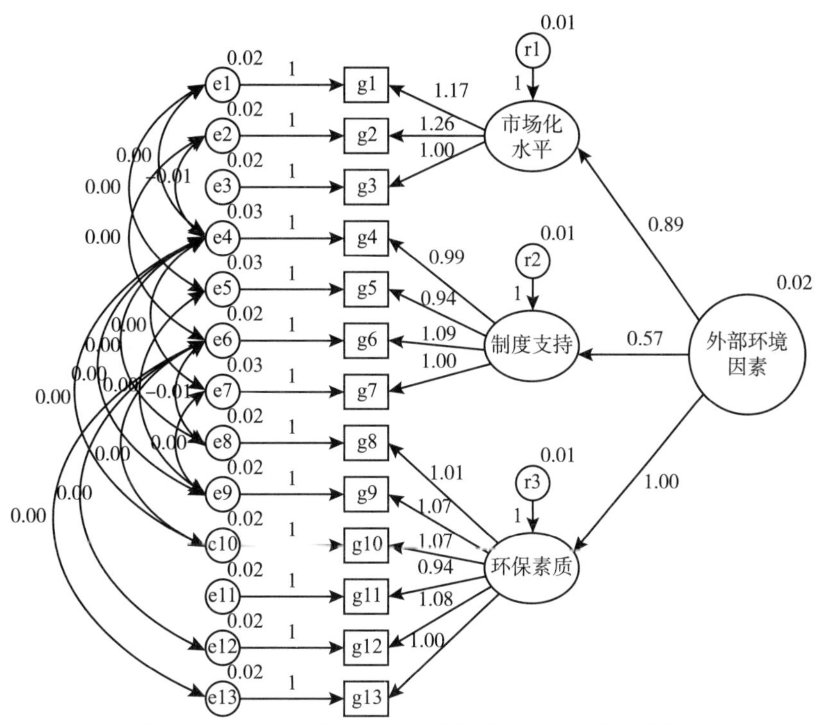

图 4－11　外部环境因素二阶非标准化验证性修正模型

资料来源：由 SEM 模型非标准化估计结果而得。

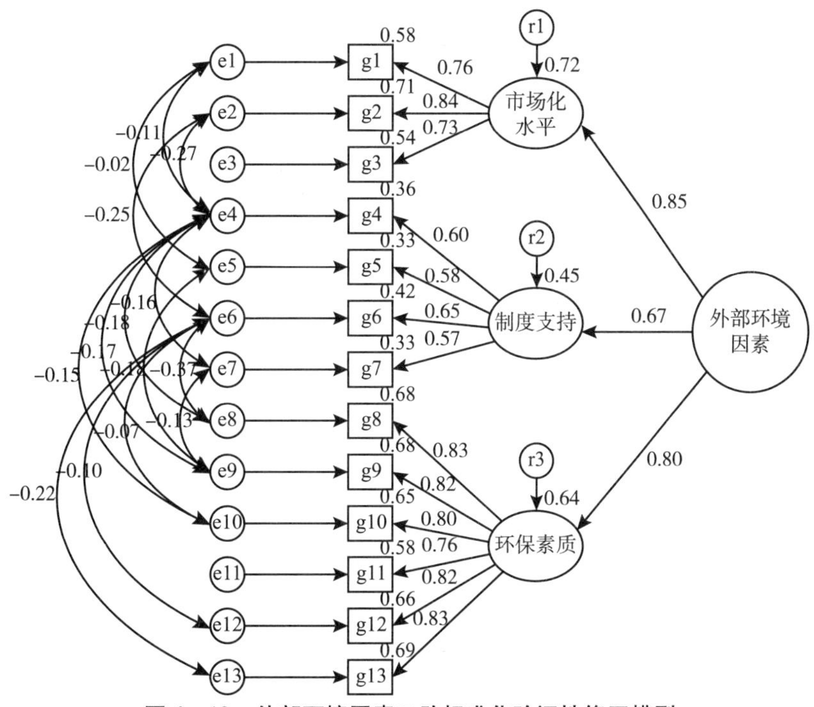

图 4－12　外部环境因素二阶标准化验证性修正模型

资料来源：由 SEM 模型非标准化估计结果而得。

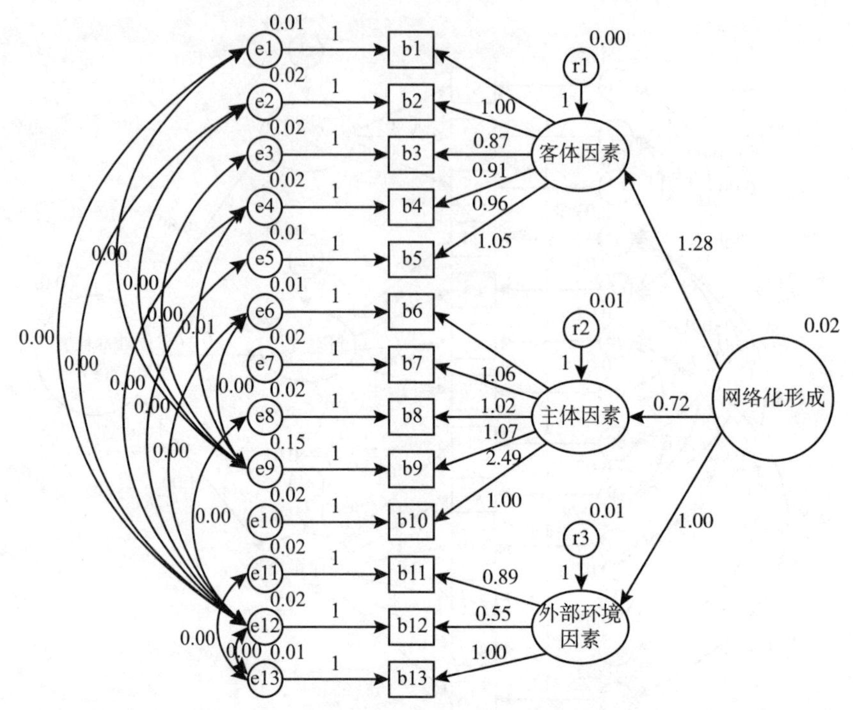

图4-13　形成因素二阶非标准化验证性修正模型

资料来源：由SEM模型非标准化估计结果而得。

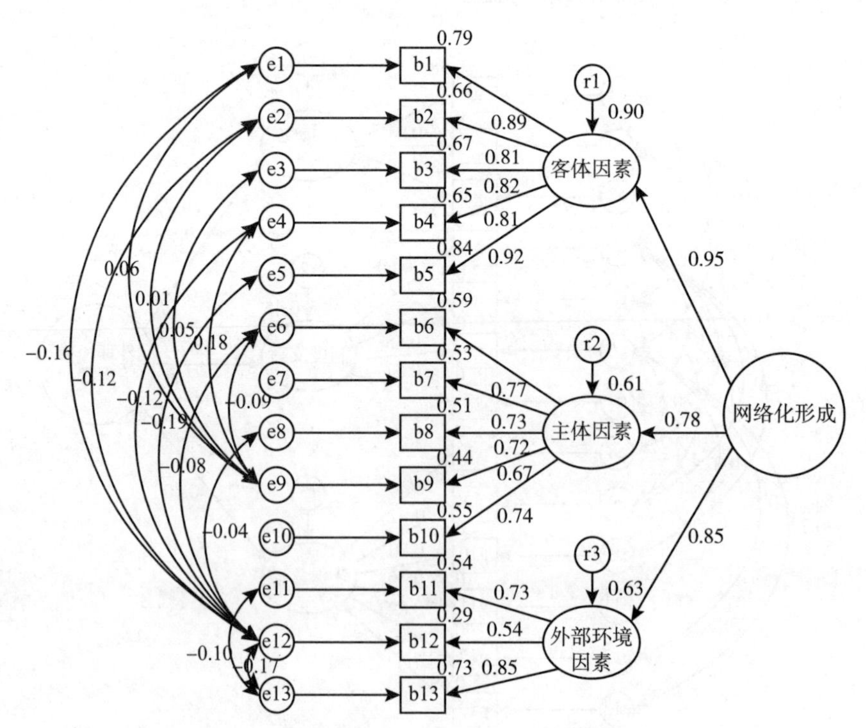

图4-14　形成因素二阶标准化验证性修正模型

资料来源：由SEM模型非标准化估计结果而得。

模型整体适配度方面，由表4－20、表4－21、表4－22检验结果可知，各指标都通过了适配度检验。

由此可见，3个二阶验证性模型的各项指标都通过了适配度检验，说明模型与数据契合好，模型适配度良好，模型解释力和说服力佳。

第三，假设推演验证与分析。直接效用或间接效用反映的是潜变量与潜变量或潜变量与观察变量之间的关系；直接效用值就是因素负荷量数值，间接效用值等于相应路径上的直接效用数值乘积。由表4－23可知，前文所做的假设推演H1、H1－1、H1－2、H1－3、H1－4和H1－5、H2、H2－1、H2－2和H2－3以及H3都得到验证，即相应变量间都呈正相关性。另外，吴明隆（2011）指出，标准化的回归系数是由变量转化为标准分（Z分数）后计算出来的估计值，从因素负荷量的数值可以了解测量变量在各潜在因素的相对重要性。因此，由表4－23可以看出，在影响江西省南昌、九江、宜春三地区空气污染协同网络治理形成的因素中，客体因素即任务复杂性相对较重要（这符合客观实际，因为任务复杂才需要采取协同网络治理）；外部环境因素中公民环保素质、市场化水平相对较重要；主体因素中合作能力、信任度、期望收益较重要。

表4－20　　主体因素二阶验证性模型整体适配度检验结果

适配度指标	绝对适配度指数			增值适配度指数		简约适配度指数	
检验统计量	RMR	GFI	AGFI	NFI	RFI	PGFI	PNFI
适配标准或临界值	<0.05	>0.90以上	>0.90以上	>0.90以上	>0.90以上	>0.5以上	>0.5以上
检验结果数据	0.032	0.993	0.991	0.992	0.990	0.781	0.854
模型适配判断	通过	通过	通过	通过	通过	通过	通过

表4－21　　外部环境因素二阶验证性模型整体适配度检验结果

适配度指标	绝对适配度指数			增值适配度指数		简约适配度指数	
检验统计量	RMR	GFI	AGFI	NFI	RFI	PGFI	PNFI
适配标准或临界值	<0.05	>0.90以上	>0.90以上	>0.90以上	>0.90以上	>0.5以上	>0.5以上
检验结果数据	0.001	0.997	0.995	0.996	0.994	0.526	0.613
模型适配判断	通过	通过	通过	通过	通过	通过	通过

表 4－22　　形成因素二阶验证性模型整体适配度检验结果

适配度指标	绝对适配度指数			增值适配度指数		简约适配度指数	
检验统计量	RMR	GFI	AGFI	NFI	RFI	PGFI	PNFI
适配标准或临界值	<0.05	>0.90 以上	>0.90 以上	>0.90 以上	>0.90 以上	>0.5 以上	>0.5 以上
检验结果数据	0.002	0.997	0.994	0.994	0.991	0.537	0.625
模型适配判断	通过	通过	通过	通过	通过	通过	通过

表 4－23　　网络化形成影响因素二阶验证性标准化估计的变量间直接效用与间接效用

	网络化形成	客体因素	外部环境因素	主体因素
客体因素	0.948	0	0	0
外部环境因素	0.854	0	0	0
主体因素	0.78	0	0	0
b5	0.869	0.917	0	0
b4	0.765	0.808	0	0
b3	0.773	0.816	0	0
b2	0.771	0.813	0	0
b1	0.842	0.889	0	0
b11	0.625	0	0.732	0
b12	0.461	0	0.539	0
b13	0.729	0	0.854	0
b6	0.601	0	0	0.77
b7	0.567	0	0	0.727
b8	0.56	0	0	0.717
b9	0.52	0	0	0.666
b10	0.576	0	0	0.739

注：除了第二列 $b_1 \sim b_{13}$ 的值表示间接效用，其余的数值都是直接效用。

4.4　结论与启示

通过对江西省南昌、九江、宜春三个地区的问卷调查，采用探索性因素分析法使得由扎根理论提炼出的区域空气污染地方政府协同网络治理形成的影响因素（合作能力、信任度、资源依赖性、文化兼容性、期望收益、市场化水平、制度支持、公民环保素质、任务复杂性）得到初步证实；并采用验证性因素分析方法使得 11 个假设得以验证。结果表明，在这些影响因素中，任务复杂性、公民环保素质、市场化水平、合作能力、信任度、期望收益对三地区的空气污染地方政府协同网络治理具有相对重要性，会产生较大的影响作用。因此，为了促进区域空气污染地方政府协同网络治理顺利形成并保持其稳定性，做出如下建议：（1）在充分认识区域污染治理任务复杂性下加强地方政府协同网络合作能力建设，增进彼此间信任。合作能力的提高与信任的增加既可以降低主体间的交易成本，又可以促进主体间进行互动的机会。（2）进行制度创新，加大资金技术支持，增强地方政府对合作收益增大的信心。同时，地方政府要对协同网络治理的收益做出客观、科学的评价与认识，消除不利因素的影响。（3）完善民众参与机制，提高环保素质，充分发挥社会资本的作用。同时，健全市场机制，完善排污权交易制度。从而增强地方政府对不断变化的内外部环境的适应性。

第5章 协同网络治理的合作信任稳定性研究

由第4章可知，信任是维系地方政府关系发展的关键要素之一，是区域空气污染地方政府协同网络治理的基石。良好的合作信任关系可以通过有效地降低合作治理过程中存在的风险性及不确定性来减少地方政府间交易成本，有效降低政府运作的成本，提高合作治理中合作关系的灵活性，为双方的合作互惠提供基本保障。本质上讲，信任被用来消除时空上的距离感（吉登斯，2000）。当然也能缩短地方政府间的“感情”距离。为夯实合作信任基础性作用，需要找准这种合作信任稳定性的条件。

5.1 地方政府间合作信任的测度

5.1.1 信任的基本内涵

信任的内涵从不同的角度有不同的含义。心理学上，信任是对一种良好关系或秩序的预期。社会学上，信任不仅认为是一种社会关系或社会的一个有机构成部分，而且被看作是构建社会秩序的核心和社会复杂性的一种简化机制。经济学上，信任则被看作是促使生产和交易顺利运转的一种常备的润滑剂，只是市场机制发挥作用的一种呼之即来的背景。其具体内涵和分类如表5-1和表5-2所示（范凤霞，2010）。

表5-1　信任的内涵

维度	学者	定义
心理学	山岸俊男（1999）	对行动对象友好和良好意图的期待
	加芬克尔（Garfinkel，1967）	对普通的和日常道德世界的持续、规则、秩序和稳定性的期望
	罗特（Rotter，1967）	个体认可另一个人的言辞、承诺及陈述为可靠的一种概括化的期望

续表

维度	学者	定义
社会学	尼古拉斯·卢曼（2005）	显示信任，就是为了预期未来，那样去行动，仿佛未来是确定的
	巴伯（1989）	对于自然的和道德的秩序的坚持和履行的期望
	董才生（2004）	是一种以对他人能作出符合社会规范的行为或举止的期待或期望为取向的社会行为
经济学	科尔曼（Coleman，1990）	致力于在风险中追求最大化功利行为，是一种社会资本形式，可减少监督与惩罚的成本
	冈布（Gambetta，1988）	相信对方在出现损人利己机会时不会去实现它
	诺德海文（Noorderhaven，1992）	信任表明在没有足够的安全保障下也要进行交易的一种意愿
管理学	迈耶和戴维斯（Mayer & Davis，1995）	是指这样一种意愿（willingness），即某一当事方愿意让自己对于另一当事方的行为而言具有脆弱性（vulnerable），该意愿依据的是另一方将实施对于予信方而言是重要的特定行为的某种期望，而不考虑是否有能力来监督或控制该另一方
	科罗尔和英克彭（Currall & Inkpen，2002）	一种依赖于合作一方的决定和期望，即对方会遵照共同的协议来行动

表 5-2　信任的分类

分类标准	来源	维度	描述
信任的基础（原因）	朱克（Zucker，1986）	特质信任	以成员的个人特质为基础
		过程信任	以相互间的历史交往为基础
		制度信任	以建立的协议/程序为基础
	莱维茨基和邦克（Lewicki& Bunker，1995）	认知型信任	信任是个人之间基于他/她能从这种关系中得到什么的分析基础上形成的
		知识型信任	特征是个体间达成了共识，能够产生对预期的感知从而可以降低不确定性
		认同型信任	信任是个人之间形成的，对于对方的期望/目的有很高的认同。以个体间高度的一致性及共同的价值观为特征
	威廉姆森（Williamson，1993）	认知型信任	从双方的相互威胁和其他经济承诺中培育
		个人信任	只存在于个人关系中
		制度信任	源于社会和组织嵌入性
信任的特征	林（Ring，1996）	脆性信任	基于算计性的
		弹性信任	基于善意
	麦卡利斯特（McAllister，1995）	情感型信任	建立在人们之间的感情纽带中
		认知型信任	依赖于对他人的充分了解和对他人值得信任的证据的掌握

续表

分类标准	来源	维度	描述
信任的内容	萨科（Sako，1992）	契约型信任	合作者遵照特定协议才能达成共识
		能力型信任	能力型信任从已有合作者的管理和技术能力出发，相信对方能够执行给定任务
		善意型信任	善意型信任存在于合作双方愿意以超出契约规定的方式行动，只在长期重复交往的关系中发展
	多恩和坎农（Doney & Cannon，1997）	认知型信任	认知型信任以认知过程为开始：一个组织估算在特定交易中（不）欺骗的成本和收益
		善意型信任	相信合作会创造出一种互惠情境，即合作者不会对另一方采取预料之外的行动
信任的程度	琼斯和乔治（Jones & George，1998）	不信任	信任的缺失
		条件信任	双方愿意相互交易的状态，只要各方行动是适当的，环境基本类似，双方可以利用彼此的价值就可以达成
		非条件信任	通常来自分享的价值，这种对双方价值观的信心，会通过频繁的相互作用得到加强
	童世清	强关系信任	基于内群体成员之上的信任
		弱关系信任	与置信对象没有特殊关系的信任
	巴尼和汉森（Barney & Hansen，1994）	高度信任	硬核心信任
		中度信任	治理信任，通常借助于治理手段得以实现
		低度信任	存在有限的机会主义可能性

5.1.2 江西省大气污染治理中地方政府间合作信任测度

信任是主观与客观的统一体，是通过主观感受来感知信任的客观方面的。合作信任度反映合作主体间的直接信任程度。因此，运用模糊数学的理论方法来测量信任表现出很好的切适性。再者，在区域空气污染协同治理中，信任是合作的润滑剂；而合作又是促进和增强信任的基本途径。在空气污染地方政府协同合作治理中，了解它们之间的合作信任度非常重要，提供了增强与实现它们之间信任的必要性和客观依据。

1. 指标选取

对地方政府在环境污染协同合作治理中的信任度的测量指标研究很少。本书在进行指标的选取时主要借鉴组织间信任一般性研究的相关文献，如任银荣（2010）从个体因素、组织背景和网络战略保障三个变量来论证了对网络组织间信任的影响。范柏乃（2012）等采用公务员素质、政府能力、制度环境及信用文化四个变量对作为公共主体的地方政府的信用水平的影响强度作出了分析。在结合调研的基础上，选取以下一些指标来衡量同级地方政府间的信任水平（见表5-3）。

表5-3　　　　政府组织间信任水平评价指标

一级指标	二级指标	来源
领导间信任 U_1	价值观 U_{11}	王洛忠（2016） 潘镇（2008） 杨兴凯（2011） 孙国强（2019） 金华（2017）
	熟悉度 U_{12}	
	合作经历频数 U_{13}	
组织间互动性 U_2	合作持续 U_{21}	潘镇（2008） 杨兴凯（2011） 王洛忠（2016）
	交往频率 U_{22}	
	业务依赖 U_{23}	
	资源互补 U_{24}	
政策法规执行力 U_3	公正性 U_{31}	陈思颖（2014） 杨兴凯（2011）
	稳定性 U_{32}	
成本收益分配 U_4	公平性 U_{41}	闫章荟（2014） 饶常林（2015） 杨龙（2015）、金华（2017）
	合理性 U_{42}	
信息共享度 U_5	及时性 U_{51}	潘镇（2008）、杨兴凯（2011）、芮国强（2012）、王洛忠（2016）
	完整性 U_{52}	
	正确性 U_{53}	
网络合作能力 U_6	沟通协调能力 U_{61}	陈思颖（2014） 姚德超（2012） 戈德史密斯（2008）
	创新能力 U_{62}	
	资源整合能力 U_{63}	
	责任控制能力 U_{64}	

2. 基于AHP分析法确定各指标的权重

通过8位专家（江西省高校研究网络治理、环境污染治理的教授、环保厅行政人员、市级领导等）对各评价指标的重要性进行排序，按照AHP分析法原理，得到各项指标的权重（见表5-4至表5-10）。

表 5-4　政府组织间的信任评价权重

一级指标	领导间信任	组织间互动性	政策法规执行力	成本收益分配	信息共享度	网络合作能力
领导间信任	1	3	1/3	1	3	1
组织间互动性	1/3	1	1/7	1/5	1/3	1/5
政策法规执行力	3	7	1	3	5	2
成本收益分配	1	5	1/3	1	1/2	3
信息共享度	1/3	3	1/5	2	1	1
网络合作能力	1	5	1/2	1/3	1	1

表 5-5　领导间信任评价权重

二级指标	价值兼容性	熟悉度	合作经历频数
价值兼容性	1	1/2	1/3
熟悉度	2	1	1/3
合作经历频数	3	3	1

表 5-6　组织间互动性评价权重

二级指标	合作持续	交往频率	业务依赖	资源互补
合作持续	1	1	1	1/5
交往频率	1	1	5	1/3
业务依赖	1	1/5	1	1/7
资源互补	5	3	7	1

表 5-7　政策法规执行力评价权重

二级指标	公平性	稳定性
公平性	1	5
稳定性	1/5	1

表 5-8　成本效益分配评价权重

一级指标	公平性	合理性
公平性	1	1/5
合理性	5	1

表 5-9　信息共享度评价权重

二级指标	及时性	完整性	正确性
及时性	1	1/3	1/7
完整性	3	1	1/5
正确性	7	5	1

表 5-10　网络合作能力评价权重

二级指标	沟通协调能力	创新能力	资源整合能力	责任控制能力
沟通协调能力	1	1/5	1	1/7
创新能力	5	1	5	1/3
资源整合能力	1	1/5	1	1/9
责任控制能力	7	3	9	1

为计算方便，将表 5-4 转换成矩阵形式，记作 A：

$$A = \begin{vmatrix} 1 & 3 & 1/3 & 1 & 3 & 1 \\ 1/3 & 1 & 1/7 & 1/5 & 1/3 & 1/5 \\ 3 & 7 & 1 & 3 & 5 & 2 \\ 1 & 5 & 1/3 & 1 & 1/2 & 3 \\ 1/3 & 3 & 1/5 & 2 & 1 & 1 \\ 1 & 5 & 1/2 & 1/3 & 1 & 1 \end{vmatrix}$$

计算判断矩阵每一行元素的乘积 M_i：

$$M_i = \prod_{j=1}^{n} a_{ij} \quad i=1, 2, \cdots, n \tag{5-1}$$

计算 M_i 的 n 次方根 $\overline{W_i}$：

$$\overline{W_i} = \sqrt[n]{M_i} \tag{5-2}$$

对向量 $\overline{W} = [\overline{W_1}, \overline{W_2}, \cdots, \overline{W_n}]^T$ 正规化（归一化处理）：

$$W_i = \frac{\overline{W_i}}{\sum_{j=1}^{n} \overline{W_j}} \tag{5-3}$$

求出 A 的特征向量 W，并作归一化处理得：

$$W = [0.16, 0.04, 0.39, 0.16, 0.12, 0.13]^T$$

根据公式

$$\lambda_{max} = \sum_{i=1}^{n} \frac{(AW)_i}{nW_i} \tag{5-4}$$

求出判断矩阵的最大特征根 λ_{max}，其中 $n=6$，

$$AW = \begin{vmatrix} 1 & 3 & 1/3 & 1 & 3 & 1 \\ 1/3 & 1 & 1/7 & 1/5 & 1/3 & 1/5 \\ 3 & 7 & 1 & 3 & 5 & 2 \\ 1 & 5 & 1/3 & 1 & 1/2 & 3 \\ 1/3 & 3 & 1/5 & 2 & 1 & 1 \\ 1 & 5 & 1/2 & 1/3 & 1 & 1 \end{vmatrix} \begin{vmatrix} 0.16 \\ 0.04 \\ 0.39 \\ 0.16 \\ 0.12 \\ 0.13 \end{vmatrix} = \begin{vmatrix} 1.06 \\ 0.25 \\ 2.49 \\ 1.1 \\ 0.82 \\ 0.86 \end{vmatrix}$$

则 $\lambda_{max} = 6.60$

根据判断矩阵的一致性指标 $CI = (\lambda_{max} - n)/(n-1)$ 得到：

$$CI = 0.12$$

对照判断矩阵的平均随机一致性指标 RI 值（见表 5-11），当 $n=6$ 时，$RI = 1.24$，则 $CR = CI/RI = 0.097 < 0.10$。因此，该矩阵满足一致性要求。政府组织间合作信任评价权重为：

$$W = [0.16, 0.04, 0.39, 0.16, 0.12, 0.13]^T$$

同理，可求得各子指标的权重：

领导间信任评价权重为：$W1 = [0.16, 0.25, 0.59]^T$

组织间互动性评价权重为：$W2 = [0.12, 0.21, 0.08, 0.59]^T$

政策法规执行力评价权重为：$W3 = [0.83, 0.17]^T$

成本效益分配评价权重为：$W4 = [0.83, 0.17]^T$

信息共享度评价权重为：$W5 = [0.08, 0.19, 0.73]^T$

网络合作能力评价权重为：$W6 = [0.07, 0.27, 0.06, 0.60]^T$

表 5-11　　平均随机一致性指标

1	2	3	4	5	6	7	8	9
0.00	0.00	0.58	0.90	1.12	1.24	1.32	1.41	1.45

3. 确定评价因素集及评价等级

根据上文指标选取，评价因素集 U =（领导间信任，组织间互动性，政策法规执行力，成本收益分配，信息共享度，网络合作能力），并且根据评价指标由三市行政人员进行打分（见表 5-12）。

表5-12　　政府组织间信任水平评价指标及评分

一级指标	二级指标 评判者评分	1	2	3	4	5	6
领导间信任 U_1	价值观 U_{11}	84	78	89	77	82	90
	熟悉度 U_{12}	81	91	89	86	78	83
	合作经历频数 U_{13}	73	67	80	74	86	85
组织间互动性 U_2	合作持续 U_{21}	83	73	84	79	84	75
	交往频率 U_{22}	92	84	88	81	79	85
	业务依赖 U_{23}	68	72	81	82	89	86
	资源互补 U_{24}	85	80	76	81	74	89
政策法规执行力 U_3	公正性 U_{31}	85	81	76	93	88	87
	稳定性 U_{32}	84	87	85	92	74	88
成本收益分配 U_4	公平性 U_{41}	88	83	92	86	85	78
	合理性 U_{42}	87	83	79	91	85	86
信息共享度 U_5	及时性 U_{51}	79	89	68	75	76	87
	完整性 U_{52}	87	72	74	68	84	89
	正确性 U_{53}	85	72	78	84	73	82
网络合作能力 U_6	沟通协调能力 U_{61}	78	82	80	79	86	91
	创新能力 U_{62}	85	83	90	82	78	86
	资源整合能力 U_{63}	85	79	86	81	82	91
	责任控制能力 U_{64}	87	74	83	88	82	86

注：三市行政人员打分的百分制分数转换为［0，1］进行下文的计算。

按照五点法确定评价等级，V =（完全信任 v1，基本信任 v2，一般信任 v3，不太信任 v4，不信任 v5）。

4. 隶属度函数的构建

隶属度函数定义为：若对论域（研究的范围）U 中的任一元素 x，都有一个数 $A(x) \in [0, 1]$ 与之对应，则称 A 为 U 上的模糊集，A(x) 称为 x 对 A 的隶属度。当 x 在 U 中变动时，A(x) 就是一个函数，称为 A 的隶属函数。隶属度 A(x) 越接近于 1，表示 x 属于 A 的程度越高，A(x) 越接近于 0 表示 x 属于 A 的程度越低。用取值于区间［0，1］的隶属函数 A(x) 表征 x 属于 A 的程度高低。

此处根据隶属函数的半梯形分布和梯形分布公式：

（1）偏小型：

$$A(x)=\begin{cases}1 & x<a\\ \dfrac{b-x}{b-a} & a\leqslant x\leqslant b\\ 0 & b<x\end{cases}\tag{5-5}$$

（2）偏大型：

$$A(x)=\begin{cases}0 & x<a\\ \dfrac{x-a}{b-a} & a\leqslant x\leqslant b\\ 1 & b<b\end{cases}\tag{5-6}$$

（3）中间型：

$$A(x)=\begin{cases}0 & x<a \text{ 或 } d\leqslant x\\ \dfrac{x-a}{b-a} & a\leqslant x<b\\ 1 & b\leqslant x<c\\ \dfrac{d-x}{d-c} & c\leqslant x<d\end{cases}\tag{5-7}$$

以及结合评价等级划分习惯和学者杨兴凯（2011）的观点，将临界点定位：0.9、0.8、0.7、0.6 和 0.5。则五个评价等级的隶属度函数分别是：

$$U_{v1}(u_i)=\begin{cases}0 & u_i<0.8\\ \dfrac{u_i-0.8}{0.1} & 0.8\leqslant u_i<0.9\\ 1 & u_i\geqslant 0.9\end{cases}\tag{5-8}$$

$$U_{v2}(u_i)=\begin{cases}0 & u_i<0.7 \text{ 或 } u_i\geqslant 0.9\\ \dfrac{0.8-u_i}{0.1} & 0.7\leqslant u_i<0.8\\ 1 & 0.8\leqslant u_i<0.9\end{cases}\tag{5-9}$$

$$U_{v3}(u_i)=\begin{cases}0 & u_i<0.6 \text{ 或 } u_i\geqslant 0.8\\ \dfrac{0.7-u_i}{0.1} & 0.6\leqslant u_i<0.7\\ 1 & 0.7\leqslant u_i<0.8\end{cases}\tag{5-10}$$

$$U_{v4}(u_i)=\begin{cases}0 & u_i<0.5 \text{ 或 } u_i\geqslant 0.7\\ \dfrac{0.8-u_i}{0.1} & 0.5\leqslant u_i<0.6\\ 1 & 0.6\leqslant u_i<0.7\end{cases}\tag{5-11}$$

$$U_{v5}(u_i)=\begin{cases}0 & u_i \geqslant 0.6\\ \dfrac{0.6-u_i}{0.1} & 0.5 \leqslant u_i < 0.6\\ 1 & u_i < 0.5\end{cases} \qquad (5-12)$$

5. 单因素模糊评价

按照表5-12，再根据上述评价等级的隶属度函数式（5-8）至式（5-12）可计算得：

$u_{v1}(u11)=1/6[u_{v1}(0.84)+u_{v1}(0.78)+u_{v1}(0.89)+u_{v1}(0.77)+u_{v1}(0.82)+u_{v1}(0.90)]=1/6(0.4+0+0.9+0+0+0.2+1)=0.42$；

$u_{v2}(u11)=1/6[u_{v2}(0.84)+u_{v2}(0.78)+u_{v2}(0.89)+u_{v2}(0.77)+u_{v2}(0.82)+u_{v2}(0.90)]=1/6(1+0.2+1+0.3+1+0+0)=0.58$；

$u_{v3}(u11)=1/6[u_{v3}(0.84)+u_{v3}(0.78)+u_{v3}(0.89)+u_{v3}(0.77)+u_{v3}(0.82)+u_{v3}(0.90)]=1/6(0+1+0+1+0+0)=0.33$；

$u_{v4}(u11)=1/6[u_{v4}(0.84)+u_{v4}(0.78)+u_{v4}(0.89)+u_{v4}(0.77)+u_{v4}(0.82)+u_{v4}(0.90)]=0$；

$u_{v5}(u11)=1/6[u_{v5}(0.84)+u_{v5}(0.78)+u_{v5}(0.89)+u_{v5}(0.77)+u_{v5}(0.82)+u_{v5}(0.90)]=0$。

则领导间的价值观 U_{11} 的隶属度为（0.42，0.58，0.32，0，0），归一化为（0.32，0.44，0.24，0，0）。

同理可求得领导间熟悉度 U_{12} 的隶属度为（0.36，0.52，0.12，0，0）和合作经历频数 U_{13} 的隶属度为（0.12，0.50，0.26，0.12，0）。

综上所述，领导间信任的判断矩阵为：

$$R_1=\begin{vmatrix}0.32 & 0.44 & 0.24 & 0 & 0\\ 0.36 & 0.52 & 0.12 & 0 & 0\\ 0.12 & 0.50 & 0.26 & 0.12 & 0\end{vmatrix}$$

$$B_1=W_1R_1=(0.21,\ 0.50,\ 0.22,\ 0.07,\ 0)$$

同理可求得：

$$B_2=W_2R_2=(0.21,\ 0.56,\ 0.22,\ 0.01,\ 0)$$

$$B_3=W_3R_3=(0.36,\ 0.52,\ 0.12,\ 0,\ 0)$$

$$B_4=W_4R_4=(0.15,\ 0.37,\ 0.30,\ 0.18,\ 0)$$

$$B_5=W_5R_5=(0.15,\ 0.50,\ 0.32,\ 0.03,\ 0)$$

$$B_6=W_6R_6=(0.29,\ 0.58,\ 0.13,\ 0,\ 0)$$

综上求解得，区域大气污染三市政府间合作信任的判断矩阵 R 为：

$$
R=\begin{vmatrix} B_1 \\ B_2 \\ B_3 \\ B_4 \\ B_5 \\ B_6 \end{vmatrix}=\begin{vmatrix} 0.21 & 0.50 & 0.22 & 0.07 & 0 \\ 0.21 & 0.56 & 0.22 & 0.01 & 0 \\ 0.36 & 0.52 & 0.12 & 0 & 0 \\ 0.15 & 0.37 & 0.3 & 0.18 & 0 \\ 0.15 & 0.50 & 0.32 & 0.03 & 0 \\ 0.29 & 0.58 & 0.13 & 0 & 0 \end{vmatrix}
$$

最后，区域大气污染三市政府间合作信任评价的隶属度 B 为：

$$B = WR = (0.27, 0.51, 0.14, 0.04, 0)$$

根据最大隶属度原则，区域大气污染三市政府间合作信任评价的结果是“基本信任”。

6. 结论与启示

通过隶属度函数和 AHP 分析法的结合实证分析，南昌、九江和宜春三市在大气污染治理中的合作信任度为“基本信任”，说明三市在领导间信任、组织间互动性、政策法规执行力、治理成本收益分配、信息共享性、合作能力等方面都做得比较好，这与通过调研得到的实际情况基本相符。同时也说明，运用隶属度函数对具有模糊性的事件进行评价具有一定的合理性。但是模糊评价的不足之处在于评价指标是否全面反映事件的性质，以及行政人员评价打分的客观性。从这种测评结果中可以得到增进地方政府间合作信任的启示：

（1）坚持共赢性合作，增强信任理念。以环境命运共同体观念引领地方政府污染合作治理行为，提高行政人员的人文精神和法治观念，增强联合环境执法的公平性和稳定性，增进彼此间的合作信任。

（2）合作收益制度化，实现利益均衡，夯实合作信任基础。作为具有独立经济人身份的地方政府，追求自身利益最大化是地方政府参与合作的根本。而合作收益公平分配是合作信任的物质基础。比如，在污染合作治理中应遵循“受益者支付/补偿”原则，依据多重分配标准如贡献标准、风险标准等来设计分配方案，既体现契约精神，又贯彻公共利益优先原则。

（3）加强地方政府互动，拓宽增强信任的有效途径。因此，地方政府要加强优势资源互补，坚持合作的持续性；同时加大信息的透明度和共享度，以信任的姿态融入互动，在互动中增进信任。

（4）提升合作能力，增强基于能力的信任。基于能力的信任是合作信任的关键，也是合作能够进行下去的保证。因此，要把地方政府沟通协调、创新、资源整合、责任控制等能力的提升贯穿于合作治理的始终。

5.2　协同网络治理的合作信任稳定性

5.2.1　地方政府人性假设：博弈假设的理论依据

要把握博弈规则，就必须弄清地方政府的人性，因为“一切科学对于人性总是或多或少地有些关系，任何学科不论似乎与人性离得多远，它们总是会通过这样或那样的途径回到人性（休谟，1997）”。

人性就是人通过自己的活动所获得的全部属性的综合，是现实生活中的人所具有的全部规定性。广义地讲，作为一种公共组织，政府是“以管理社会公共事务、协调社会公共利益关系为目的的（陈振明，2003）。”地方政府是本辖区公共利益的“受托者”。但是，地方政府自我国 1994 年财政分权以及行政性分权改革后，在我国市场经济体制的背景下而获得相对独立的这些权力，取得相对独立的身份，即地方政府是中央政府在一个地区的“代理人”，它们在一定程度上是一个地区的“所有者”，在某种程度上说，可以有“自己的利益”，即地方政府具有了经济发展的自主权和收益权，地方政府成为一个具有独立经济利益的主体。由此产生以“公共人”“经济人”“比较利益人”三种假设来论争公共管理领域对地方政府以及官员的人性。

公共人假设认为，在公共政治生活中，假定政府以及官员追求公共利益，是要求这些政治人的理性自觉。它的全部规定性在于它的公共性，是公民权利的守护者。其行为目标自然是公共利益最大化，而绝不是个人利益最大化。“公共领域的任何追求个人利益的行为都是不能够自发地走向合乎道德的结果的，即使有着严格的外在性约束机制，也不会有合乎道德的结果（张康之，2004）。”由此看来，这是一种应然的地方政府人性假设，这种“公共人”是一个无私的人。

“经济人”假设最早来源于亚当·斯密（1981）《国富论》，就是“在社会交易活动中，每个个人和经济主体都是自利的，追求自身利益的动机是驱动社会经济活动的根本动力”。这种假设以人的自然属性作为认识人的基础，认为趋利避害是人的本性，追求物质利益的最大化是个人行为的根本动机和根本出发点。只要有良好的制度保证，人在追求自身利益最大化的同时会无意间促进整个社会的福利。按传统经济学的观点，“经济人”假设包括两层含义：人是自利的，追求自身利益；人是理性的，具备一定的知识和计算能力，实现自身利益最大化（李常理，2011）。

“经济人”假设推广到政治领域是公共选择学派在探寻市场经济条件下“政府失灵”的原因和对策时，用来分析和考察政治家和政府官员的行为动机和行为方式的。政府及其官员是在“政治市场”[①] 上追求个人利益或效用最大化的“经济人”，其目标既不是公共利益，也不是机构效率，而是个人效用。官僚的效用函数中的因变量包括“薪水、职务、津贴、公共声誉、权力、任免权、机构的产出、易于更迭和易于管理的机构”（张康之，2004）。由此可见，这是一种实然的地方政府人性假设。

比较利益人假设是特定环境的产物。在市场经济条件下，如高失业、环境污染、地方政府间的无序竞争等“政府失灵”确实为人所诟病。并且地方政府的利益形成“三元利益结构”[②] 时，公共人假设受人质疑。当学者们求助于经济人假设时却陷入另一种人性的极点论，即“把实现个人私利最大化视为普遍的人性、全部的人性、不变的人性，完全排斥人性中追求包括公共利益在内的共同利益成分。”这样会“使公共管理的制度设计超出他们的理性所及，会大大削弱公民对公共管理者及政府的信任，导致公共管理领域中社会资本的流失，降低政府行为的有效性”（陈庆云，2005）；同时会“在实践上潜藏着以人的自私自利性征服公共领域的危险”（张康之，2004）。国外也有学者反对政府经济人假设，认为“经济人”假设“既没有必要，也会引人误入歧途”（科斯，1994）；“人类有 80% 的行为符合理性‘经济人’模型，剩下的 20%，新古典经济学派只能给出拙劣的解释（福山，1998）。”

当前两种人性假设不能完全解释政府以及官员的行为动机时，有学者提出“比较利益人”假设。这种假设认为，人性的存在形式是一个动态演化过程，具有自然性、社会性与文化性。比较利益人中的利益结构包括“自我利益和共同利益、物质利益和精神利益、经济利益与政治利益、眼前利益和长远利益等。这些利益之间既和谐又冲突”。“人的行为动机是自我利益和共同利益等多重利益的整合，其中，共同利益既可能是社会分享的公共利益，也可能是组织分享的共同利益。其决策行为必然要基于对多种利益的权衡，并不是只追求自我利益，或者完全追求共同利益，而是在两者之间达成一种平衡（陈庆云等，2005）。”

概而言之，比较利益人假设相当于“经济人”和“公共人”统一体。与一般人性相类比，利他是政府的“公利人”属性，是政府的理性状态；利己是政府的

---

① 依据公共选择理论，政治市场是指政治家、官僚和选民等政治主体围绕公共物品和服务供给所形成的关系结构。

② 三元利益结构指以社会整体为主体的公共利益、以社会特定集团为主体的集团利益和以政府组织或官僚个体为主体的政府自身利益。

“自利性”表现，是非理性状态。以何种状态出现，是由地方政府采取博弈策略行为的概率所刻画。经过调研访谈，自党的十八大后，随着政策的严厉性、环境责任制度的强制性增强，比如“河长制”，这种“公共人”属性概率明显提高。

5.2.2　博弈模型的建立

由前文所知，地方政府有两个身份：一是服从于中央政府利益的代理人；二是可以通过组织与运用经济资源增进自己的利益所在地区的“所有者”。当然，区域环境污染治理中的地方政府需要治理资源，比如，污染治理资金、人力、技术等。在中央政府统治下，现实中这些资源相对缺乏。因此，以社会交换的形式让各地方政府所拥有的治理资源进行组合优化配置，达到利益对等。同时，合作信任是时间的函数，它的生与灭、消与长表现为阶段性。其次，信任关系嵌入于区域网络之中，网络中的声誉机制具有穿透力和传播性，合作网络信任就会产生并得以发展。

1. 基本假设

因合作网络的博弈方（$i>3$）之间的博弈结构类似于三方博弈结构，故为了简化模型，依三方博弈作以下假设：

（1）假设地方政府为比较利益人，参与博弈方为地方政府作为公共人时，即以区域公共利益最大化，对应的策略是守信；作为经济人时，即以本地方政府利益最大化，对应的策略是失信。假设博弈时存在两种博弈规则，一种是带有触发策略的博弈；另一种是为了处理触发策略的不可信，守信方发现对方采用失信策略，作为具有公共人属性的地方政府，不会采取报复的手段，又要保障本区域利益或者政绩，假设守信与失信之间的策略为混合策略，则称之为采取混合策略的博弈。

（2）经调查与实证研究发现，合作治理污染受区域资源禀赋、污染治理能力、行政领导者及公民对污染治理的重视程度的影响。并迫于上级行政监督的压力，地方政府间环境合作治理只是存在实质性合作与形式性合作的区别程度而已，环境污染合作治理项目会产生一些收益，只不过是经转移支付消减罢了（罗冬林，廖晓明，2015）。因此，假设各博弈方都守信时的合作收益为 m，按贡献分得收益，贡献率为 θ_i（i 为博弈方数），失信方搭便车时对守信方的收益进行侵占，守信方的被侵占风险率为 R_i，则被侵占收益为 $f_i=R_i\theta_i m$，守信方的剩余收益假设为 $e_i=\theta_i m-R_i\theta_i m$，其中 θ_i、R_i 反映博弈方的异质性；博弈双方因合作治理低效率或者项目搁浅而产生沉没成本，则 $-d_i<0$，则令 $\theta_i m+R_i\theta_i m>\theta_i m>0$，$e_i\geqslant 0$。地方政府 i 的得益矩阵如图 5－1 所示。

		地方政府3	
地方政府1	地方政府2	守信	失信
守信	守信	$\theta_1 m$，$\theta_2 m$，$\theta_3 m$	$\theta_1 m-f_1$，$\theta_2 m-f_2$，$\theta_3 m+f_1+f_2$
守信	失信	$\theta_1 m-f_1$，$\theta_2 m+f_1+f_3$，$\theta_3 m-f_3$	$\theta_1 m-f_1$，$\theta_2 m+\theta_2 f_1$，$\theta_3 m+\theta_3 f_1$
失信	守信	$\theta_1 m+f_2+f_3$，$\theta_2 m-f_2$，$\theta_3 m-f_3$	$\theta_1 m+\theta_1 f_2$，$\theta_2 m-f_2$，$\theta_3 m+\theta_3 f_2$
失信	失信	$\theta_1 m+\theta_1 f_3$，$\theta_2 m+\theta_2 f_3$，$\theta_3 m-f_3$	$-d_1$，$-d_2$，$-d_3$

图5-1　地方政府的得益矩阵

（3）重复次数为t，贴现因子为λ_{ik}（$0\leqslant\lambda_{ik}\leqslant 1$，i为博弈方，k为博弈规则数）。贴现因子包括经济利益和政治利益的实现。

2. 带有触发策略的模型分析与求解

由于一次博弈和无触发策略的有限次重复博弈的纳什均衡解是（失信，失信，失信）（罗若愚，2012；王涛，2010），则假设博弈规则为：第一阶段三博弈方采用守信，在第t阶段，如果前（t-1）阶段的结果都是（守信，守信，守信），则继续采用“守信”策略，否则选择“失信”策略（谢识予，2012）。

（1）求解贴现因子的值域，确定触发策略的最优解。

当两地方政府选择守信策略时，如果另一地方政府选择失信策略，根据触发策略，失信政府总得益的现在值$\pi_{i失}$为：

$$
\begin{aligned}
\pi_{i失} &= \theta_i m + \sum_{i=1}^{3} R_i\theta_i m - R_i\theta_i m - d_i\lambda_{i1} - d_i\lambda_{i1}^2 - \cdots - d_i\lambda_{i1}^{t-1} \\
&= \theta_i m + \sum_{i=1}^{3} R_i\theta_i m - R_i\theta_i m - d_i\lambda_{i1}(1-\lambda_{i1}^{t-1})/(1-\lambda_{i1}) \\
&= \theta_i m + \sum_{i=1}^{3} R_i\theta_i m - R_i\theta_i m - \frac{d_i\lambda_{i1}}{1-\lambda_{i1}}\text{，当 t 非常大时}. \qquad (5-13)
\end{aligned}
$$

当两地方政府选择守信策略时，如果另一地方政府选择守信策略，根据触发策略，守信地方政府总得益的现在值$\pi_{i守}$为：

$$
\begin{aligned}
\pi_{i守} &= \theta_i m + \theta_i m\lambda_{i1} + \theta_i m\lambda_{i1}^2 + \cdots + \theta_i m\lambda_{i1}^{t-1} \\
&= \theta_i m(1-\lambda_{i1}^t)/(1-\lambda_{i1}) \\
&= \frac{\theta_i m}{1-\lambda_{i1}}\text{，当 t 非常大时}. \qquad (5-14)
\end{aligned}
$$

解不等式（5-14）≥式（5-13）得：

$$
\lambda_{i1} \geqslant \frac{\sum_{i=1}^{3} R_i\theta_i m - R_i\theta_i m}{\theta_i m + \sum_{i=1}^{3} R_i\theta_i m - R_i\theta_i m + d_i} \qquad (5-15)
$$

所以，满足式（5－15）时，触发策略是该重复博弈的子博弈完美纳什均衡，（守信，守信，守信）是帕累托高效均衡点。相反，当

$$\lambda_{i1} < \frac{\sum_{i=1}^{3} R_i\theta_i m - R_i\theta_i m}{\theta_i m + \sum_{i=1}^{3} R_i\theta_i m - R_i\theta_i m + d_i}$$

时，（失信，失信，失信）是帕累托低效均衡点。则贴现因子的值域 λ_{i1} 为

$$\left[\frac{\sum_{i=1}^{3} R_i\theta_i m - R_i\theta_i m}{\theta_i m + \sum_{i=1}^{3} R_i\theta_i m - R_i\theta_i m + d_i}, 1\right]$$，临界点 A 为

$$\lambda_{i1} = \frac{\sum_{i=1}^{3} R_i\theta_i m - R_i\theta_i m}{\theta_i m + \sum_{i=1}^{3} R_i\theta_i m - R_i\theta_i m + d_i}。$$

（2）惩罚成本（补偿成本）的引入。当 λ_{i1} 不在值域内时，增加变量惩罚成本（补偿成本）何种程度才能达到均衡；或者在值域内，惩罚成本（补偿成本）引入后，信任度会发生何种变化。按照生态补偿原则，守信方应获得被侵占收益的补偿。另外，按照社会交换理论，合作本质上是一种交易，会产生交易成本。而信任是社会关系的黏合剂，具有降低交易费用的功能。则假设守信和失信都产生成本，分别为总成本 $C_{守}$、$C_{失}$，且有 $C_{守} < C_{失}$。令 $C_{i1} = C_{失} - C_{守}$，其中，C_{i1} 主要是惩罚成本或者说是补偿成本。

根据式（5－13）、式（5－14）得：

$$\frac{\theta_i m}{1-\lambda_{i1}} \geqslant \theta_i m + \sum_{i=1}^{3} R_i\theta_i m - R_i\theta_i m - \frac{d\lambda_{i1}}{1-\lambda_{i1}} - C_{i1} \tag{5-16}$$

解不等式（5－16）得：

$$C_{i1} \geqslant \theta_i m + \sum_{i=1}^{3} R_i\theta_i m - R_i\theta_i m - \frac{d\lambda_{i1} + \theta_i m}{1-\lambda_{i1}} \tag{5-17}$$

所以，对于 λ_{i1} 的值域而言，当 λ_{i1} 在

$$\left[0, \frac{\sum_{i=1}^{3} R_i\theta_i m - R_i\theta_i m}{\theta_i m + \sum_{i=1}^{3} R_i\theta_i m - R_i\theta_i m + d_i}\right]$$区间内，则 C_{i1} 的值域为 $\left[0, \sum_{i=1}^{3} R_i\theta_i m - R_i\theta_i m\right]$

点 C 的坐标为 $\left(0, \sum_{i=1}^{3} R_i\theta_i m - R_i\theta_i m\right)$；当 λ_{i1} 在 $\left[\frac{\sum_{i=1}^{3} R_i\theta_i m - R_i\theta_i m}{\theta_i m + \sum_{i=1}^{3} R_i\theta_i m - R_i\theta_i m + d_i}, 1\right]$ 区

间内，则 C_{i1} 的值域为 $[0, +\infty]$。三者关系如图5-2所示。

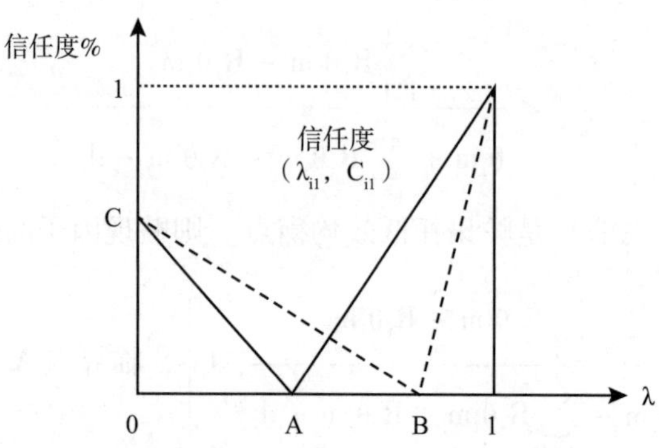

图5-2　信任度与惩罚成本、贴现因子的关系①

3. 采取混合策略的模型分析与求解

假设博弈规则为：第一阶段博弈两方采用守信，而另一方采取失信策略②，则在后（T-1）阶段，博弈双方采取的策略是混合策略，后（T-1）阶段的结果（守信，守信，守信）、（守信，失信，守信）、（守信，守信，失信）、（守信，失信，失信）、（失信，守信，守信）、（失信，守信，失信）、（失信，失信，守信）、（失信，失信，失信）都有可能。

（1）求解贴现因子的值域，确定混合策略的最优解。

当两地方政府选择守信策略时，如果另一地方政府选择失信策略，则失信地方政府总得益的现在值 $\pi_{i失}$ 为：

$$\begin{aligned}\pi_{i失} &= \theta_i m + \sum_{i=1}^{3} R_i\theta_i m - R_i\theta_i m + u_i\lambda_{i2} + u_i\lambda_{i2}^2 + \cdots + u_i\lambda_{i2}^{t-1} \\ &= \theta_i m + \sum_{i=1}^{3} R_i\theta_i m - R_i\theta_i m + u_i\lambda_{i2}(1-\lambda_{i2}^{t-1})/(1-\lambda_{i2}) \\ &= \theta_i m + \sum_{i=1}^{3} R_i\theta_i m - R_i\theta_i m + \frac{u_i\lambda_{i2}}{1-\lambda_{i2}}, \text{当 } t \text{ 非常大时}. \end{aligned} \tag{5-18}$$

其中，

$$\begin{aligned} u_1 &= (1-\alpha)\beta\gamma(\theta_1 m + R_2\theta_2 m + R_3\theta_3 m) + (1-\alpha)\beta(1-\gamma)(\theta_1 m + \theta_1 R_2\theta_2 m) \\ &\quad + (1-\alpha)(1-\beta)\gamma(\theta_1 m + \theta_1 R_3\theta_3 m) - (1-\alpha)(1-\beta)(1-\gamma)d_1 \\ u_2 &= \alpha(1-\beta)\gamma(\theta_2 m + R_1\theta_1 m + R_3\theta_3 m) + \alpha(1-\beta)(1-\gamma)(\theta_2 m + \theta_2 R_1\theta_1 m) \end{aligned}$$

---

① 模型2中三者之间的关系相似。只是 λ_{i1} 临界点A后向移动到 λ_{i2} 临界点B。

② 失信方在两博弈方守信时获益最大；下文的三方都守信时各方收益大于此种情形下的收益，三博弈才出现合作解。同时，根据不等式性质，此条件下的不等式的解包含只有一方守信条件下的不等式的解。所以，“两方守信，而第三方失信”的博弈规则无须考虑。

$$+(1-\alpha)(1-\beta)\gamma(\theta_2 m+\theta_2 R_3\theta_3 m)-(1-\alpha)(1-\beta)(1-\gamma)d_2$$

$$u_3=\alpha\beta(1-\gamma)(\theta_3 m+R_1\theta_1 m+R_2\theta_2 m)+\alpha(1-\gamma)\beta(1-\gamma)(\theta_3 m+\theta_3 R_1\theta_1 m)$$

$$+(1-\alpha)\beta(1-\gamma)(\theta_3 m+\theta_3 R_2\theta_2 m)-(1-\alpha)(1-\beta)(1-\gamma)d_3$$

当两地方政府选择守信策略时，如果另一地方政府选择守信策略，则守信地方政府总得益的现在值 $\pi_{i守}$ 为：

$$\begin{aligned}\pi_{i守}&=\theta_i m+v_i\lambda_{i2}+v_i\lambda_{i2}^2+\cdots+v_i\lambda_{i2}^{t-1}\\&=\theta_i m+v_i\lambda_2(1-\lambda_{i2}^{t-1})/(1-\lambda_{i2})\\&=\theta_i m+\frac{v_i\lambda_{i2}}{1-\lambda_2}，当 t 非常大时.\end{aligned}\tag{5-19}$$

其中，

$$v_1=\alpha\beta\gamma\theta_1 m+R_1\theta_1 m[\alpha\beta(1-\gamma)+\alpha(1-\beta)\gamma+\alpha(1-\beta)(1-\gamma)]$$

$$v_2=\alpha\beta\gamma\theta_2 m+R_2\theta_2 m[\alpha\beta(1-\gamma)+(1-\alpha)\beta\gamma+(1-\alpha)\beta(1-\gamma)]$$

$$v_3=\alpha\beta\gamma\theta_3 m+R_3\theta_3 m[\alpha(1-\gamma)\beta\gamma+(1-\alpha)\beta\gamma+(1-\alpha)(1-\gamma)\beta\gamma]$$

显然，$v_i>u_i$。

所以，当式（5－19）≥式（5－18）时，解此不等式得：

$$\lambda_{i2}\geqslant\frac{\sum_{i=1}^{3}R_i\theta_i m-R_i\theta_i m}{v_i-u_i+\sum_{i=1}^{3}R_i\theta_i m-R_i\theta_i m}\tag{5-20}$$

同理，在满足条件式（5－20）时，该重复博弈的子博弈完美纳什均衡（守信，守信，守信）是帕累托高效均衡点。相反，（失信，失信，失信）是帕累托低效均衡点。

（2）同样引入惩罚成本（补偿成本），根据式（5－18）、式（5－19），同理可得：

$$C_{i2}\geqslant\frac{(v_i-u_i)\lambda_{i2}}{1-\lambda_{i2}}+(\sum_{i=1}^{3}R_i\theta_i m-R_i\theta_i m)\tag{5-21}$$

所以，对于 λ_{i2} 的值域而言，当 λ_{i2} 在 $\left[0,\frac{\sum_{i=1}^{3}R_i\theta_i m-R_i\theta_i m}{v_i-u_i+\sum_{i=1}^{3}R_i\theta_i m-R_i\theta_i m}\right]$ 区间内，则 C_{i2} 的值域为 $[0,\sum_{i=1}^{3}R_i\theta_i m-R_i\theta_i m]$；当 λ_{i2} 在 $\left[\frac{\sum_{i=1}^{3}R_i\theta_i m-R_i\theta_i m}{v_i-u_i+\sum_{i=1}^{3}R_i\theta_i m-R_i\theta_i m},1\right]$ 区间内，则 C_{i2} 的值域为 $[0,+\infty]$。三者关系如图5－2所示。

5.2.3 算例

确定α、β、γ的值。比较利益人是一种“线段式人性论”（陈庆云等，2005），两端点之间存在不确定性。也就是说，地方政府存在三种人性状态：守信、不确定性及失信。2014 年，南昌、九江和宜春三市开始联防联控空气污染。作为公共人，刚开始合作治理时它们一致性认为合作治理是非常必要的，则守信、不确定性与失信的状态概率向量为［1 0 0］。随着时间推移，存在的主要问题是，所建立的区域空气污染防治领导小组的协调议事机制只能发挥协调作用，没有执行权力，不能制定统一规划、统一标准、统一环评和统一监测。同时其他合作问题也不断凸显，使得治理效果大打折扣，这大大影响了它们的环境合作治理策略选择，且合作网络中的地方政府间相互影响，状态概率会发生转移。直到党政领导干部环境问责制、生态环境协同治理政策等制度出台后，比如河长制，环境合作治理博弈策略的转移才相对稳定。所以，从一定意义上说，α、β与γ表征合作网络中地方政府间的影响系数。再者，由于三市间总合作次数不够多，客观频率法难以利用（即三市成功的合作实例次数占总合作次数），此处采用主观经验频率代替概率的做法，即通过调查访谈南昌、九江、宜春市各 100 位行政人员，进行合作信任评价，得到三市 2014 年从守信、不确定到失信的态度转变频率分别为 0.96、0.01 与 0.04、0.93、0.03 与 0.02、0.92、0.04 与 0.04。运用马尔科夫链第 n+1 期状态概率计算式（5-22）得到第 6 期的概率值作为α、β与γ的值，即 $\alpha=0.9574$，$\beta=0.9379$，$\gamma=0.9578$。

$$\prod(n+1)=\prod(n)\begin{bmatrix} p_{11} & p_{12} & p_{13} \\ p_{21} & p_{22} & p_{23} \\ p_{31} & p_{32} & p_{33} \end{bmatrix} \tag{5-22}$$

模型中其他参数值的确定。根据文献（罗冬林，廖晓明，2015）研究成果，三市政府联盟合作治理空气污染，治理污染降低的成本就是所取得的合作收益。因而其他参数的取值分别是：$m=41361.59$ 万元，$\theta_i=44.19\%$、36.48%、19.33%，$R_i=0.26$、0.29、0.45，$d_i=22306.14$ 万元、25678.44 万元、26929.23 万元。

按照式（5-15）、式（5-17）、式（5-20）、式（5-21）计算得到结果如表 5-13 所示。

表 5-13　两模型结果比较

	宜春	九江	南昌	变化情况
λ_{i1}（临界点）	0.1498	0.1701	0.2319	向右移动
C_{i1}	0	0	0	不变
λ_{i2}（临界点）	0.3335	0.4107	0.4722	向右移动
C_{i2}	0	0	0	不变
补偿（惩罚）区间	[0，7965.62]	[0，8359.71]	[0，9146.49]	向上扩大

5.3　结论与启示

1. 结论

根据两种博弈规则下两个模型的求解分析发现：（1）不管采用哪种博弈规则，贴现因子是影响地方政府博弈双方选择“守信”合作的重要变量，它的影响作用是分区间的。同时，因地方政府异质性差异，贴现因子临界点会向右移动。（2）加入惩罚成本变量后的模型表明，当贴现因子小于临界点时，必须引入惩罚成本来消除被侵占的利益才能增进合作信任；而大于临界点时，只要增加一定量的惩罚成本，能促进博弈双方合作信任。也就是说，当单一因素不能促进地方政府间的合作信任时，可以采用贴现因子与惩罚成本组合因素作用。同时，因地方政府异质性差异，补偿（惩罚）区间会向上扩大。（3）从两个模型的贴现因子和惩罚成本两方面比较而言，由于带有触发策略机制模型中，博弈方策略选择具有确定性，而另一个具有不确定性。从例证来看，贴现因子提高了十几个百分点，并且两种博弈规则下都需要引入惩罚成本，以消除不确定性带来的损失。所以，带有触发策略的博弈更有利于提高均衡效率，实现合作信任。

2. 政策启示

（1）因地适时地合理考量地方政府的基本人性，提高贴现因子，增强地方政府间的合作信任。不管是作为公共人，还是经济人，是关注地区利益还是政治晋升，它们之间的交换关系同样受到互惠原则的约束。也就是说，它们的交换行为也是要充分利用自己所有的资源实现对等性互惠。否则，即使区域污染治理是它们的行政责任，即使不至于采取报复的行为，但也难免产生合作信任，或者损害彼此间的合作信任。

（2）进行绿色 GDP 政绩考核制度创新，建立激励与约束相容机制，实现利益均衡。①打破经济增长“硬指标”与环保指标“软指标”操作层面的惯性，运用绿色 GDP 综合指标把污染治理绩效与政治晋升相关联；②构建区域包容性发展模式，形成“互动、互补、互惠”发展格局。一方面，区域地方政府经济共享；另一方面，借鉴美国的“泡泡”、德国的“金罩”政策，遵循“受益者支付/补偿”原则，在国家污染排放总量的控制下减排任务与治理成本进行分离，通过上下级或同级政府间污染治理资金转移划拨，完善区域污染物排污权有偿使用和政府间交易机制，实现生态补偿制度，促成地方政府间保持长期合作信任关系。比如，在《空气污染防治法》中建立纵横向区域财政转移支付制度或者区域共同基金，达到激励减排成本低的区域多减排。

（3）区域环境治理合作信任制度化，透明博弈规则，增强制度性信任。要使得区域环境污染地方政府合作治理从对话性合作到制度性合作的超越，必须建立在合作信任的制度化，尤其是法制化。否则，结果同样是以前那种基于话语交往的合作治理表面化、形式化。①建立区域环境合作治理网络，形成自我维系系统的内生性制度机制。一方面，这种辅助机制可以通过网络的声誉传递作用提高机会主义行为的成本；另一方面，以公共价值注入合作治理，通过合作网络学习机制增强绿色善治，培育地方政府行政人员的人文素养，塑造“利益共同体”这一共同愿景，增强相互信任的“传染性”。②完善强制性的法律制度机制，发挥外生性制度的主导作用，力求纠正失信的保障。地方政府间信任产生与实现的重要外部条件和冲突解决机制在于，明确的违法成本与合作收益分配、补偿设计以及合作过程中的执行力。

第6章 合作博弈理论与模型

6.1 合作博弈基本概念

6.1.1 博弈基本概念

博弈论（谢识予，2012）又称对策论，英文名称是“Game Theory”，是研究一些个人，一些团队或组织面对特定的环境条件，在一定的规则制约下，依靠所拥有的信息，同时或先后，一次或多次，从各自允许选择的策略进行选择并加以行动，并从中各自取得相应结果或支付的过程的理论。博弈论研究的主要目的是研究博弈方的行为特征，即各决策主体的行为发生直接的相互作用时的决策特征，以及何种情况下采取哪种策略，会达到什么样的结果即决策主体决策后的均衡问题。定义一个博弈需要设定的主要包括四个要素：博弈的参与者、各博弈方各自可选择的全部策略或行为的集合、进行博弈的次序、博弈方的得益。博弈结构并借此分类包括如下：

（1）博弈中的博弈方。博弈中的独立决策、独立承担博弈结果的个人或组织。由于博弈问题的根本特征是具有策略依存性，不同博弈方的测量方的策略之间可以有复杂的相互影响和作用，博弈方的数量越多，这种依存性就越复杂，因此博弈方的数量是博弈结构的关键参数之一。根据博弈方的数量将博弈分为单人博弈、两人博弈、多人博弈。

（2）策略。博弈中各博弈方的决策内容称为策略。博弈中的策略通常是对行为取舍、经济活动水平等的选择。各博弈方的全部策略或策略选择的范围称为策略空间。根据策略数将博弈分为有限博弈、无限博弈。

（3）得益。参加博弈的各个博弈方从博弈中所获得的利益，它是各博弈方追求的根本目标，也是他们行为和判断的主要依据。根据得益结果分为零和博弈与常和博弈、变和博弈。

（4）博弈的过程。博弈的过程表现为几个博弈方一次性同时进行决策选择的，或是先后、反复或者重复的策略对抗。根据这些特征可分为静态博弈、动态博弈和重复博弈。

（5）博弈的信息结构。关于博弈环境和博弈方情况的信息。包括得益的信息和博弈过程的信息。根据前者分为完全信息博弈与不完全信息博弈；根据后者分为完美信息的动态博弈与不完美信息的动态博弈。

（6）博弈方的能力和理性。博弈方的理性和能力决定博弈方的行为逻辑。而博弈方最主要的行为逻辑包括两个方面：一是他们决策行为的根本目标；二是他们追求目标的能力。理性经济人假设认为博弈方都是以个体利益最大化为目标，且有准确的判断选择能力，也不会“犯错误”。“个体理性”意指以个体利益最大化为目标；“完全理性”意指有完美的分析判断能力和不会犯选择行为的错误，包括追求最大利益的理性意识、分析推理能力、识别判断能力、记忆能力和准确行为能力等多方面的完美性要求，其中任何一方面不完美就属于有限理性。

另外，以存在有无约束力协议为标准，可将博弈分为合作博弈和非合作博弈。前者是允许存在有约束力协议的博弈；反之则为非合作博弈。

在博弈论的发展过程中，18 世纪古诺、伯特兰德、斯坦克尔伯格等关于寡头垄断产品的博弈模型的研究开启了博弈论的萌芽阶段；一般认为的真正博弈理论产生于 1944 年冯·诺伊曼和摩根斯坦恩的合著《博弈论和经济行为》。发展阶段以 20 世纪 60 年代泽尔腾在纳什均衡概念基础上提出的“精练纳什均衡”以及海萨尼提出的不完全信息博弈和贝叶斯均衡为标志。博弈论的繁荣表现在，20 世纪 80 年代后期，纳什、泽尔腾、海萨尼以及维克里和莫里斯所进行的研究成果，还有乔治·阿克洛夫、迈克尔·斯彭斯和约瑟夫·斯蒂格利茨因在“对充满不对称信息市场进行分析”领域所做出的重要贡献（Hurwicz，1960）。

6.1.2 合作博弈一般概念

1881 年，埃奇沃思（Edgreworth）在《数学心理学》通过一个联盟博弈（coalitional forming game）描述参与人数目有限的交换经济模型（现称之为市场博弈），用契约曲线描述该市场博弈的核。20 世纪 60 年代海萨尼（Harsanyi）用承诺把合作博弈与非合作博弈区别开来。

合作博弈是指博弈双方的利益都有所增加，或者至少是一方的利益增加，而另一方的利益不受损害，因而整个社会的利益有所增加。它是一种正和博弈，研究的是人们达成合作时收益分配机制问题。合作博弈采取的是一种合作的方式，或者说是一种妥协。妥协其所以能够增进妥协双方的利益以及整个社会的利益，就是因为合作博弈能够产生一种合作剩余。这种剩余就是从这种关系和方式中产生出来的，且以此为限。至于合作剩余在博弈各方之间如何分配，取决于博弈各方的力量对比和技巧运用。因此，妥协必须经过博弈各方的讨价还价，达成共识，进行合作。

合作博弈存在的两个基本条件是：（1）集体理性：对联盟来说，整体收益大于其每个成员单独经营时的收益之和；（2）个体理性：对联盟内部而言，应存在具有帕累托改进性质的分配规则，即每个成员都能获得比不加入联盟时多一些的收益。

合作博弈的本质特点在于，合作联盟内部成员之间的信息是可以互相交换的，所达成的协议必须强制执行。这完全不同于非合作的策略型博弈中的每个局中人独立决策、没有义务去执行某种共同协议。即，合作博弈与非合作博弈的重要区别在于前者强调联盟内部的信息互通和存在有约束力的可执行契约。信息互通是形成合作的首要前提和基本条件，能够促使具有共同利益的单个局中人为了相同的目标而结成联盟。然而，联盟能否获得净收益以及如何在联盟内部分配净收益，需要有可强制执行的契约来保证。另外，能够使合作存在、巩固和发展的一个关键性因素是可转移支付（收益）的存在。即按某种分配原则，可在联盟内部成员间重新配置资源、分配收益。这就必然包含了内部成员 i 和 j 之间的利益调整和转移支付。因此，可转移支付函数（transferable payoff function）的存在，是合作博弈研究的一个基本前提条件。

6.1.3 合作博弈的基本刻画

定义 6.1（董保民等，2008） 在 n 人合作博弈中，参与人集合 $N=\{1, 2, \cdots, n\}$，N 的任意子集 S 成为一个联盟。其特征值函数 v 是从 $2^N=\{S \mid S\subseteq N\}$ 到实数集 R^N 的映射，即 $v: 2^N \to R^n$，且 $v(\phi)=0$。

N 的所有子集用 2^N 表示。空集 ϕ 和全集 N 可以看成联盟，单点集 $\{i\}$ 也是一个联盟（coalition）。

例如，一个三人博弈，就有 ϕ、$\{1\}$、$\{2\}$、$\{3\}$、$\{1, 2\}$、$\{1, 3\}$、$\{2, 3\}$、$\{1, 2, 3\}$，共有 $2^n=8$ 个联盟。

$S\in 2^N$，联盟 S 所包含的元素个数为 $|S|$，$v(S)$ 表示联盟 S 的特征函数，一个合作博弈就用有序数对（N，v）表示，参与人集合为 N 的所有博弈组成的集合

为 G^N。

例如（手套博弈）假设 N =（1，2，…，n）可以分成两个不相交的子集 L 和 R，L 中的成员拥有左手手套，R 中的成员拥有右手手套。单个手套没有任何价值，一对左右手手套具有 1 欧元的价值。这种情况可以建立一个博弈模型（N，v），其中对每个 $S \in 2^N$ 有 $v(S) = \min\{|L \cap S|, |R \cap S|\}$。

具有参与者集合 N 的合作博弈的特征函数的集合记为 G^N，若在其上定义通常意义的加法和数乘，即 $(v+w)(S) = v(S) + w(S)$，$(\alpha v)(S) = \alpha v(S)$，v、$w \in G^N$，则 G^N 形成一个 $(2^{|N|}-1)$ 维的线性空间；由无异议博弈（unanimity game）u_T 可以确定此空间的一个基，其中 $T \in 2^N \setminus \{\phi\}$，定义为：

$$u_T(S) = \begin{cases} 1, & 如果\ S \subseteq T, \\ 0, & 否则. \end{cases} \tag{6-1}$$

对每个 $v \in G^N$，有：

$$v = \sum_{T \in 2^N \setminus \{\phi\}} c_T u_T\ ,\ 其中, c_T = \sum_{S \subseteq T} (-1)^{|T|-|S|} v(S) \tag{6-2}$$

无异议博弈可以解释为：可以获得利润（或节省费用）为 1，当且仅当联盟 S 中的成员协同合作。

定义 6.2 对任意的 $i \in N$ 且 $\sum_{i=1}^{n} x_i = v(N)$，如果得益向量（payoff vector）满足 $x_i \geqslant v(\{i\})$，则称该向量为合作博弈的一个配置（allocation）。

定义 6.3（Rodica Branzei et al.，2016） 令 $v \in G^N$，对每个 $i \in N$ 和每个 $i \in S$ 的每个 $S \in 2^N$，参与者 i 对联盟的边际贡献（marginal contribution）是 $M_i = (S, v) = v(S) - v(S \setminus \{i\})$①。

定义 6.4 如果对所有满足 $S \cap T = \phi$ 的 S，$T \in 2^N$，有 $v(S \cup T) = v(S) + v(T)$，则称博弈 v 是可加的。

定义 6.5 如果对所有满足 $S \cap T = \phi$ 的 S，$T \in 2^N$，有 $v(S \cup T) \geqslant v(S) + v(T)$，则称博弈 v 是超可加的。

当任意两个联盟的交集为空集时，这两个联盟中的所有人组成的新联盟的总得益总是不小于原先的两个联盟的得益之和。

定义 6.6 令 $f: G^N \to R^n$，则 f 满足

①个体合理性（individual rationality）对所有的 $v \in G^N$ 和 $i \in N$，有 $f_i(v) \geqslant v(i)$；

---

① 此处的 v 是合作博弈（N，v）的简写，后面的 v 在不混淆的情况下相同。

②有效性（efficiency）对所有的 $v \in G^N$，有 $\sum_{i=1}^{n} f_i(v) = v(N)$；

③关于策略等价的相对不变性（relative invariance with respect to strategic equivalence）对所有的 v，$w \in G^N$，所有的可加博弈 $a \in G^N$，以及所有的 $k>0$，都有 $w = kv + a$ 蕴含 $f(kv+a) = kf(v) + a$；

④虚拟参与者性质（the dummy player property）对所有的 $v \in G^N$ 和所有 v 中的虚拟参与者（dummy player）i，都有 $f_i(v) = v(i)$，即参与者 $i \in N$ 对所有的 $S \in 2^{N \setminus \{i\}}$，都满足 $v(S \cup \{i\}) = v(S) + v(i)$；

⑤匿名性（the anonymity property）对所有的 $\sigma \in \pi(N)$，有 $f(v^{\sigma}) = \sigma \times (f(v))$；

⑥可加性（additivity）对所有的 v，$w \in G^N$ 有 $f(v+w) = f(v) + f(w)$。

定义 6.7　合作博弈（N，v）是一个凸博弈（convex game），如果对于任意 S，$T \in 2^N$，有 $v(S \cup T) + v(S \cap T) \geqslant v(S) + v(T)$；合作博弈（N，v）是一个凹博弈（concave game），如何对于 S，$T \in 2^N$，有 $v(S \cup T) + v(S \cap T) \leqslant v(S) + v(T)$，其中 $v(\phi) = 0$。

当任意两个联盟的交集不一定为空集时，这两个联盟中的所有人组成的新联盟的总得益加上其交集的联盟获得的收益，总是不小于原先的两个联盟的得益之和。

凸博弈表明，参与人对某个联盟的边际贡献会随着联盟的规模扩大而增加，即合作的规模报酬递增性。

定义 6.8　合作博弈（N，v）中，联盟 $S \in 2^N$ 的联盟红利为：

$$\Delta(S) = \begin{cases} 0, & \text{当 } S = \phi \text{ 时,} \\ v(S) - \sum_{T \subset S} \Delta(T), & \text{其他.} \end{cases} \tag{6-3}$$

联盟红利又称为海萨尼红利（Harsanyi dividend）。联盟红利的具体表达式为：

$$\Delta(S) = \sum_{T \subset S} (-1)^{|S|-|T|} v(T) \tag{6-4}$$

Harsanyi 红利可以解释为：联盟 S 形成时联盟 S 中参与者得益的增加量，即联盟 S 的联盟红利是联盟 S 获得的得益减去所有子联盟（不包含 S）的合理后剩下的那部分得益。

例如，3 人合作博弈（N，v），其特征函数 $v(\phi)=0$，$v(1)=1$，$v(2)=4$，$v(3)=3$，$v(1,2)=6$，$v(1,3)=4$，$v(2,3)=6$，$v(1,2,3)=12$，则 $\Delta(\phi)=0$，$\Delta(1)=1$，$\Delta(2)=4$，$\Delta(3)=3$，$\Delta(1,2)=1$，$\Delta(1,3)=4$，$\Delta(2,3)=-1$，$\Delta(1,2,3)=0$。

6.2 合作博弈的理论模型

6.2.1 核与相关解

定义 6.9 设向量 x 表示参与者为 $N=\{1, 2, \cdots, n\}$ 时博弈 v 的支付向量，x_i 表示分配给参与者 $i \in N$ 的数量。如果给每个参与者分配以 R^n 空间中的一个（可能为空集的）子集 f(v)，则称函数是合作博弈 v 的一个解（solution concept）。

根据定义 5.1.2 和定义 5.1.6，配置 x 的集体理性与有效性等价的，则定义分配集：

定义 6.10 博弈（N，v）的分配集（imputation）I(v) 定义为：$I(v) \equiv \{x \in R^n \mid x(N)=v(N)$，且对于 $\forall i \in N$，都有 $x_i \geqslant v(i)\}$。

根据文献（Moulin，1988）可知，大联盟未必是占优联盟，则定义：

定义 6.11 对每一个联盟 S 来讲，独立性检验要求：得益分配中，$\forall S \in 2^N$，$\sum_{i \in S} x_i \geqslant v(S)$；成本分摊中，$\sum_{i \in S} x_i \leqslant c(S)$。

该定义表明，每个联盟中的参与者得到的收益至少不得小于其单独所获得的收益；所承担的成本至少不得大于其单独所花费的成本。

定义 6.12 对每一个联盟 S 来讲，无交叉补贴要求：得益分配中，$\forall S \in 2^N$，$\sum_{i \in S} x_i \leqslant v(S) - v(S \setminus i)$；成本分摊中，$\sum_{i \in S} x_i \geqslant c(S) - c(S \setminus i)$。

该定义表明，每个联盟中的参与者得到的收益至少不得大于其为联盟带来的边际收益；所承担的成本至少不得小于其给联盟带来的边际成本。

根据定义 6.10，I(v) 的一些子集作为解概念，（集值）解概念是博弈的核心。能够通过独立性检验的配置就是核配置，则定义博弈 v 的核 C(v) 为：

定义 6.13（Gilies，1953） $C(v)=\{x \in I(v) \mid \sum_{i \in S} x_i = v(S)$，对所有 $S \in 2^N \setminus \phi$ 成立$\}$ 或 $C(v) \equiv \{x \in R^n \mid x(N)=v(N)$，且对于 $\forall S \in 2^N \setminus \phi$，都有 $x(S) \geqslant v(S)\}$。

该定义表明，能够通过独立性检验的分配方案一定在核中，即核中分配使得任何联盟 S 都没有能力推翻它（分裂的动机）。进一步讲，核中的配置不仅满足个体理性和集体理性，而且满足联盟理性（coalitional rationality），即任何联盟的得益都不小于其离开核配置而独立出来所能获得的得益。

由文献可知（Moulin，1988；Shapley，1979），一般来讲核配置存在非唯一性，并且经常是空集。核非空的必要条件是该博弈为超可加的。

定义 6.14　由 N 的非空子集所组成的集合（collection）B 是一个平衡的集合（balance collection），如果对于 $\forall S \in B$，总存在正数 λ_S，使得 $\sum_{S \in B} \lambda_S 1_S = 1_N$ 成立。其中，λ_S 为 B 中元素 S 的权重（weight），且 λ_S 是由 0 或 1 组成的向量，与 S 中的元素相对应的为 1，否则为 0。

例如，$N = \{1, 2, 3\}$，$B = \{\{1, 2\}, \{3\}, \{1, 2, 3\}\}$，$\lambda_S = (1/3, 1/3, 1/3)$。由 $1/3 \times (1, 1, 0) + 1/3 \times (0, 0, 1) + 2/3 \times (1, 1, 1) = (1, 1, 1)$ 得，B 是一个平衡集合。

定义 6.15　合作博弈（N，v）是一个平衡博弈（balance game），如果对于任意平衡的集合 B 及其权重 $\{\lambda_S\}_{S \in B}$，总有 $v(N) \geqslant \sum_{S \in B} \lambda_S v(S)$。

定理 6.1　（Bondareva，1963）（Bondareva－Shapley Theorem，B－S 定理）合作博弈（N，v）的核非空，当且仅当该博弈是平衡的。

证明：根据定义 6.13，令 $\sum_{i \in S} x_i = x(S)$，又根据定义 6.14，对于合作博弈（N，v）的一个配置 x，任意平衡的集合 B 及其权重 $\{\lambda_S\}_{S \in B}$，则有：$v(S) \leqslant \sum_{i \in S} x_i = x(S) \Rightarrow \lambda_S v(S) \leqslant \lambda_S \sum_{i \in S} x_i = \lambda_S x(S)$。

对所有不等式两边求和，得：

$$\sum_{S \in B} \lambda_S v(S) \leqslant \sum_{S \in B} \sum_{i \in S} \lambda_S x_i = \sum_{S \in B} \lambda_S x(S) = \sum_{i \in N} \sum_{i \in S} \lambda_S x_i = v(N)$$

符合定义 6.15，证毕。

定义 6.16（Rodica Branzei et al.，2016）　博弈 $v \in G^N$ 的韦伯（Weber）集 W(v) 是对应于 n! 个排列 $\sigma \in \pi(N)$ 的 n! 个边际向量 $m^\sigma(v)$ 的凸包。其中，$m^\sigma(v)$ 是这样的向量，对每个 $k \in N$，

$m^\sigma_{\sigma(1)}(v) := v(\sigma(1))$，

$m^\sigma_{\sigma(2)}(v) := v(\sigma(1), \sigma(2)) - v(\sigma(1))$，

……

$m^\sigma_{\sigma(k)}(v) := v(\sigma(1), \sigma(2), \cdots, \sigma(k)) - v(\sigma(1), \sigma(2), \cdots, \sigma(k-1))$。

支付向量 m^σ 可以这样产生：令参与者们按照 $\sigma(1), \sigma(2), \cdots, \sigma(n)$ 的顺序一个接一个进入同一个房间，并且给每个参与者一个由他自己进入房间时所产生的边际贡献。

以第 7 章的数据例子说明，{昌，九，宜} = 8771526，{昌，九} = 6126828，{昌，宜} = 8173733，{九，宜} = 3242490，{昌} = 5515260，{九} = 564147，

{宜} =2617589，设一个排列 σ = {九，宜，昌}，则有：

$m^{\sigma}_{昌}$ (v) = {昌，九，宜} - {九，宜} =2644698，$m^{\sigma}_{宜}$ (v) = {九，宜} - {九} = 2678343，$m^{\sigma}_{九}$ (v) = {九} - {九} =0

则支付向量 m^{σ} = (2644698，2678343，0)。同理可求得其他边际向量。

由科尔和韦伯集的定义可知，$C(v) \subset W(v)$，W(v) 而且必定非空。对于凸博弈来说，凸博弈的 W(v) 就是其 C(v)。

定义 6.17 配置 x 通过联盟 S 直接占优于（directly dominante）配置 y(记为 $x >^{S}_{D} y$)，如果 $x(S) > y(S)$ 且 $x(S) = v(S)$，$x \in I(v)$。

定义 6.18 配置 x 通过联盟 S 间接占优于（indirectly dominante）配置 y（记为 $x >_{I} y$），如果 I(v) 中存在有限个配置（y_1，…，y_m），同时存在有限个联盟（S_0，…，S_m），满足：$y_1 >^{S_0}_{D} y$；$y_{j-1} >^{S_{j-1}}_{D} y_{j-1}$，对于 j =2，…，m；$x >^{S_m}_{D} y_m$。

此处的“占优”不是严格意义上的，只要改善联盟中有参与者情况严格变好而没有参与者严格变坏，不要求所有参与者都严格变好。当严格不等式成立时才为严格占优。

定义 6.19 合作博弈（N，v）的解集符合内部稳定性，如果该集合内的任何配置都不会通过联盟 S 占优于该集合内的其他配置。

定义 6.20（Neumann and Morgagenstern，1944） 合作博弈（N，v）的解集符合外部稳定性，如果对于集合外的任何配置，联盟 S 都存在某配置占优于该集合外的配置。

当且仅当既符合内部稳定性和外部稳定性时，合作博弈（N，v）的解集称之为稳定集。

6.2.2 Shapley 值

Shapley 值是合作博弈 v 的单点解（Tijs，2005）。

定义 6.21 对于一个博弈 $v \in G^N$，Shapley 是博弈的边际向量的平均值，记作 $\varphi(v)$，即

$$\varphi(v) = \frac{1}{n!} \sum_{\sigma \in \pi(N)} m^{\sigma}(v) \tag{6-5}$$

由定义 5.3，每一位参与者的 Shapley 值就是

$$\varphi_i = \sum_{S \in N} \frac{(n - |S|)!(|S| - 1)!}{n!} [v(S) - v(S \setminus \{i\})] \tag{6-6}$$

其中，φ_i 是博弈方 i 的 Shapley 值，指博弈方 i 从联盟中分配到的利益；n 是联盟博

弈的总人数；$|S|$为联盟 S 的规模，即 S 包含的博弈方数量；$v(S)$ 表示联盟 S 的利益；$v(S\backslash\{i\}$ 表示联盟中没有 i 参加时的利益；$v(S)-v(S\backslash\{i\}$ 代表博弈方 i 参与或不参与联盟对联盟 S 特征函数值的影响，即对联盟的贡献；$(n-|S|)!(|S|-1)!/n!$ 表示博弈方 i 以随机方式参与联盟 S 的概率。

按照定义 5.6，Shapley 值满足可加性、匿名性、虚拟参与者性质和有效性。

定理 6.2 （Shapley，1953）解 $f: G^N \to R^n$ 满足可加性、匿名性、虚拟参与者性质和有效性当且仅当它是 Shapley 值。

证明略（Shapley，1953）。

该定理说明，Shapley 值是满足可加性、匿名性、虚拟性和有效性的唯一解。

定义 6.22 （N，v）和（N，w）是参与人集合相同的两个博弈。对于 $i \in N$，如果 $v(S\cup\{i\})-v(S)=w(S\cup\{i\})-w(S)$，$i \notin S$，则 $\varphi_i(v)=\varphi_i(w)$。这样的解称为满足边际性（marginality），或称为强单调性（strong monotocity）。

Shapley 值的一个重要假设是对称性，即合作博弈中每个参与者的 Shapley 值等于他对其他参与者子集合的边际贡献的加权平均值（Shapley，1953b）。该假设认为参与者是没有个体特征和偏好的，或者说是同质的。这是不符合实际情况的。参与者的议价能力差异（Shapley，1953；Shapley，1997；Kalai & Samet，1987；Chun，1991）、沟通问题（Winter，2002）、盈利能力（Shapley，1981a；Nowak and Radizik，1995）等都可能会破坏对称性的假设。为了处理这种况，Shapley（1953a）在提出（对称）Shapley 值的同时也提出了加权 Shapley 值的概念。Shapley（1953a）通过一个正值权重向量 $w \in R^n_{++}$ 定义了正值加权 Shapley 值。很多学者进行了对这一概念改进（Kalai & Samet，1987；Owen，1968；Owen，1972；Guillaume Haeringer，2006）。

根据定义 6.1，以及文献（Kalai & Samet，1987）可知，Shapley 值 $\varphi: G^N \to E^N$ 的映射，如果 $i \in S$，则 $\varphi_i(u_S)=1/|s|$；否则，$\varphi_i(u_S)=0$。直观上讲，在无异议博弈 u_S 中，任意包含联盟 S 的联盟都可以在其成员间平均分配，即各参与者权重相同。对于 $i \notin S$，因为联盟 S 外的参与者对于他们参与的联盟没有任何边际贡献，则 $\varphi_i(u_S)=0$。所以，加权 Shapley 值就允许联盟内部的不对称分布，即存在一个权重 $\lambda=\{\lambda_i\}i \in N$，使得 u_S 的参与者都根据相应的权重来分得得益。

定义 6.23 设权重体系 $w=(\lambda, B)$，$\lambda \in E^N_{++}$，$B=(S_1, S_2, \cdots, S_m)$ 是参与者集合 N 的一个有序分割（ordered partition）。如果 B =（N），则 w 成为简单权重体系（simple weighted systems）。

权重体系为 w 的加权 Shapley 值 $\varphi_w: G^N \to E^N$ 是对于每个无异议博弈 u_S，令 $\bar{S}=S\cap S_k$，$k=\max\{j \mid S_j \cap S \neq \phi\}$，如果 $i \in \bar{S}$，则

$$(\varphi_{\omega})_i(u_S) = \frac{\lambda_i}{\sum_{j \in S} \lambda_j} \tag{6-7}$$

否则 $(\varphi_w)_i(u_S)=0$。

由式（6-7）可知，相对于 $S_j(j>i)$ 来说，S_i 中参与者的权重为 0；当且仅当对于无异议博弈 $S_j(j>i)$ 中没有参与者属于联盟 S 时，S_i 中参与者的权重才为正；当且仅当 $w=(\lambda,(N))$，且 λ 是（1，1，…，1）的整数倍向量时，是对称性 Shapley 值。

加权 Shapley 的权重体系是外生的。即它不是由值函数所决定的，而只是在考虑在权重给定的情况下，收益（成本）在参与者间的分配（分摊）。

定义 6.24 学者们（Kalai & Samet，1987；Nowak & Radizik，1995）设合作博弈（N，v）参与者的权重 $w=(w_1, w_2, \cdots, w_n)$，则其加权 Shapley 值为

$$\varphi_{\omega}(v) = \sum_{S \subseteq N; i \in S} \frac{\omega_i}{\omega(S)} \Delta(S), \forall i \in N \tag{6-8}$$

其中，$\Delta(S)$ 的取值见定义 6.8。

式（6-8）是计算加权 Shapley 值的代数方法，可以帮助理解 Shapley 值和加权 Shapley 值的区别；另一种是随机排序方法，权重系统可以衍生出参与者排序的概率分布，加权 Shapley 值就是这种概率分布下参与者对其他子联盟边际贡献的期望值。随机排序方法对加权 Shapley 值有着直观的解释意义。

根据定义 6.16，令 π 表示联盟 N 中所有参与者的排序的集合。对于 $\sigma \in \pi(N)$ 和 $i \in N$，令 $A^{\sigma,i}$ 表示满足 $j \in N$ 和 $\sigma(j)<\sigma(i)$ 的集合，也就是在排序 $\sigma \in \pi(N)$ 中排在 i 之前的参与者集合。每一个排序 $\sigma \in \pi(N)$ 决定了一个边际贡献向量：

$$\begin{aligned} m^{\sigma}(v) &= (m_1^{\sigma}(v), m_2^{\sigma}(v), \cdots, m_n^{\sigma}(v)) \\ &= (v(A^{\sigma,1} \cup \{1\}) - v(A^{\sigma,1}), \cdots, v(A^{\sigma,n} \cup \{n\}) - v(A^{\sigma,n})) \end{aligned} \tag{6-9}$$

一个权重体系 $w=(\lambda, S)$，$\lambda \in R^n_{++}$，$S=(S_1, S_2, \cdots, S_h)$ 是参与者集合 N 的一个有序分割，使得对于 $h=1, 2, \cdots, k$，都有 $\sum_{i \in Sh} \lambda_i = 1$。令 π_S 表示 N 中参与者的所有满足以下条件的排序集合，使得 S_i 中的所有参与者都排在 S_{i+1} 中所有参与者的前面，其中 $i=1, 2, \cdots, h-1$。这样，每个排列 $\sigma \in \pi_S$ 都可以表示成 $\sigma=(\sigma_1, \sigma_2, \cdots, \sigma_h)$，其中 $\sigma_i \in \pi(S_i)$，$i=1, 2, \cdots, m$。对于 $S \in N$ 和 $\lambda \in R^n_{++}$，定义排序集合 $\pi(S)$ 上的概率分布 P_λ 如下：

$$P_{\lambda}(\sigma) = \overset{|S|}{\underset{j=1}{\sigma}} \frac{\lambda_{i_j}}{\sum_{k=1}^{j} \lambda_{i_k}} \tag{6-10}$$

对于权重体系 $w=(\lambda, S)$，定义在 π 上的概率分布 P_w 如下：

$$P_{\omega}(\sigma)=\begin{cases}\sigma_{h=1}^{k}P_{\lambda_{S_h}}(\sigma_h), & \text{如果 } \sigma=(\sigma_1,\cdots\sigma_k)\in\pi_S,\\ 0, & \text{其他}.\end{cases} \tag{6-11}$$

其中，λ_{Si}是在 π 上的投影。则有概率形式的加权 Shapley 值：

$$\varphi_i^{\omega}(\omega, v)=\sum_{\sigma\in\pi(N)}P_{\omega}(\sigma)[v(A^{\sigma,i}\cup i)-v(A^{\sigma,i})] \tag{6-12}$$

式（6-12）表明，加权 Shapley 值是参与者 i 关于联盟 N 上所有排序的概率分布 P_w 对其他所有子联盟的边际贡献的期望值。

加权 Shapley 值的性质公理描述：

（1）有效性（efficiency）：$\varphi(v)(N)=\sum_{i\in N}\varphi_i(v)=v(N)$；

（2）可加性（additivity）：$\varphi(v+w)=\varphi(v)+\varphi(w)$；

（3）非负性（positivity）：如果 v 是单调博弈，即 $T\subseteq S\Rightarrow v(T)\subseteq v(S)$，则 $\varphi(v)\geqslant 0$；

（4）虚拟性（dummy property）：如果 i 是虚拟参与者，即对于 $\forall S$，$v(S\cup\{i\})=v(S)$，则 $\varphi_i(v)=0$；

（5）合伙一致性（partnership consistency）：如果 S 是博弈 v 中的一个联盟（coalition），那么对于 $\forall i\in S$，都有 $\varphi_i(v)=\varphi_i(\varphi(v)(S)u_S)$。

第7章 环境污染协同治理的清晰联盟合作博弈

7.1 卡尔多—希克斯改进的收益分配政策模型

英国经济学家尼古拉斯·卡尔多（Nicholas Kaldor）于1939年发表的经典论文《经济学福利命题与个人之间的效用比较》中提出以“虚拟的补偿原则”作为社会福利的检验标准，即市场价格总是变化的，价格变动肯定会影响相关主体福利状况，但只要社会总收益大于社会总损失，就表明总福利已经实现了增进（徐志伟，2012）。英国经济学家约翰·希克斯（John Hicks）在此观点上进一步提出，衡量一项政策制度的可实施性标准在于，一要这项制度安排能提高一些人的效用水平，二要受益者的收益能够补偿受损者的所失且有剩余，从而可以说整体的效益实现了改进；或者尽管在短时间内某些人会受损，但从长时期来看，政府的一项经济政策能够提高全社会的生产效率，或者经过较长时间后，所有的人的境况都会由于社会生产率的提高而“自然而然地”获得补偿。这就是“卡尔多－希克斯改进”。比较来讲，按照帕累托标准，“当一项变革在没有任何人处境变坏的情况下，使得至少有一个人处境变得更好，这个改革就是一个好的变革，是一项‘帕累托改进’。”而卡尔多－希克斯最优是福利经济学中较为宽松的最优状态，可以“既有受益者也有受损者，但是要求受益者的所得大于受损者的损失（黄有光，2005）。”

在整个区域空气污染地方政府协同治理的过程中，公共价值是治理的全部内容，贯彻的原则是公共价值最大化。因此，区域空气污染合作治理政策的卡尔多－希克斯改进需要考虑的是：受益者是谁以及收益次序问题，即政策价值所追求的首先是提高环境质量，使得区域大多数民众身体的健康福利，其次才是经济收益。一方面，由于空气污染具有空间扩散效应，环境容量资源是公共资源，区域内不合作的地区可以通过搭便车的方式从另外一个地区治理污染中分享环境质量的好处，因而没有动力去采取措施来减少污染排放；而采取合作策略的地区则需要额外支付由于其他地区通过扩散效应所增加的环境污染的费用，相应地，其收益也因此而减少。这就需要建立一种机制，让不合作的一方由于选择不合作的环境政策所增加的收益部分或全部被转移支付给合作的一方，即财政转移支付政策或排污权交易。另一方面，由于不同地区的资源禀赋、区位条件、技术水平、污染治理能力（比如，从《江西统计年鉴》上看，各个地区的废气处理能力是不同的）、民众环保素质以及发展基点、速度与优势等因素存在差异而地区之间所获得的收益必然也存在差异，如有些资源禀赋好的地区的民众身体状况好、社会福利高；行政人员因经济发展快而得到政治晋升的机会多，等等。如果在区域空气污染协同治理这一过程中采取纵横向补偿政策，有些地区的一部分或者是全部人可能会因为这一政策而受到实际收益的损害。根据亚当斯的公平理论，人们都是用主观的判断来看待是否公平的，他们不仅是关注绝对值，还关注相对值。而按照卡尔多　希克斯标准，这种政策施行如果能够使得整个社会收益增大，变革也可以进行，无非是如何确定补偿方案的问题，即设计财政转移支付补偿方案。并且即使这种财富转移方式是非自愿的，只要把整个区域当成一个整体时整个区域的收益增加，这种政策就是可取的。如果用数学式子来表达，那就是：假设实行政策所导致的所有成本（受损）设为C，所有收益设为R，那么区域空气污染地方政府合作协同治理的卡尔多－希克斯改进I为：$I=R-C$，且$I>0$。

7.2　合作收益分配原则

任何经济组织都必须首先解决两个问题：价值创造和价值分配。一般来说，合作参与者都是相对独立的经济实体，他们参与合作的强大动力都源于自身收益最大化，获取合作剩余是所有参与者所追求的目标。这势必产生一些收益冲突。因而需要进行收益分配的原则性设计。收益分配方法有很多，其中平均分配法、投入资源比例分配法、承担风险和投资额之比分配法、协商谈判法是常用的四种。而区域空气污染地方政府协同治理所创造的价值属于公共价值的范畴；不可分性的价值有公正、公平等，可分性的价值有治理成本与收益、污染降低量以及风险减少量等。因此，要实现卡尔多－希克斯改进，首先要以公共价值为导向，从可分性和可视化的角度来进行区域空气污染协同治理收益分配原则进行构想和设计。

7.2.1 合作剩余的合理性

在空气污染、GDP与官员晋升呈正相关的情况下，地方政府参与合作的缘由是出于对合作剩余的预期，如污染程度降低、合作能力提升、物质与人力等资源优化配置、政治晋升等。这些收益单靠个体的资源和能力是不能获取的。因此，在考虑每个参与者的资源和能力贡献条件下，为了协调个体收益和集体收益，任意参与者进行联盟时，合作收益至少是单独收益之和，所分配收益至少要与个体单干相当，尽量使得分配损失最小，保证分配合理、公正、公平，否则，个体就不会加入协同网络，或者是形式上的协同治理状态；各地区合作联盟应该分割完全部的合作收益，除非事先预留后面的可持续性合作；对任何联盟未作出贡献的地区不参与合作收益分配；每个参与者在同一联盟里的地位是平等的，与其位置无关。

7.2.2 风险与收益的对等性

空气污染治理需要大量的人力物力投入。这些在现有的技术、能力、制度变化等条件下合作治理主体会承担某种程度上的风险。并且从投入与风险的角度看，投入大，风险大，所获得的收益也大。因此，在风险考量的基础上进行收益合理分配，并在合作协议中设计好方案，或者上级政府进行风险补偿。

7.2.3 成本与收益的对称性

由于合作剩余产生于不同参与者投入的资源数量和组合方式，成本—效益核算是每个参与者所进行的收益分析原则。也就是说，每个参与者都会这样考虑：我投入的资源（包括治理资金、设备和人力资源等）大于另一个参与者投入的资源，我获得的收益应该大于投入少的参与者的收益。这是合作收益分配的一个基本原则。否则协同网络运行将是不稳定的，或者是虚置的。

7.3 环境协同治理联盟结构的非线性规划模型

区域空气污染地方政府合作治理中的收益构成主要包括经济收益与政治收益（政治晋升）。从收益可分割性看，政治利益是不可分割的。可分割的经济收益在此文中用工业产值表示，因为工业产值与污染物产生量具有非线性关系（John A. L. & Charles F. M.，2001；Shuhua Chang et al.，2018）。在我国实行环境污染排放物总量控制的制度下，以污染治理成本为参照来进行合作收益分配设计更具可行性与简易性。这一点由美国、德国等西方发达国家的治理污染经验可得到证明。

7.3.1　环境成本

狭义地讲，环境成本是指“本着对环境负责的原则，为管理企业活动对环境造成的影响而被要求采取的措施成本，以及因企业执行环境目标和要求所付出的其他成本”（祝立宏，2001）。按照美国管理委员会的定义，具体包括：（1）环境损耗成本（环境污染本身导致的成本或支出，如废气致人身健康受害）；（2）环境保护成本（为了将自己和污染隔离开来而发生的费用）；（3）环境事务成本（为了对环境进行管理而发生的收集环境污染情报、测算污染程度、执行污染防治政策而发生的各种费用）；（4）环境污染消除费用（为了消除现有的环境污染而发生的费用，如废气处理的费用）（王幼莉，2003）。广义地讲，按照联合国统计署（UNSO）的定义，环境成本是因自然资源数量消耗和质量减退而造成的经济损失；环保方面的实际支出，即为了防止环境污染而发生的各种费用和为了改善环境、恢复自然资源的数量或质量而发生的各种支出。赵来军（2009）指出，在无生态补偿的情况下，地区的环境成本由污染物削减成本和环境损害成本两部分组成。其中，特别强调的是环境损害成本（或者称环境经济损失），它是指“各种人类活动对环境系统的破坏、损害等导致环境系统质量、数量和功能下降，进而对人类社会产生不利影响，对所有这些损害和不利影响造成的损失的货币估值即是环境系统经济损失（叶兆木，2007）。”

7.3.2　基本假设

假设7.1　各地区认为协同治理污染会带来剩余价值。出于公共利益人的考虑，肯定将一定资源全部投入联盟中，从而形成预期收益清晰的联盟，并且合作收益是一个实数值，可以在成员间转移支付。区域环境涉及 n 个地区，每个地区作为一个博弈参与者，所有参与者集合为 $N=\{1, 2, \cdots, n\}$，N 的全部清晰联盟子集所组成的集合记为 $G(N)$，$G(N)$ 中的任一元素 S_N 都表示一个联盟。一个参与者对于一个联盟 S_N 的隶属度范围为 $\{0, 1\}$，即该局中人只有完全参加联盟 S_N（隶属度为1时），或完全不参加联盟 S_N（隶属度为0时）两种情况。

假设 7.2 根据工业统计数据特征及相关文献研究，假定污染物处理成本与去除量的关系为固定弹性关系。根据文献（Dasgupta et al.，1997；曹东等，2009；Jean－Pierre Amigues & Tunc，Durmaz，2019；薛俭等，2014；任广军等，2019）的研究成果，地区 i 的污染物处理中，将两者关系用数学表达如下：

$$C_{ik} = \lambda_{i1} \cdot W_i^{\lambda_{i2}} \cdot P_{ik}^{\lambda_{i3}} \tag{7-1}$$

其中，C_{ik}为地区 i 污染治理成本（万元），W_{ik}为第 k 种污染物排放量（万吨），λ_{i1}、λ_{i2}、λ_{i3}为常量。

假设 7.3 在国家环境保护的宏观政策下，国家当年下达到地区 i 的污染物排放总量相对保持不变，即变量 W_{ik}是外生变量，可以假设变量 W_{ik}为常量。令 $\lambda_{i0} = \lambda_{i1} \times W_i^{\lambda_{i2}}$，则有：

$$C_{ik} = \lambda_{i0} P_{ik}^{\lambda_{i3}} \tag{7-2}$$

假设 7.4 依据国家环境污染总量控制，地区 i 在实践中弹性执行这种环境政策，默认其环境容量可容纳当年国家分配的污染物排放定额量。假设 δ_{ik} 为地区 i 的污染容许因子，反映环境管制强度，则：

$$P_{iko} - P_{ik} \leqslant \delta_{ik} \cdot P_{ikd} \tag{7-3}$$

其中，P_{iko}是地区 i 的年污染物产生量，P_{ikd}是国家规定排放的地区 i 年排放配额。

假设 7.5 在现有技术条件下，污染物产生量越多，说明工业产量越高，或因节约去除成本而使得工业生产成本越低，因此工业产值越高。根据地区 i 统计数据特征及文献（Shuhua Chang et al.，2018）成果，假定地区 i 的工业产值 $\pi_{ik}(P_{iko})$（亿元）与污染物产生量 P_{iko}呈二次函数关系。由于当年污染物产生量一定下，这种关系实质上是与去除量 P_{ik}有关。地区 i 的当年工业收益 R_{ik}等于当年工业产值 π_{ik}与含主营业务成本、税金等成本 C_{in}和去污成本 C_{ik}之差。

$$\sigma_{ik}(P_{iko}) = \omega_{ik1} P_{iko}^2 + \omega_{ik2} P_{iko} + \omega_{ik3} \tag{7-4}$$

$$R_{ik} = \pi_{ik}(P_{iko}) - C_{ik} - C_{in} \tag{7-5}$$

其中，ω_{ik1}、ω_{ik2}、ω_{ik3}为参数。

假设 7.6 各地区污染物处理设施处理能力由政治、经济、技术等条件所限制。据统计年鉴记载，存在最大污染处理能力和最小处理能力。因此假定地区 i 的年最大处理能力系数为 ξ_i（万吨/年），年最小废气处理能力系数为 ζ_i（万吨/年），则有：

$$\xi_i P_{iko} \leqslant P_{ik} \leqslant \varsigma_i P_{iko} \tag{7-6}$$

7.3.3 污染协同治理联盟结构优化模型

定义 7.1 如果（N，v）满足 $v(S) \geqslant v(S) + v(T)$，任意 S，$T \in G(N)$，

$S \cap T = \phi$，则称（N，v）是超可加合作对策。将超可加合作对策的全体记为 G^N。N 的划分 $B = \{B_1, B_2, \cdots, B_m\}$ 称为关于 N 的清晰联盟结构。

根据定义 7.1，区域污染协同合作治理联盟结构具有 2^n 个。对于南昌九江宜春三市合作治理来说，则 B = {{南昌，九江，宜春}，{(南昌，九江)，宜春}，{(南昌，宜春)，九江}，{南昌，(九江，宜春)}，{南昌}，{九江}，{宜春}，φ}。

根据假设 7.1，要使得这些联盟结构达到最优化，可以借鉴德国“金罩”、美国“大泡泡”环境政策，运用环境污染控制总量工具，允许合作地区的污染物排放量之和不超过配额总量视之为环境达标。设其数学表达式为：

$$\sum_{i=1}^{n}\sum_{k=1}^{n} P_{iko} - \sum_{i=1}^{n}\sum_{k=1}^{n} P_{ik} \leqslant \sum_{i=1}^{n}\sum_{k=1}^{n} P_{ikd} \tag{7-7}$$

特别地，当参与者的当年污染物去除总量不小于国家环境污染许可配额限制条件下的去除总量时，即实去除总量大于应去除量，则式（7－7）右边就是各地区当年污染物去除量总和。

同时，环境合作治理收益表现为环境质量的提高，最为直接的关注点在于治理成本。就治理成本而言，污染物去除成本包括直接成本（一般由治理投资、污染物处理设施运行成本等）和间接成本（环境损害成本和转移成本等）。由于环境损害成本难以精确计算，统计年鉴仅记载污染物治理设备投资及其运行费用，不考虑环境损害成本就更容易促成合作治理联盟。但是，由于各地区的资源禀赋、位置、文化等不同，合作时会呈现多种联盟结构。相应地，n 个参与者的合作治理总收益 R 目标函数为：

$$\max R = \sum_{i=1}^{n}\sum_{k=1}^{n} \pi_{ik}(P_{ik}) - \sum_{i=1}^{n}\sum_{k=1}^{n} [C_{ik}(P_{ik}) + C_{in}] \tag{7-8}$$

综上所述，最优联盟结构的非线性规划模型为：

$$\begin{cases} \max\limits_{P_{1k}, P_{2k}, \cdots, P_{nk}} R = \sum_{i=1}^{n}\sum_{k=1}^{n} \pi_{ik}(P_{ik}) - \sum_{i=1}^{n}\sum_{k=1}^{n} [C_{ik}(P_{ik}) + C_{in}] & i \in S_N \\ R_{ik} = 0 & i \notin S_N \end{cases}$$

$$\text{s.t.} \quad P_{iko} - P_{ik} \leqslant \delta_i \cdot P_{ikd}$$

$$0 \leqslant P_{iko} \leqslant P_{ikd} + P_{ik}$$

$$\xi_i P_{iko} \leqslant P_{ik} \leqslant \varsigma_i P_{iko}$$

$$\sum_{i,k=1}^{n} P_{iko} - \sum_{i,k=1}^{n} P_{ik} \leqslant \sum_{i,k=1}^{n} P_{ikd} \tag{7-9}$$

7.4 污染治理联盟合作博弈模型与实证

7.4.1 基本假设

假设7.7 参与者将全部资源投入联盟中。假设跨域环境涉及n个地区，每个地区作为一个博弈参与者，所有参与者集合为$N=\{1, 2, \cdots, n\}$，N的全部联盟的集合记为$G(N)$。$G(N)$中的任一元素S_N都表示一个联盟。并且假设合作收益可以在联盟成员间转移支付。

假设7.8 参与者对联盟的预期收益是清晰的，即它是一个实数值。

7.4.2 清晰联盟合作博弈Shapley值函数（Rodica Branzei et al., 2008）

1. 有效性

对于合作博弈（N，v）的任意承载T，都有：

$$\sum_{i \in T} \varphi(v)_i = v(T)$$

$$v(T) = v(N \cap T) = v(N)$$

$$\sum_{i \in T} \varphi(v)_i = \sum_{i \in N} \varphi(v)_i = v(N) \quad (7-10)$$

它是指全体博弈方的夏普里值之和分割完相应联盟的价值，即特征函数。

2. 对称性

θ是N上的某个排列，使得$v(\theta S) = v(S)(S \subseteq N)$，则有：

$$\varphi_{i\theta}(v) = \varphi_i(v) \quad (7-11)$$

它说明，指博弈的夏普里值与博弈方的排列次序无关，或者说各博弈方的地位是平等的。

3. 哑元性

设$F(i) = \{S \mid i \in Supp(S), S \in G(N)\}$，若对于任意$S \in F(i)$，均有$v(S) = v(S \setminus \{i\})$，则$\varphi_i(v) = 0$，其中“\”表示参与者退出联盟。

4. 可加性

合作博弈（N，v）与（N，μ），若任意$S \in G_0(N)$满足$(v+\mu)(S) = v(S) +$

$\mu(S)$，则有：

$$\varphi_i(v+\mu)=\varphi_i(v)+\varphi_i(\mu) \tag{7-12}$$

两个独立的博弈方合并时，合并博弈的夏普里值是两个独立夏普利值之和。

如果满足夏普里值的这三个公理，则 Shapley 法就可求出合作博弈的唯一解：

$$\varphi_i=\sum_{S\in N}\frac{(n-|S|)!(|S|-1)!}{n!}[v(S)-v(S\setminus\{i\})] \tag{7-13}$$

7.4.3　数值计算

1. 数据来源与参数取值

依据数据的可获得性，2001～2011 年江西统计年鉴和中国环境年鉴的统计数据，以南昌、九江、宜春三市合作治理 SO_2 为对象，利用 Evicws 6.0 软件进行回归求出各市 SO_2 的去除成本函数及相关检验（见表 7－1）：

南昌市 SO_2 去除成本函数为：$C_1=20.09*P_1^{0.671}$

九江市 SO_2 去除成本函数为：$C_2=56.77*P_2^{0.557}$

宜春市 SO_2 去除成本函数为：$C_3=1.69*P_3^{0.835}$

表 7－1　　回归检验结果

回归结果	南昌	九江	宜春
t－test	5.847	3.28	3.409
P	0.0002	0.009	0.0143
R^2	0.792	0.745	0.659
DW	2.18	1.356	2.12

注：（1）C 的单位为万元，P 的单位为吨；（2）当 $d_U\leqslant DW\leqslant 4-d_U$ 时，模型中不存在一阶自相关。当 $n=11$，$k=1$ 时，$d_L=0.927$，$d_U=1.324$，九江市的回归变量不存在自相关；（3）回归方程都通过检验。

同样对式（7－4）进行回归可得，$\omega_{ik1}=0.006$、$-7.841E-8$、0.001；$\omega_{ik2}=-224.717$、0.008、-173.068；$\omega_{ik3}=5704709.915$、57488.413、5672843.431。

“十二五”时期，江西省 SO_2 排放分配总量为 57 万吨，假设省政府按年产生量比例分配给三市的工业 SO_2 配额，则 P_{ikd} 分别为 20141.92 吨、52006.95 吨、42706.07 吨，P_{iko} 分别为 90030 吨、255315 吨、189204 吨；$\pi_{ik}=44674987$ 万元、35156906 万元、25295648 万元；$C_{im}=38167254$ 万元、33938157 万元、22431430 万元，$C_{in}=965939$ 万元、574399 万元、199220 万元。

借鉴浙江地区排污权交易的经验、文献（薛俭等，2014）的研究成果，根据2013年江西统计年鉴、环境公报中的数据，取 $\delta_i = 1.8$，$\xi_i = 0.4$，$\zeta_i = 0.9$。

2. 清晰联盟合作收益及分配计算

根据式（7-9），三市合作最优大联盟结构的非线性规划模型[①]为：

$$\max = 8851142 - 20.09 \times P_1\hat{}0.571 - 56.77 \times P_2\hat{}0.557 - 1.69 \times P_3\hat{}0.835$$

$$\begin{aligned} s.t.\ & 328258 = P_1 + P_2 + P_3 \\ & 327811 <= P_1 + P_2 + P_3 \\ & 36255.46 <= P_1 \\ & 93612.51 <= P_2 \\ & 76870.93 <= P_3 \\ & 36012 <= P_1 <= 81027 \\ & 102126 <= P_2 <= 229784 \\ & 75681.6 <= P_3 <= 170284 \end{aligned}$$

利用 Lingo V14.0 软件求得非线性规划的解，同理求得不同联盟结构下各地区的最优收益（见表7-2）。

表7-2　最优联盟收益　单位：吨；万元

联盟地市	实际去除量	最优去除量	实际成本	优化成本	节约成本	原收益	优化收益	收益差
南昌	49274	81027	26534	12759	13775	5515260	5529035	13775
九江	161495	170360	80203	46558	33645	564147	597792	33645
宜春	117489	76871	47409	20300	27109	2617589	2644698	27109
合计	328258	328258	102417	79616	22801	8696996	8771526	74530
南昌	49274	81027	26534	12759	13775	5515260	5529035	13775
九江	161495	129742	80203	46558	33645	564147	597792	33645
合计	210769	210769	106737	59316	47421	6079407	6126828	47421
南昌	49274	81027	26534	12759	13775	5515260	5529035	13775
宜春	117489	85736	47409	20300	27109	2617589	2644698	27109
合计	166763	166763	73943	33059	40884	8132849	8173733	40884
九江	161495	202113	80203	46558	33645	564147	597792	33645
宜春	117489	76871	47409	20300	27109	2617589	2644698	8629
合计	278984	278984	127612	66858	60754	3181736	3242490	42274

注：最终数据都保留到整数。
资料来源：利用 Lingo V14.0 软件计算可得。

① 同理可以得到其他联盟的规划模型，此处略。

从表7-2可以看出，规划下的最优联盟结构是大联盟，合作收益最大，高达8771526万元，增量也最大，达到74530万元；各联盟合作收益符合Shapley值三个公理，则可根据式（7-13）计算收益分配如表7-3所示。

表7-3　清晰联盟收益分配　单位：万元

联盟S	{南九宜}	{昌九}	{昌宜}	{九宜}	{南昌}	{九江}	{宜春}
V（S）	8771526	6126828	8173733	3242490	5515260	564147	2617589
南昌	940876.77	5538971	5535702	0	5515260	0	0
增益	19309	23711	20442	0	0	0	0
九江	593392	587857	0	594524	0	564147	0
增益	29245	23710	0	30377	0	0	0
宜春	2643565	0	2638031	2647966	0	0	2617589
增益	25976	0	20442	30377	0	0	0

7.4.4　基于风险的收益分配改进

上述Shapley值分配法是建立在合作方承担的风险是均等的基础上的。实际上，合作方承担的风险是不相等的。地方政府领导因竞争也会考虑“政治晋升”市场的风险；他们之间的合作同样依赖于这种市场风险大小的考量。对风险不同的考量，合作方会决定是否合作，或者多大程度上的合作。

地方政府行政领导的晋升竞争在一定程度遵循GDP锦标赛规则，并且根据周黎安（2007）、徐现祥和王贤彬（2010）、郭志仪和郑周胜（2013）学者研究发现，由于我国地方政府官员具有双重特征：他们一方面是“经济参与人”；另一方面是“政治参与人”，地方经济增长与晋升、经济增长与空气污染有很大的相关性。因此，地方政府官员在考虑环境污染合作治理的时候必定以某种风险系数来权衡合作收益的分配。

1. 合作风险系数测算

（1）指标的选取。

根据相关文献及调研，结合统计年鉴上的相关指标，与环境污染相关的合作风险主要包括经济增长风险（R_1）、废气治理投资风险（R_2）（包括治理项目投资风险R_{21}、治理运行投资风险R_{22}与人力资本投资R_{23}）、治理技术风险（R_3）（包括技术相关性R_{31}、复杂性R_{32}与成熟度R_{33}）、治理合作风险（R_4）（信任风险R_{41}、沟通风险R_{42}、信息质量风险R_{43}、道德风险R_{44}）、制度风险（R_5）、晋升风险

（R_6）等（见表7－4）。其中只有经济增长风险、废气治理投资风险、治理技术风险、治理合作风险、晋升风险不一样，其他的对各合作方来讲都是一样的。并且污染治理投资增大相对会增加经济增长的风险，进而影响晋升风险。

表7－4　　　　风险系数测量指标

<table>
<tr><th>一级指标</th><th>二级指标</th><th>来源</th></tr>
<tr><td>经济增长风险</td><td></td><td>徐现祥（2010），孙伟增（2014）江西统计年鉴</td></tr>
<tr><td rowspan="3">废气治理投资风险</td><td>项目投资</td><td rowspan="3">江西统计年鉴</td></tr>
<tr><td>设施运行投资</td></tr>
<tr><td>人力资本投资</td></tr>
<tr><td rowspan="3">治理技术风险</td><td>相关性</td><td rowspan="3">冯蔚东（2002）</td></tr>
<tr><td>复杂性</td></tr>
<tr><td>成熟度</td></tr>
<tr><td rowspan="4">治理合作风险</td><td>信任风险</td><td rowspan="4">李晖照（2008）调研</td></tr>
<tr><td>沟通风险</td></tr>
<tr><td>信息质量风险</td></tr>
<tr><td>道德风险</td></tr>
<tr><td>制度风险</td><td></td><td>调研</td></tr>
<tr><td>晋升风险</td><td></td><td>孙伟增（2014），郭志仪（2013），周黎安（2007）</td></tr>
</table>

注：为了简化模型计算，经济增长风险、制度风险与晋升风险采用单一指标。

（2）确定三地区的合作风险系数。

合作风险系数计算运用模糊综合评判法来确定六大风险系数。评价等级集为V＝(低，较低，中等，高，较高)＝(0.1，0.3，0.5，0.7，0.9)，表示评价集U各元素与风险数值大小的对应关系。某一合作者总的风险系数为（冯蔚东，2002）：

$$R=1-(1-R_1)(1-R_2)(1-R_3)(1-R_4)(1-R_5)(1-R_6) \qquad (7-14)$$

首先，确定南昌市的合作风险系数。根据表7－5至表7－8求得一级指标的权重向量A＝(0.32，0.09，0.1，0.14，0.03，0.33)，废气治理投资风险的权重向量A_2＝(0.21，0.24，0.55)，治理技术风险的权重向量A_3＝(0.53，0.14，0.33)，治理合作风险的权重向量A_4＝(0.47，0.12，0.09，0.32)，再根据专家打分法（见表7－9）得到治理技术风险从U到V的模糊关系矩阵M为：

$$\begin{vmatrix} \frac{5}{12} & \frac{5}{12} & \frac{2}{12} & 0 & 0 \\ \frac{5}{11} & \frac{4}{11} & \frac{2}{11} & 0 & 0 \\ \frac{2}{11} & \frac{2}{11} & \frac{4}{11} & \frac{3}{11} & 0 \end{vmatrix}$$

然后，进行模糊综合评判，得到：

$$B = A_3 M = (0.53 \quad 0.14 \quad 0.33) \times \begin{vmatrix} \frac{5}{12} & \frac{5}{12} & \frac{2}{12} & 0 & 0 \\ \frac{5}{11} & \frac{4}{11} & \frac{2}{11} & 0 & 0 \\ \frac{2}{11} & \frac{2}{11} & \frac{4}{11} & \frac{3}{11} & 0 \end{vmatrix}$$

$$= (0.34, 0.33, 0.23, 0.09, 0)$$

则技术风险系数的大小 $R_3 = 0.1 \times B \times V^T = 0.031$。

同理求得 $R_4 = 0.042$。

经济增长风险系数用该市所占2006~2010年三市GDP总量的比重平均数来表示，则 $R_1 = 0.18$。

废气治理投资风险系数用该市所占2006~2010年三市投资总量的比重平均数来表示，则 $R_2 = 0.029$。

制度风险系数表示相关制度的变化概率（尤其是晋升考评制度变化），相对稳定，根据调研取 $R_5 = 0.05 \times 0.03 = 0.0015$，$R_6 = 0.2 \times 0.33 = 0.066$。

最后，根据式（7-14）求得南昌市的合作风险系数 $R = 0.31$。

同理，根据表7-10至表7-11以及统计年鉴数据，可得九江市的合作风险系数 $R = 0.20$；宜春市的合作风险系数 $R = 0.18$。

表7-5　　一级指标权重

一级指标	经济增长风险	污染治理投资	治理技术投资风险	治理合作风险	制度风险	晋升风险
经济增长风险	1	5	5	3	7	1/2
污染治理投资	1/5	1	1	1/3	5	1/3
治理技术投资风险	1/5	1	1	1	5	1/3
治理合作风险	1/3	3	1	1	5	1/3
制度风险	1/7	1/5	1/5	1/5	1	1/6
晋升风险	2	3	3	3	6	1

表 7－6　治理投资风险权重

二级指标	设施投资	设施运行投资	人力资本投资
治理设施投资	1	3	2
设施运行投资	1/3	1	1/3
人力资本投资	1/2	3	1

表 7－7　治理技术风险权重

二级指标	成熟度	复杂性	相关性
成熟度	1	3	2
复杂性	1/3	1	1/3
相关性	1/2	3	1

表 7－8　治理合作风险权重

二级指标	信任风险	沟通风险	信息质量风险	道德风险
信任风险	1	5	3	2
沟通风险	1/5	1	2	1/3
信息质量风险	1/3	1/2	1	1/4
道德风险	1/2	3	4	1

表 7－9　专家组对南昌市合作治理的风险系数评语

一级指标	二级指标	低	较低	中等	高	较高
治理技术风险	相关性	5	5	2	0	0
	复杂性	5	4	2	0	0
	成熟度	2	2	4	3	0
治理合作风险	信任风险	3	4	4	0	0
	沟通风险	2	3	3	1	0
	信息质量风险	4	4	5	0	0
	道德风险	2	1	1	0	0

表 7－10　专家组对九江市合作治理的风险系数评语

一级指标	二级指标	低	较低	中等	高	较高
治理技术风险	相关性	6	5	6	0	0
	复杂性	4	5	4	0	0
	成熟度	3	2	4	4	1

续表

一级指标	二级指标	低	较低	中等	高	较高
治理合作风险	信任风险	3	5	4	0	0
	沟通风险	4	3	4	2	0
	信息质量风险	5	4	6	1	0
	道德风险	3	2	1	0	0

表 7-11　　　　专家组对宜春市合作治理的风险系数评语

一级指标	二级指标	低	较低	中等	高	较高
治理技术风险	相关性	7	5	5	0	0
	复杂性	5	6	3	0	0
	成熟度	4	3	4	2	0
治理合作风险	信任风险	5	4	5	0	0
	沟通风险	5	2	5	2	0
	信息质量风险	5	4	7	2	0
	道德风险	2	1	2	0	0

2. 基于风险的合作收益分配改进

下面根据戴建华和薛恒新（2004）等的研究成果，对 Shapley 值法求得的合作收益分配改进公式为：

$$\Delta R_i = R_i - R_{总}/n$$

$$\Delta\varphi(i) = \varphi(I) \times \Delta R$$

$$\varphi(i)' = \varphi(i) + \Delta\varphi(i)$$

其中，$\varphi(I)$ 表示总的合作收益；

$\varphi(i)'$表示各合作方实际分得的收益；

R_i 表示各合作方实际承担的风险；

n 为合作方数量，$R_{总}/n$ 表示风险均等化；

且 $\sum_{i=1}^{n} R_i = R_{总}$，$\sum_{i=1}^{n} \Delta R_i = 0$。

由前文可知，南昌市、九江市、宜春市实际承担的风险为 $R(1)=0.31$，$R(2)=0.2$，$R(3)=0.18$，则南昌、九江、宜春实际分得的合作收益分别为：

$\Phi(1)'=5534569+8771526\times(0.31-0.69/3)=6236291.08$（万元）

$\Phi(2)'=593392+8771526\times(0.2-0.69/3)=330246.22$（万元）

$\Phi(3)'=2643565+8771526\times(0.18-0.69/3)=2204988.7$（万元）

也就是说，南昌、九江与宜春合作治理 SO_2 的收益分别是 6236291.08 万元、330246.22 万元、2204988.7 万元。

7.5 结论与启示

区域环境协同治理是当前我国区域公共事务管理的新趋势。通过规划优化模型的实证，既表明区域污染治理成本差异以及治理效益的存在，又证明南昌、九江、宜春三市确实能大大节约了环境治理成本，三市合作时可节约治理成本分别为 13775 万元、33645 万元、27109 万元，共 22801 万元，合作收益为 6236291.08 万元、330246.22 万元、2204988.7 万元。进而说明存在形成协同网络的激励要素；同时综合以基于 Shapley 值按贡献的分配和基于风险的分配方案，使得合作收益分配的策略更具客观性，为协同网络提供了科学的收益分配依据以及策略选择和制度选择，从而让合作方更易于接受，协同网络运行更加顺畅。鉴于我国区域环境污染治理的实际，为了充分发挥江西省区域空气污染治理地方政府协同网络治理的作用和实效，完善区域空气污染协同治理机制，作出如下建议：（1）加强绿色善治，促进区域空气污染地方政府合作协同治理。绿色善治就是不仅要多方合作参与与法治完善，而且要让区域发展权均等化，实现社会成本最小化。而合作收益分配机制是协同治理的基础。作为区域空气污染协同治理的先导，地方政府协同网络联盟以合作收益的合理分配为支撑条件，才能实现责任共担与收益共享。具体地讲，由于污染去除量大的地方政府必定支付更多的治理成本，所以采用区域财政转移支付、区域污染治理基金等措施，按照区域间的“受益者支付/补偿”原则即生态补偿原则，通过成本——收益的平衡财政，促进地方政府进行区域环境合作网络化。比如，三市合作治理中，南昌可获得从九江、宜春的转移补偿为 263145.78 万元、438576.3 万元。（2）寻求区域经济收益与政治收益之间、合作与竞争之间的关系平衡点，充分发挥区域间合作网络治理的激励要素作用。因此，鉴于当前我国处于空气环境污染危机之际，引进一种新的竞争机制，设计晋升制度，把进入空气污染合作网络的地方官员晋升与空气污染治理进行绑定，形成一种内在合作激励，使得政治晋升与环境保护、经济增长达到综合平衡。也就是说，以绿色 GDP 引领地方官员的政绩考核，增强合作网络“环境竞次”效应（race to the bottom）的消解作用，统一地方经济增长的生态效益与社会效益，实现区域生产、生活、生态的共赢。（3）进行适合区域性的政策制度创新和组织创新，加强区域空气污染地方政府协同网络联盟。在“各个区域独立的管理已经不能解决问题，通过区域间的非正式合作与协商解决也被证明是无效的”情况下，空气污染治理需要特殊的协同治理方式，需要正式制度的保障，如共同监管制度、信息透明共享制度等；这种制度安排可以减少执行或监督成本；另外，把生态环境部官员以及区域内各个地方政府的官员、专家学者、企业和民众代表组合起来，建立区域协同合作网络组织，形成协同治理中心，从而降低协同合作网络成员间的信息沟通成本、协商或分配成本等。(4) 建立区域空气污染地方政府协同网络治理的资源共享机制。资源共享是协同合作的前提。除了物质资源共享之外，首先要信息共建共享，增强各合作政府的协同网络作用；其次是相关人才和技术的共享，形成学习机制，提升环境污染治理能力。

第8章 环境污染协同治理的模糊联盟合作博弈

第7章讨论了江西省各地区进行环境协同治理的完全联盟，构建了清晰联盟合作博弈模型，并以南昌市、九江市和宜春市治理 SO_2 做出验证。然而，参与者有以不同的参与水平合作的可能，可以从不合作到完全合作，并且取得的收益取决于其合作水平。奥宾（Aubin，1981）利用扎德（Zadeh，1965）所定义模糊集的隶属度来表示参与者参与联盟的程度，将具有清晰联盟的经典合作对策推广到联盟值为实值的模糊联盟合作对策。模糊联盟刻画的是合作水平，在这个合作水平上每个参与者进行合作。本章将探讨江西省环境污染协同治理收益分配的模糊联盟合作对策。

8.1 基本预备知识

8.1.1 基本假设

假设 8.1 现实中，各地区因资源禀赋、治理能力和经济风险承受力等条件有限，或出于政治晋升的考量，可以假设参与者政策性驱动合作，只将部分资源投入联盟中，其他资源都不投入而形成的联盟称之为模糊联盟。假设跨域环境涉及 n 个地区，每个地区作为一个博弈参与者，所有参与者集合为 $N=\{1, 2, \cdots, n\}$，N 的全部模糊联盟的集合记为 F(N)。F(N) 中的任一元素 $\bar{S}_N$ 都表示一个联盟。并且假设合作收益可以在联盟成员间转移支付。

假设 8.2 参与者对联盟的预期收益是清晰的，即它是一个实数值。

8.1.2　基本定义

1. 模糊联盟结构

定义8.1　如果（N，σ）满足 $\sigma(\bar{S}\cup\bar{T})\geqslant\sigma(\bar{S})+\sigma(\bar{T})$，对于任意 $\bar{S}$、$\bar{T}$，$(\bar{S}、\bar{T})\in F(N)$，$\bar{S}\cap\bar{T}=\Phi$，则称（N，σ）是超可加合作对策。将超可加合作对策的全体记为 F^N。N 的划分 $B=\{B_1, B_2, \cdots, B_m\}$ 称为关于 N 的模糊联盟结构。

根据定义8.1，污染协同合作治理模糊联盟结构具有 2^n 个。对于南昌、九江、宜春三市合作治理来说，则 B＝{{南昌，九江，宜春}，{(南昌，九江)，宜春}，{(南昌，宜春)，九江}，{南昌，(九江，宜春)}，{南昌}，{九江}，{宜春}，Φ}。

2. 模糊集

定义8.2　扎德（1965）设 X 为论域，x 为其中任一元素，若 X 上映射 $\mu_{\bar{A}}$：$X\rightarrow[0, 1]$ 使得：

$$x\in X\rightarrow\mu_{\bar{A}}(x)\in[0, 1]$$

则称 $\mu_{\bar{A}}$确定了论域 X 上的一个模糊集 $\bar{A}$，记为 $\bar{A}=\{<x, \mu_{\bar{A}}(x)>|x\in X\}$，称 $\mu_{\bar{A}}$为的隶属函数，$\mu_{\bar{A}}(x)$ 为元素 x 属于的隶属度。把论域 X 上所有模糊集组成的集合记为 $G_f(X)$，称其为模糊幂集。

当论域 $X=\{x_1, x_2, \cdots, x_n\}$ 时，论域 X 上的模糊集 $\bar{A}\in G_f(X)$ 表示为：

$$\begin{aligned}\bar{A}&=<x_1, \mu_{\bar{A}}(x_1)>+<x_2, \mu_{\bar{A}}(x_2)>+\cdots+<x_n, \mu_{\bar{A}}(x_n)>\\&=\sum_{j=1}^{n}<x_j, \mu_{\bar{A}}(x_j)>\end{aligned}\tag{8-1}$$

式（8－1）中的“＋”或“$\sum$”只代表集合关系，不表示求和运算。

3. Choquet 积分

定义8.3　穆罗夫什和苏根诺（Murofushi & Sugeno，1989）设 $f: X\rightarrow[0, +\infty]$ 为 X 一个非负有界可测函数，并且：

$$\int f d\rho=\int_0^{+\infty}\rho(F_\alpha d\alpha)\tag{8-2}$$

则称函数 f 是关于 ρ 的 Choquet 积分，其中 $F_\alpha=\{x|f(x)\geqslant\alpha\}$ 为函数 f 的截集（$\alpha\in[0, +\infty)$）。

若论域 X 为有限型时，即 $X=\{x_1, x_2, \cdots, x_n\}$，则相应的函数 f 可以表示为 $f(x_1)$、$f(x_2)\cdots\cdots f(x_n)$ 这种离散形式。将 $f(x_i)(i=1, 2, \cdots, n)$ 按照单调不减的次序排列，使得 $f(x_1^*)\leqslant f(x_2^*)\leqslant\cdots\leqslant f(x_n^*)$，依照此单调不减序列重排元素 $\{x_1, x_2, \cdots, x_n\}$ 后变为 $\{x_1^*, x_2^*, \cdots, x_n^*\}$。此时，函数 f 关于的 Choquet 积分

可表示为：

$$\int f d\rho = \sum_{i=1}^{n} [f(x_i^*) - f(x_{i-1}^*)]\rho(\{x_i^*, x_{i+1}^*, \cdots, x_n^*\}) \quad (8-3)$$

4. 模糊联盟合作博弈值函数上的闵可夫斯基距离

定义 8.4（南江霞等，2018） 设分配方案 $\bar{x} = \{\bar{x}_1, \bar{x}_2, \cdots, \bar{x}_{|\bar{S}_T|}\}$（$|\bar{S}_T|$为模糊联盟 $\bar{S}_T$ 的规模，$\bar{S}_T \in \bar{S}_N$），$\bar{x}(S_T) = \sum_{i \in \bar{S}_T} x_i(S_T)$，$\bar{e}(\bar{S}_T, \bar{x}) = \sigma(\bar{S}_T) - \bar{x}(\bar{S}_T)$，称 $\bar{e}(\bar{S}_T, \bar{x})$ 为模糊联盟 $\bar{S}_T$ 关于分配方案 $\bar{x}$ 的剩余。若 $\bar{e}(\bar{S}_T, \bar{x}) > 0$，表明了模糊联盟 $\bar{S}_T$ 在分配方案 $\bar{x}$ 上未充分分配；若 $\bar{e}(\bar{S}_T, \bar{x}) < 0$，表明了模糊联盟 $\bar{S}_T$ 在分配方案 $\bar{x}$ 上得到额外联盟收益。任何模糊联盟 $\bar{S}_T$ 都希望 $\bar{e}(\bar{S}_T, \bar{x})$ 越小越好。则有 $\sigma(\bar{S}_T)$ 和 $\bar{x}(\bar{S}_T)$ 之间的闵可夫斯基距离为：

$$\begin{aligned} D(\sigma(\bar{S}_T), \bar{x}(\bar{S}_T)) &= (\sum_{i=1}^{|\bar{S}_T|} |\sigma(S_T) - \bar{x}(\bar{S}_T)|^q)^{\frac{1}{q}} \\ &= \{\sum_{i=1}^{|\bar{S}_T|} (\sigma(\bar{S}_T) - \sum_{i \in |\bar{S}_T|} \bar{x}_i(\bar{S}_T))^3\}^{\frac{1}{3}} \end{aligned} \quad (8-4)$$

8.2 模糊联盟合作收益分配的 Choquet 模型构建

根据假设 8.1 和定义 8.2，模糊合作联盟（N，σ）中，各地区加入联盟的程度用隶属度 $\mu_{\bar{S}}(i)$ 表示。σ 为模糊联盟的支付函数，满足 σ：$F(N) \to [0, 1]$，且 $\sigma(\phi) = 0$。任意模糊联盟 $\bar{S} \in F(N)$ 用 $\bar{S} = \{<1, \mu_{\bar{S}}(1)>, <2, \mu_{\bar{S}}(2)>, \cdots, <n, \mu_{\bar{S}}(n)>\}$ 来表示。支撑集 $Supp(\bar{S}) = \{i \in N \mid \mu_{\bar{S}}(i) > 0\}$，$|\bar{S}|$表示支撑集 Supp（$|\bar{S}|$）中的元素个数。若 $i \in Supp(\bar{S})$，则 $\mu_{\bar{S}}(i) > 0$，且 $\mu_{\bar{S}}(i) = \mu(i)$。其中 $\mu(i)$ 是一个常数，表示参与者实际投入联盟的资源占比，$\mu(i) \in (0, 1]$。则参与者 $i(i \in N)$ 对任意联盟 $\bar{S} \in F(N)$ 的参与度 $\mu_{\bar{S}}(i) \in \{0, \mu(i)\}$，非参与度为 $1 - \mu_{\bar{S}}(i) \in [0, 1]$（Aubin et al.，1974）。

定义 8.5（Mielcová，2015） 依据定义 8.3，设 $\bar{S} \in F(N)$，令 $H(\bar{S}) = \{\mu_{\bar{S}}(i) \mid \mu_{\bar{S}}(i) > 0, i \in N\}$，$h(\bar{S})$ 表示 $H(\bar{S})$ 中元素的个数，将 $H(\bar{S})$ 中的元素按照增序排列为 $h_1 < h_2 < \cdots < h_{h(\bar{S})}$，当且仅当对任意 $\bar{S} \in F(N)$，满足：

$$\sigma(\bar{S}) = \sum_{l=1}^{h(\bar{S})} v([\bar{S}]_{hl})(h_l - h_{l-1}) \quad (8-5)$$

则式（8-5）为模糊合作博弈支付函数的 Choquet 积分表达式。其中 $h_0 = 0$，

$[\bar{S}]_{h_l}=\{i \mid \mu_{\bar{S}} \geq h_l, i \in N\}$ 是一个清晰联盟，表示包括所有参与联盟 $\bar{S}$ 的参与度不低于 h_l 的参与者的集合。

定义8.6 米尔科瓦（Mielcová，2015）相对应于清晰联盟博弈，模糊合作博弈（N，σ）Shapley函数为 $\phi_i(\sigma): F(N) \to [0, \infty]$ 满足如下公理：

（1）有效性：$\sum_{i \in Supp(\bar{N})} \varphi_i(\sigma)=\sigma(\bar{N})$；

（2）对称性：若参与者 $i \in N$、$j \in N$，对于联盟 $\bar{S} \in F(N-\{i, j\}$，总有 $\sigma(\bar{S} \cup \{<i, \mu(i)>\})=\sigma(\bar{S} \cup \{<j, \mu(j)>\})$，则 $\varphi_i(\sigma)=\varphi_j(\sigma)$；

（3）哑元性：设 $F(i)=\{\bar{S} \mid i \in Supp(\bar{S}), \bar{S} \in F(N)\}$，若对于任意 $\bar{S} \in F(i)$，均有 $\sigma(\bar{S})=\sigma(\bar{S}-\{<i, \mu(i)>\})$，则 $\varphi_i(\sigma)=0$，其中"-"表示参与者退出模糊联盟 $\bar{S}$；

（4）可加性：设有任意两个模糊联盟合作博弈（N，σ_1）和（N，σ_2），且任意 $\bar{S} \in F(N)$ 满足：

$$(\sigma_1+\sigma_2)(\bar{S})=\sigma_1(\bar{S})+\sigma_2(\bar{S})$$

则：

$$\varphi_i(\sigma_1+\sigma_2)=\varphi_i(\sigma_1)+\varphi_i(\sigma_2)$$

因此，根据定义8.1、8.4、8.6，设计各地区分配合作收益机制时应遵循三个步骤：

第一步：确定分配规则。这一规则同清晰联盟博弈。

第二步：构建Tsurumi值函数。

根据式（8-3）和式（8-5），设 $\bar{S} \in F(N)$ 为各地区模糊联盟，$H(\bar{S})=\{\mu_{\bar{S}}(i) \mid \mu_{\bar{S}}(i)>0, i \in N\}$ 为其参与度集合，$h(\bar{S})$ 表示 $H(\bar{S})$ 中元素的个数，将 $H(\bar{S})$ 中的元素按照增序排列为 $h_1<h_2<\cdots<h_{h(\bar{S})}$，以经典合作博弈Shapley值函数为基础，在检验并满足定义5中四条公理时，其模糊联盟合作收益分配的Tsurumi值函数为：

$$\varphi_i(\sigma)=\sum_{l=1}^{h(\bar{S})} \varphi_i[v([\bar{S}]_{hl})](h_l-h_{l-1}) \quad (8-6)$$

其中，各参数同式（8-5），$\phi_i[v([\bar{S}]_{h_l})]$表示参与者i在具有 $[\bar{S}]_{h_l}$清晰联盟合作博弈的Shapley值。

第三步：确定最优收益分配方案。

经典合作对策的Shapley值具有唯一性。而Tsurumi值（Tsurumi，2001）不具有唯一性。因此，要得到Tsurumi值的唯一解，就使得每一参与者分配损失最小。

借鉴文献（南江霞等，2018）的成果，取 $q=3$，可得 $\sigma(\bar{S}_T)$ 和 $\bar{x}(\bar{S}_T)$ 之间的闵可夫斯基距离为：

$$D(\sigma(\bar{S}_T),\bar{x}(\bar{S}_T)) = (\sum_{i=1}^{|\bar{S}_T|} |\sigma(\bar{S}_T) - \bar{x}(\bar{S}_T)|^q)^{\frac{1}{q}} = \{\sum_{i=1}^{|\bar{S}_T|} (\sigma(\bar{S}_T) - \sum_{i\in|\bar{S}_T|} \bar{x}_i(\bar{S}_T))^3\}^{\frac{1}{3}} \quad (8-7)$$

其中，$|\bar{S}_T|$是模糊联盟 $\bar{S}_T$ 的规模。

则各地区合作治理的任意模糊联盟 $\bar{S}_T \subseteq F(N)$，其损失函数 $L(x)$ 就是 $\sigma(\bar{S}_T)$ 和 $\bar{x}(\bar{S}_T)$ 之间的闵可夫斯基距离之和，其数学表达式为：

$$L(x) = \sum_{|\bar{S}_T|\in|\bar{S}_N|} D(\sigma(\bar{S}_T), \bar{x}(\bar{S}_T)) = \sum_{|\bar{S}_T|\in|\bar{S}_N|} \{\sum_{i=1}^{|\bar{S}_T|} (\sigma(\bar{S}_T) - \sum_{i\in\bar{S}_T} \bar{x}_i(\bar{S}_T))^3\}^{\frac{1}{3}} \quad (8-8)$$

当损失函数 $L(x)$ 最小时，即每一个参与人分配损失最小，模糊联盟合作收益分配方案才是最佳分配方案。要符合 Tsurumi 值函数的公理性，其约束条件必须达到：最优分配要大于或等于单独治理所得收益；最优分配至少不大于在所有模糊联盟中按贡献所分配的最大收益；同时最优分配之和等于联盟合作收益。则建立模糊联盟支付函数的非线性规划模型如下：

$$\min = \sum_{|\bar{S}_T|\in|\bar{S}_N|} \{\sum_{i=1}^{|\bar{S}_T|} (\sigma(\bar{S}_T) - \sum_{i\in\bar{S}_T} \bar{x}_i(\bar{S}_T))^3\}$$

$$\text{s.t.}\ \sigma(\bar{S}_{\{i\}}) \leqslant \bar{x}$$

$$\varphi_{i_{max}}(\bar{S}_T) \geqslant \bar{x}$$

$$\sigma(\bar{S}_T) = \bar{x}(\bar{S}_T) \quad (8-9)$$

其全局最优解为 $\bar{x}^* = \{\bar{x}_1^*, \bar{x}_2^*, \cdots, \bar{x}^*_{|\bar{S}_T|}\}$。因此，此最优分配可以使得大联盟的利益最大化地被分配完和所有联盟损失最低。

8.3 数值计算

由第 7 章可知，联盟收益及分配符合清晰联盟博弈 Shapley 公理，则可进行模糊联盟合作博弈计算。

用脱硫设备运行费用除以治污总费用表示各地区参与度，根据定义 8.5 得到昌九宜参与度向量 $H(\bar{S}) = \{0.17, 0.52, 0.31\}$，按照式（8－5）计算，得到三市模糊联盟的特征函数值 $\sigma(\bar{S})$，即模糊联盟的合作收益，然后以第 7 章表 7－3 中 $\sigma(\bar{S})$ 值，按照式（8－6）计算九江市的 Tsurumi 值：

$$\varphi_{九江}(\sigma) = \sum_{l=1}^{3} \varphi_{九江}[v([\bar{S}]_{hl})](h_l - h_{l-1})$$
$$= 593391.29 \times (0.17 - 0) + 594524.14 \times (0.31 - 0.17) + 564147 \times (0.52 - 0.31)$$
$$= 302580.77$$

同理其他地区的模糊联盟合作收益分配 Tsurumi 值如表 8 – 1 所示。

表 8 – 1　　模糊联盟收益分配　　单位：万元

联盟 S	{南九宜}	{昌九}	{昌宜}	{九宜}	{南昌}	{九江}	{宜春}
$\sigma(\bar{S})$	2063578.85	1239012.15	1755997.1	1123642.86	937594.2	293356.44	811452.59
南昌	940876.77	941624.96	941069.35	0	937594.2	0	0
增益	3282.57	4030.76	3475.15	0	0	0	0
九江	302580.77	297387.2	0	302773.35	0	293356.44	0
增益	9224.33	4030.76	0	9416.91	0	0	0
宜春	820121.32	0	814927.74	820869.5	0	0	811452.5
增益	8668.73	0	3475.15	9416.91	0	0	0

最后，根据损失函数规划模型公式（8 – 9）得：

$$\min = (937594.20 - \bar{x}_1)^3 + (293356.44 - \bar{x}_2)^3 + (811452.59 - \bar{x}_3)^3$$
$$+ (1239012.15 - \bar{x}_1 - \bar{x}_2)^3 + (1755997.10 - \bar{x}_1 - \bar{x}_3)^3$$
$$+ (1123642.86 - \bar{x}_2 - \bar{x}_3)^3 + (2063578.85 - \bar{x}_1 - \bar{x}_2 - \bar{x}_3)^3$$
$$\text{s.t.}\ 941624.96 \geqslant \bar{x}_1 \geqslant 937594.20$$
$$302773.35 \geqslant \bar{x}_2 \geqslant 293356.44$$
$$820869.50 \geqslant \bar{x}_3 \geqslant 811452.59$$
$$\bar{x}_1 + \bar{x}_2 + \bar{x}_3 = 2063578.85$$

利用 Lingo V14.0 计算得到昌九宜最优分配方案为：

$\bar{x} = (939936.4,\ 302773.5,\ 820869.59)$。

8.4 结论与启示

环境污染协同治理的模糊联盟合作博弈进行定义及模型构建，同时以数值验证模型。模型表明，合作收益的合理、公平分配是参与者合作得以长久、顺利、稳定最为关键的因素。根据环境污染治理假设逐步求得最优联盟结构的非线性规划模型，然后将清晰联盟合作博弈拓展到模糊联盟合作博弈，构建了 Choquet 积分的模糊联盟合作博弈 Tsurumi 值的分配模型，并运用损失函数的非线性规划模型得到了 Tsurumi 值的唯一解，最后以南昌、九江、宜春三市大气污染联防联控为例，验证了根据此分配模型可使得合作收益分配合理、公平。因此，现实中，应该考量各地区资源禀赋、治理能力和经济风险承受力等条件，或者政治晋升因素，在合作成本模糊的情境下采取合理、公平的分配方式，促进各地区进行实质性的有效合作。

第9章 环境污染协同治理的直觉模糊联盟合作博弈

9.1 基本预备知识

9.1.1 基本假设

假设9.1 现实中，即使各地区认为，协同治理污染会带来剩余价值，但是出于政治压力或者居民健康福利，政策性驱动合作而肯定将一定资源投入合作，或因资源禀赋、治理能力、经济风险承受力和政治晋升的考量等因素，某些资源一定不会投入联盟中，某些资源作为机动性资源，从而形成预期收益清晰的直觉模糊联盟。区域环境涉及n个地区，每个地区作为一个博弈参与者，所有参与者集合为$N=\{1, 2, \cdots, n\}$，N的全部直觉模糊联盟子集所组成的集合记为$F_I(N)$，$F_I(N)$中的任一元素$\tilde{S}_N$都表示一个联盟。

假设9.2 假设参与者对直觉模糊联盟的预期收益是清晰的，即它是一个实数值，并且合作收益可以在成员间转移支付。

假设9.3 各地区“三同时”环保投资中，废气、废水、固体和噪声治理投资是必须保证的，其他环境治理资金是机动性资源。

9.1.2 基本定义

1. 直觉模糊联盟结构

定义9.1 如果（N，η）满足$\eta(\tilde{S})\geqslant\eta(\tilde{S}\cup\tilde{T})+\eta(\tilde{T})$，$\forall\tilde{S}$，$\tilde{T}\in G_{if}$，$\tilde{S}\cap\tilde{T}=\phi$，则称（N，η）是超可加合作对策。将超可加合作对策的全体记为F_i^N。N的划分$B=\{B_1, B_2, \cdots, B_m\}$称为关于N的直觉模糊联盟结构。

根据定义9.1，区域污染合作治理联盟结构具有2^n个。对于南昌市九江市宜春市三市协同合作治理来说，同样有B={{南昌，九江，宜春}，{(南昌，九江)，宜春}，{(南昌，宜春)，九江}，{南昌，(九江，宜春)}，{南昌}，{九江}，{宜春}，Φ}。

2. 直觉模糊集

定义9.2（李登峰，2012） 设X为论域，x为其中任一元素，若X上2个映射$\mu_{\tilde{A}}$：X→[0，1] 和$\nu_{\tilde{A}}$：X→[0，1] 使得$x \in X \to \mu_{\tilde{A}}(x) \in [0,1]$，$x \in X \to \theta_{\tilde{A}}(x) \in [0,1]$且$0 \leq \mu_{\tilde{A}}(x) + \theta_{\tilde{A}}(x) \leq 1$则称$\mu_{\tilde{A}}$和$\theta_{\tilde{A}}$确定了论域X上的一个模糊集$\tilde{A}$，记为$\tilde{A} = \{<x, \mu_{\tilde{A}}(x), \theta_{\tilde{A}}(x)> | x \in X\}$，分别称$\mu_{\tilde{A}}$和$\theta_{\tilde{A}}$为$\tilde{A}$的隶属函数和非隶属函数，$\mu_{\tilde{A}}$和$\theta_{\tilde{A}}$为$\tilde{A}$的隶属度和非隶属。把论域X上所有直觉模糊集组成的集合记为$F_I(X)$。

当论域$X = \{x_1, x_2, \cdots, x_n\}$时，论域X上的直觉模糊集$\tilde{A} \in F_I(X)$表示为：

$$\tilde{A} = <x_1, \mu_{\tilde{A}}(x_1), \theta_{\tilde{A}}(x_1)> + <x_2, \mu_{\tilde{A}}(x_2), \theta_{\tilde{A}}(x_2)> + \cdots + <x_n, \mu_{\tilde{A}}(x_n), \theta_{\tilde{A}}(x_n)>$$

$$= \sum_{j=1}^{n} <x_j, \mu_{\tilde{A}}(x_j), \theta_{\tilde{A}}(x_j)>$$

当论域X为无限离散或连续时，直觉模糊集可表示为$\tilde{A} = \int_{x \in X} <x_j, \mu_{\tilde{A}}(x_j), \theta_{\tilde{A}}(x_j)>$，

式子中的“+”或“$\sum$”“$\int$”只代表集合关系，不表示求和及积分运算。

3. 区间Choquet积分

定义9.3（Yang et al.，2005） 设IR为实数集上区间值模糊集合，X为一非空经典集合，$\bar{f}$：$X \to IR^+$为X一个非负有界可测区间值函数，$\bar{f}(x) = [f^-(x), f^+(x)]$，并且：

$$\int \bar{f} d\rho = [\int f^- d\rho, f^+ d\rho] \quad (9-1)$$

则称式（9-1）为区间值函数$\bar{f}$关于模糊测度ρ的区间Choquet积分形式。

若论域X为有限型时，即$X = \{x_1, x_2, \cdots, x_n\}$，则相应的函数$f^-$、$f^+$可表示为$f^-(x_1)$、$f^-(x_2)\cdots\cdots f^-(x_n)$与$f^+(x_1)$、$f^+(x_2)\cdots\cdots f^+(x_n)$的离散形式。将$f^-(x_i)$，$f^+(x_i)$（$i=1, 2, \cdots, n$）按照单调不减的次序排列，使得$f^-(x_1^*) \leq f^-(x_2^*) \leq \cdots \leq f^-(x_n^*)$、$f^+(x_1^{**}) \leq f^+(x_2^{**}) \leq \cdots \leq f^+(x_n^{**})$，依照此单调不减序列重排元素$\{x_1, x_2, \cdots, x_n\}$后变为$\{x_1^*, x_2^*, \cdots, x_n^*\}$和$\{x_1^{**}, x_2^{**}, \cdots, x_n^{**}\}$。则函数$f^-$、$f^+$关于ρ的Choquet积分可表示为：

$$\int f^- d\rho = \sum_{i=1}^{n} [f^-(x_i^*) - f^-(x_{i-1}^*)] \rho(\{x_i^*, x_{i+1}^*, \cdots, x_n^*\}) \quad (9-2)$$

$$\int f^{+} d\rho = \sum_{i=1}^{n} [f^{+}(x_i^{**}) - f^{+}(x_{i-1}^{**})]\rho(\{x_i^{**}, x_{i+1}^{**}, \cdots, x_n^{**}\}) \quad (9-3)$$

其中，$f^{-}(x_0^{*})=0$，$f^{+}(x_0^{**})=0$。

4. COWA 算子

定义 9.4（Yager，2004） 如果函数 Q：[0, 1]→[0, 1]，满足：

（1） $Q(0)=0$；

（2） $Q(1)=1$；

（3） 对于任意 x[0, 1]、y[0, 1]，若 $x>y$，则 $Q(x)>Q(y)$。

则称 Q 为基本单位区间函数（BUM）。若 $F_Q([a,b]) = \int_0^1 \frac{dQ(y)}{dy}[b - y(b - a)]dy$，则称 F_Q 为 COWA 算子。令 $\tau = \int_0^1 Q(y)dy$ 为态度因子，τ 是在区间 [0, 1] 的实数，并且

$$F_Q([a, b]) = \tau b + (1-\tau)a \quad (9-4)$$

5. 直觉模糊联盟合作博弈 Shapley 值公理

定义 9.5（韩婷，2014） 对于直觉模糊合作博弈（N, η），$\tilde{T}$ 是它的一个承载，博弈（N, η）的 Shapley 函数为 $\psi_i(\eta)$：$F_I(N)\to[0, \infty]$ 满足如下公理：

（1） 有效性：$\sum_{i\in Supp(\tilde{T})} \psi_i(\eta) = \eta(\tilde{T})$；

（2） 对称性：设 η 是 π 上的一个排列，使得 $\eta(\pi\tilde{S}) = \eta(\tilde{S})$，$\tilde{S}\in F_I(N)$，则 $\psi_{\pi i}(\eta)=\psi_i(\eta)$；

（3） 哑元性：若 $i\notin Supp(\tilde{T})$，对于任意 $\tilde{S}\in F_I(N)$，均有 $\eta(\tilde{S}\cup\{<i, \mu(i), \theta(i)>\}) = \sigma(\tilde{S})$，则 $\psi_i(\eta)=0$；

（4） 可加性：设有任意两个直觉模糊联盟合作博弈（N, η_1）和（N, η_2），且任意 $\tilde{S}\in F_I(N)$ 满足 $(\eta_1+\eta_2)(\tilde{S}) = \eta_1(\tilde{S}) + \eta_2(\tilde{S})$，则 $\psi_i(\eta_1+\eta_2) = \psi_i(\eta_1)+\psi_2(\eta_2)$。

6. 直觉模糊联盟合作博弈值函数上的闵可夫斯基距离

定义 9.6（南江霞，2018） 设分配方案 $\tilde{x} = \{\tilde{x}_1, \tilde{x}_2, \cdots, \tilde{x}_{|\tilde{S}_T|}\}$（$|\tilde{S}_T|$ 为直觉模糊联盟 $\tilde{S}_T$ 的规模，$\tilde{S}_T\in\tilde{S}_N$），$\tilde{x}(\tilde{S}_T) = \sum_{i\in\tilde{S}_T}\tilde{x}_i(\tilde{S}_T)$，$\tilde{e}(\tilde{S}_T, \tilde{x}) = \psi(\tilde{S}_T) - \tilde{x}(\tilde{S}_T)$，称 $\tilde{e}(\tilde{S}_T, \tilde{x})$ 为直觉模糊联盟 $\tilde{S}_T$ 关于分配方案 $\tilde{x}$ 的剩余。若 $\tilde{e}(\tilde{S}_T, \tilde{x})>0$，表明了模糊联盟 $\tilde{S}_T$ 在分配方案 $\tilde{x}$ 上未充分分配；若 $\tilde{e}(\tilde{S}_T, \tilde{x})<0$，表明了模糊联盟 $\tilde{S}_T$ 在分配方案 $\tilde{x}$ 上得到额外联盟收益。任何模糊联盟 $\tilde{S}_T$ 都希望 $\tilde{e}(\tilde{S}_T, \tilde{x})$ 越小越好。则 ψ（$\tilde{S}_T$）和 $\tilde{x}$（$\tilde{S}_T$）之间的闵可夫斯基距离为：

$$D(\psi(\tilde{S}_T), \tilde{x}(\tilde{S}_T)) = (\sum_{i=1}^{|\tilde{S}_T|} |\psi(\tilde{S}_T) - \tilde{x}(\tilde{S}_T)|^q)^{\frac{1}{q}}$$

$$= \{\sum_{i=1}^{|\tilde{S}_T|} (\psi(\tilde{S}_T) - \sum_{i \in |\tilde{S}_T|} \tilde{x}_i(\tilde{S}_T))^q\}^{\frac{1}{q}} \quad (9-5)$$

其中，$|\tilde{S}_T|$是模糊联盟 $\tilde{S}_T$ 的规模。

9.2 直觉模糊联盟合作收益分配模型

根据定义9.1、定义9.5、定义9.6，构建各地区合作收益分配模型时应遵循三个步骤。

9.2.1 确定分配规则

该原则与模糊联盟原则内容基本相同。

9.2.2 构建直觉模糊联盟合作博弈 Shapley 值函数

1. 确立直觉模糊联盟合作博弈支付函数的区间 Choquet 积分模型

根据假设9.1和定义9.2，直觉模糊合作联盟（N，η）中，各地区加入联盟的程度用隶属度 $\mu_{\tilde{S}}(i)$ 表示，不加入联盟的程度用 $\theta_{\tilde{S}}(i)$ 表示，犹豫度则为 $\omega_{\tilde{S}}(i) = 1 - \mu_{\tilde{S}}(i) - \theta_{\tilde{S}}(i)$。显而易见，各地区加入联盟的参与度上下限为 $H^+(\tilde{S}) = \{1 - \theta_{\tilde{S}}(i) \mid \theta_{\tilde{S}}(i) > 0, i \in N\}$ 和 $H^-(\tilde{S}) = \{\mu_{\tilde{S}}(i) \mid \mu_{\tilde{S}}(i) > 0, i \in N\}$。为直觉模糊联盟的支付函数，满足 $\eta: G_{If}(N) \to [0, +\infty]$，且 $\eta(\phi) = 0$。任意模糊联盟 $\tilde{S} \in F_I(N)$，$\tilde{S} = \{<1, \mu_{\tilde{S}}(1), \theta_{\tilde{S}}(1)>, <2, \mu_{\tilde{S}}(2), \theta_{\tilde{S}}(2)>, \cdots, <n, \mu_{\tilde{S}}(n), \theta_{\tilde{S}}(n)>\}$。

依据定义9.3和式（9-1）~式(9-3)，设 $h^-(\tilde{S})$ 表示 $H^-(\tilde{S})$ 中元素的个数，$h^+(\tilde{S})$ 表示 $H^+(\tilde{S})$ 中元素的个数，将 $H^-(\tilde{S})$、$H^+(\tilde{S})$ 中的元素分别按照单调增序排列为 $h_1^- < h_2^- < \cdots < h_{h^-(\tilde{S})}^-$、$h_1^+ < h_2^+ < \cdots < h_{h^+(\tilde{S})}^+$，可得直觉模糊联盟合作博弈支付函数的区间 Choquet 积分表达式：

$$\bar{\eta}(\tilde{S}) = [\eta^-(\tilde{S}), \eta^+(\tilde{S})]$$

$$= [\sum_{l=1}^{h^-(\tilde{S})} v([\tilde{S}]_{h-l})(h_l^- - h_{l-1}^-), \sum_{l=1}^{h^+(\tilde{S})} v([\tilde{S}]_{h+l})(h_l^+ - h_{l-1}^+)] \quad (9-6)$$

其中，$h_0^-=0$，$h_0^+=0$，$[\tilde{S}]_{h^-l}=\{i\mid\mu_{\tilde{S}}=\mu(i)\geqslant h_l^-,\ i\in N\}$是清晰联盟，表示包括所有参与联盟 $\tilde{S}$ 的参与度下限不低于 h_l^- 的参与者集合。$[\tilde{S}]_{h^+l}=\{i\mid\mu_{\tilde{S}}=1-\theta(i)\geqslant h_l^+,\ i\in N\}$ 是清晰联盟，表示包括所有参与联盟 $\tilde{S}$ 的参与度下限不低于 h_l^+ 的参与者集合。$\mu(i)$、$\theta(i)$ 分别为各地区投入资源的比例与不投入资源的比例。

2. 利用COWA算子确定直觉模糊联盟利益表达式

用资源投入比来表示态度因子，反映参与者的合作意愿强度。要尽量保留各地区在联盟中的态度，就要使得其态度因子在联盟中丢失最小，则有 $\min\limits_{\tau}\{\sum\limits_{i\in Supp(\tilde{S})}(\tau-\tau_i)^2\}$，对 τ 求导并令其等于0，可得：

$$\tau_{\tilde{S}}=\frac{\sum\limits_{i\in Supp(\tilde{S})}\tau_i}{|\tilde{S}|}\tag{9-7}$$

$\tau_{\tilde{S}}$ 为直觉模糊联盟 $\tilde{S}$ 的态度因子。

根据式（9-4）和式（9-7），将式（9-6）的区间积分集结为实数，则有直觉模糊联盟合作博弈集结值函数为：

$$\begin{aligned}\eta(\tilde{S})&=\tau_{\tilde{S}}\eta^+(\tilde{S})+(1-\tau_{\tilde{S}})\eta^-(\tilde{S})\\&=\tau_{\tilde{S}}\sum_{l=1}^{h^+(\tilde{S})}v([\tilde{S}]_{h^+l})(h_l^+-h_{l-1}^+)+(1-\tau_{\tilde{S}})\sum_{l=1}^{h^-(\tilde{S})}v([\tilde{S}]_{h^-l})(h_l^--h_{l-1}^-)\end{aligned}\tag{9-8}$$

若清晰联盟合作博弈的支付函数 $v(\Phi)=0$ 时，$(\Phi)=0$。

3. 建立分配值函数

根据式（9-1）、式（9-3）、式（9-6）和式（9-8），将三个地区的参与度上下限集合中元素按照增序排列，以经典合作博弈Shapley值函数为基础，在检验并满足直觉模糊合作博弈定义9.5中四条公理时，其直觉模糊联盟合作收益分配的Shapley值函数为：

$$\psi_i(\eta)=\sum_{\substack{i\in Supp(\tilde{S})\\ \tilde{S}\in F_I(N)}}\frac{(|\tilde{S}|-1)!(n-|\tilde{S}|)!}{n!}(\eta(\tilde{S})-\eta(\tilde{S}-\{<i,\ \mu(i),\ \theta(i)>\}))\tag{9-9}$$

9.2.3　确定最优收益分配方案

同样要得到直觉模糊联盟合作博弈的Shapley值唯一解，就使得每一参与者分配损失最小。根据定义9.6，取 $q=3$，各地区协同治理的任意直觉模糊联盟 $\tilde{S}_T \subseteq F_I(N)$，其损失函数 $L(x)$ 就是 $\psi(\tilde{S}_T)$ 和 $\tilde{x}(\tilde{S}_T)$ 之间的闵可夫斯基距离之和，其数学表达式为：

$$
\begin{aligned}
L(x) &= \sum_{|\tilde{S}_T| \in |\tilde{S}_N|} D(\psi(\tilde{S}_T), \tilde{x}(\tilde{S}_T)) \\
&= \sum_{|\tilde{S}_T| \in |\tilde{S}_N|} \left\{ \sum_{i=1}^{|\tilde{S}_T|} (\psi(\tilde{S}_T) - \sum_{i \in \tilde{S}_T} \tilde{x}_i(\tilde{S}_T))^3 \right\}^{\frac{1}{3}}
\end{aligned} \tag{9-10}
$$

当损失函数 L（x）最小时，即每一个参与人分配损失最小，直觉模糊联盟合作收益分配方案才是最佳分配方案。这就要求在符合定义9.5的值函数公理条件下，其约束条件必须达到：最优分配要大于或等于单独治理所得收益，以保证三市会采取协同治理方式；最优分配至少不大于在所有模糊联盟中按贡献所分配的最大收益，以保证联盟结构稳定；同时最优分配之和等于大联盟合作收益。则建立直觉模糊模糊联盟支付函数的非线性规划模型如下：

$$
\begin{aligned}
\min = \sum_{|\tilde{S}_T| \in |\tilde{S}_N|} & \left\{ \sum_{i=1}^{|\tilde{S}_T|} (\eta(\tilde{S}_T) - \sum_{i \in \tilde{S}_T} \tilde{x}_i(\tilde{S}_T))^3 \right\} \\
\text{s.t. } & \eta(\tilde{S}_{\{i\}}) \leqslant \tilde{x} \\
& \psi_{i_{max}}(\tilde{S}_N) \geqslant \tilde{x} \\
& \eta(\tilde{S}_T) = \tilde{x}(\tilde{S}_T)
\end{aligned} \tag{9-11}
$$

其全局最优解为 $\tilde{x}^* = \{\tilde{x}_1^*, \tilde{x}_2^*, \cdots, \tilde{x}^*_{|\tilde{S}_T|}\}$。因此，此最优分配可以使得大联盟的利益最大化地被分配完和所有联盟损失最低。

9.3 数值计算

直觉模糊联盟合作博弈计算是在第7章所得联盟收益及分配符合清晰联盟博弈 Shapley 公理时所进行的。

合作参与意愿受前一年的数据很大影响。昌九宜三个地区2012年“三同时”环保投资中，废气治理投资占比分别是0.24、0.16、0.29，废水等（含固体、噪声）投资占比分别是0.32、0.35、0.59，其他的是0.44、0.19、0.12。根据假设9.2，则有 $h_i^- = (0.24, 0.16, 0.29)$，$h_0^- = 0$，$h_i^+ = (0.68, 0.65, 0.41)$，$h_0^+ = 0$。又根据文献（Yager，2004），同一集结区间，COWA 算子是关于 BUM 函数单调非减的。所以，三市的 BUM 函数初步各取 $Q_1(z) = z^9$，$Q_2(z) = z^{10}$，$Q_3(z) = z^8$，按式（9-7）计算得 $\tau_{\tilde{S}} = (0.1, 0.0909, 0.1111, 0.0955, 0.1056, 0.101,$

0.1007)，然后按式（9－6）和式（9－8）求得各直觉模糊联盟收益、集结收益如表9－1。

表9－1　　直觉模糊联盟收益与集结收益　　单位：亿元

$\tilde{S}$	$^{-}(\tilde{S})$	$(\tilde{S})$
$\tilde{S}_{\{南\}}$	[132.3662，375.0377]	156.6334
$\tilde{S}_{\{九\}}$	[9.026352，36.66956]	11.53937
$\tilde{S}_{\{宜\}}$	[75.91008，107.3211]	79.4002
$\tilde{S}_{\{南九\}}$	[142.1513，414.7896]	168.1759
$\tilde{S}_{\{南宜\}}$	[209.2575，484.0351]	238.2618
$\tilde{S}_{\{九宜\}}$	[85.9085，146.4816]	92.02699
$\tilde{S}_{\{南九宜\}}$	[218.8222，523.2222]	249.4672

以表9－1数据进行检验，各联盟合作收益符合直觉模糊联盟Shapley值公理。按式（9－9）计算可得到三市的直觉模糊联盟分配收益值如表9－2所示。

表9－2　　直觉模糊联盟合作收益分配　　单位：亿元

$\tilde{S}$	{南九宜}	{昌九}	{昌宜}	{九宜}	{南昌}	{九江}	{宜春}
$\eta(\tilde{S})$	249.4672	168.1759	238.2618	92.02699	156.6334	11.53937	79.4002
南昌	157.2742	156.635	157.7475	0	156.6334	0	0
增益	0.640841	0.001568	1.114124	0	0	0	0
九江	11.6098	11.54094	0	12.08308	0	11.53937	0
增益	0.070428	0.001568	0	0.543712	0	0	0
宜春	80.58318	0	80.51432	79.94391	0	0	79.4002
增益	1.182985	0	1.114124	0.543712	0	0	0

最后，根据损失函数规划模型公式（9－11）得：

min = (156.6334 - x1)^3 + (11.53937 - x2)^3 + (79.4002 - x3)^3 + (168.1759 - x1 - x2)^3 + (238.2618 - x1 - x3)^3 + (92.02699 - x2 - x3)^3 + (249.4672 - x1 - x2 - x3)^3

x1≥156.6334

x1≤157.7475

x2≥11.53937

x2≤12.0831

$x3 \geqslant 79.4002$

$x3 \leqslant 80.5832$

$x1 + x2 + x3 = 249.4672$

利用 Lingo V14.0 计算得到秦豫晋最优分配方案为：

$\tilde{x} = (157.7475, 12.0831, 79.6366)$。

9.4 结论与启示

对环境污染协同治理的直觉模糊联盟合作博弈进行定义及模型构建，同时以数值验证模型。模型表明，各直觉模糊联盟合作收益都比单干之和大。三市协同治理污染可以通过最优联盟结构的非线性规划模型所得的收益最大，达到 249.4672 亿元。另外，由表 9－2 可知，通过构建区间 Choquet 积分的直觉模糊联盟合作收益分配模型，大联盟收益同样最大，每个省都获得大于单干的收益，并运用损失函数的非线性规划模型得到了唯一的分配方案，各省的分配损失率分别是 0.003、0.0392、0.0119，可以忽略不计。从而说明此分配模型的合理性、有效性，使得合作收益分配合理、公平。

环境污染协同治理更多地在于政策性驱动行为。对于每一个合作者来说，合作是带来额外的收益。合作收益在成员间转移支付可以促进合作方的合作意愿，但鉴于前文所述的同样的影响因素，合作方会采取肯定性资源投入和机动性投入方式来降低自己的成本。所以，在这种情境下应该创新收益分配方案，使得各地区协同合作治理环境污染得以长久、顺利、稳定。

第10章 环境污染协同治理的支付区间合作博弈

在第7章节介绍的经典合作对策中，任意参与者组成的联盟和联盟的预期利益都是清晰的。在第8章阐述的模糊联盟合作博弈和第9章分析的直觉模糊联盟合作对策中，任意参与人合作联盟都是模糊的，而联盟预期利益都是清晰的。实际上，在合作之前，由于参与者的理性、能力、外部环境等多种因素的不确定性，他们不可能完全清楚地预测形成联盟后的利益，因而联盟的利益往往是模糊的。因此，本章阐述环境污染协同治理的支付区间博弈。联盟与支付相匹配而形成三种博弈形式：支付模糊的清晰联盟合作博弈、支付模糊的模糊联盟合作博弈、支付模糊的直觉模糊联盟合作博弈。

10.1 支付区间的清晰联盟合作博弈

10.1.1 基本假设与基本定义

假设 10.1 参与者以全部资源参与合作而形成清晰联盟。假设跨域环境涉及 n 个地区，每个地区作为一个博弈参与者，所有参与者集合为 $N=\{1, 2, \cdots, n\}$，N 的全部联盟的集合记为 $G(N)$。$G(N)$ 中的任一元素 S_N 都表示一个联盟。并且假设合作收益可以在联盟成员间转移支付。

假设 10.2 因各参与者的条件限制而表现出不同的协同合作程度，因而对联盟的预期收益是不确定的，会估计在某一区间内。

定义 10.1（谭春桥，张强，2010） 设 $a_I=[a_L, a_U]=\{x \mid x \in R, a_L \leqslant x \leqslant a_U\}$，$a_L \in R$，$a_U \in R$，其中 a_L 表示区间的下界，a_U 表示区间的上界，称 $\bar{a}$ 为一个区间数。当 $a_L=a_U$ 时，区间数 a_I 退化为一个实数，用实数集 R 上的所有区间数为 $I(R)$。

定义 10.2 设参与人集合 $N=\{1, 2, \cdots, n\}$，$\bar{v}=[v_L, v_R]$ 是在 N 的幂集 $F_0(N)$ 上的区间值模糊集，使得 $\bar{v}$：$F_0(N)\to I(R)$，且 $\bar{v}(\Phi)=0$，称向量组（N，$\bar{v}$）为支付模糊的合作对策。

10.1.2 支付模糊集的清晰联盟收益分配 Shapley 值函数

设联盟 $S\in F_0$（N），τ_S 为 S 的态度因子，根据定义 10.2，以及第 9 章式（9-4）可得基于 COWA 算子的支付模糊的清晰对策 G（N，$\bar{v}$）的集结支付 $\bar{v}'$：

$$\bar{v}'(S)=\tau_S v_R(S)+(1-\tau_S)v_L(S) \tag{10-1}$$

进一步地，根据第 7 章式（7-13）的 Shapley 值函数为：

$$\varphi_i'(\bar{v}')=\sum_{i\in S\in F_0(N)}\frac{(|S|-1)!(n-|S|)!}{n!}[\bar{v}'(S)-\bar{v}'(S/\{i\})] \tag{10-2}$$

则 $\varphi'(\bar{v}')=(\varphi_1'(\bar{v}'), \varphi_2'(\bar{v}'), \cdots, \varphi_n'(\bar{v}'))$ 为支付模糊的合作对策（N，$\bar{v}$）的 Shapley 值。

10.1.3 数值计算

数据取自于第 7 章表 7-2，{昌}=[551.526，551.526]亿元，{九}=[56.4147，56.4147]亿元，{宜}=[261.7589，261.7589]亿元，{昌九}=[607.9407，612.6828]亿元，{昌宜}=[813.2849，817.3733]亿元，{九宜}=[318.1736，324.2490]亿元，{昌九宜}=[869.6996，877.1526]亿元。根据“三同时”环保投资废气治理投资占比来确定 τ_S，又根据文献（Yang et al.，2005），同一集结区间，COWA 算子是关于 BUM 函数单调非减的。所以，三市的 BUM 函数分别取 $Q_1(z)=z^2$，$Q_2(z)=z^3$，$Q_3(z)=z$，按第 9 章式（9-7）计算得各联盟的态度因子 $\tau_S=0.3333$、0.25、0.5、0.2917、0.4167、0.3750、0.3611，按式（10-1）求得支付模糊的合作对策（N，$\bar{v}$）的集结支付为：

$\bar{v}'=(551.5260, 56.4147, 261.7589, 609.3237, 814.9883, 320.4519, 872.3909)$。

按式（10-2）求得支付模糊的合作对策（N，$\bar{v}$）的 Shapley 值如表 10-1 所示。

表 10-1 支付模糊的清晰联盟收益分配 单位：亿元

联盟 S	{昌九宜}	{昌九}	{昌宜}	{九宜}	{昌}	{九}	{宜}
$\bar{v}(S)$	872.3909	609.3237	814.9883	320.4519	551.526	56.4147	261.7589

续表

联盟 S	{昌九宜}	{昌九}	{昌宜}	{九宜}	{昌}	{九}	{宜}
昌增益	552.1781	552.2175	552.3777	0	551.526	0	0
	0.6521	0.6915	0.8517	0	0	0	0
九增益	552.1781	57.1062	0	57.5538	0	56.4147	0
	0.9395	0.6915	0	1.1391	0	0	0
宜增益	262.8586	0	262.6106	262.8980	0	0	261.7589
	1.0997	0	0.8517	1.1391	0	0	0

最后根据损失函数规划模型公式（8 -9）得：

min = (551.526 - x1)^3 + (56.4147 - x2)^3 + (261.7589 - x3)^3 + (609.3237 - x1 - x2)^3 + (814.9883 - x1 - x3)^3 + (320.4519 - x2 - x3)^3 + (872.3909 - x1 - x2 - x3)^3

x1 ≥551.526

x1 ≤552.3777

x2 ≥56.4147

x2 ≤57.5538

x3 ≥261.7589

x3 ≤262.898

x1 + x2 + x3 = 872.3909

确定分配方案（552.3777，57.5538，262.4594）。与表 10 -1 相比，收益分配损失率为：0.0004、0.0035、0.0015。

10.2　区间支付的模糊联盟合作博弈

10.2.1　基本预备知识

1. 基本假设

假设 10.3　现实中，各地区因资源禀赋、治理能力和经济风险承受力等条件有限，或出于政治晋升的考量，可以假设参与者政策性驱动合作，只将部分资源投入联盟中，其他资源都不投入而形成的联盟称之为模糊联盟。假设跨域环境涉及 n 个地区，每个地区作为一个博弈参与者，所有参与者集合为 N = {1，2，…，n}，

N 的全部模糊联盟的集合记为 F(N)。F(N) 中的任一元素 $\bar{S}_N$ 都表示一个联盟。并且假设合作收益可以在联盟成员间转移支付。

假设 10.4 参与者对联盟的预期收益是模糊的，因而它是一个区间值。

2. 基本定义

定义 10.3 设 $\bar{a}_I = [a_L, a_U] = \{x \mid x \in R, a_L \leqslant x \leqslant a_U\}$，$a_L \in R$，$a_U \in R$，其中 a_L 表示区间的下界，a_U 表示区间的上界，称 $\bar{a}_I$ 为一个区间数。当 $a_L = a_U$ 时，区间数 $\bar{a}_I$ 退化为一个实数，用实数集 R 上的所有区间数为 I(R)。

定义 10.4 设 $\bar{\sigma}$ 是模糊联盟的支付函数，当 $\bar{\sigma} = [\sigma_L, \sigma_U]$，并使得 $\bar{\sigma}$: F(N)→I(R)，且 $\bar{\sigma}(\Phi) = 0$，则博弈 F(N，$\bar{\sigma}$) 为支付模糊的模糊合作博弈。

定义 10.5（南江霞，2018） 设 $a_I = [a_L, a_U]$，$b_I = [b_L, b_U]$ 是 I（R）上的两个区间数，则 a_I 和 b_I 的闵可夫斯基距离定义为

$$D_q(a_I, b_U) = \{(a_L - b_L)^q + (a_U - b_U)^q\}^{\frac{1}{q}}$$

10.2.2 联盟合作收益分配的 Shapley 模型

根据定义 8.5，设 $\bar{S} \in F(N)$，令 $H(\bar{S}) = \{\mu_{\bar{S}}(i) \mid \mu_{\bar{S}}(i) > 0, i \in N\}$，$h(\bar{S})$ 表示 $H(\bar{S})$ 中元素的个数，将 $H(\bar{S})$ 中的元素按照增序排列为 $h_1 < h_2 < \cdots < h_{h(\bar{S})}$，由式（8-5）可得，当且仅当对任意 $\bar{S} \in F(N)$，满足：

$$\sigma_L(\bar{S}) = \sum_{l=1}^{h(\bar{S})} v_L([\bar{S}]_{hl})(h_l - h_{l-1}) \tag{10-3}$$

$$\sigma_U(\bar{S}) = \sum_{l=1}^{h(\bar{S})} v_U([\bar{S}]_{hl})(h_l - h_{l-1}) \tag{10-4}$$

其中，$h_0 = 0$，$[\bar{S}]_{h_l} = \{i \mid \mu_{\bar{S}} \geqslant h_l, i \in N\}$ 是一个清晰联盟，表示包括所有参与联盟 $\bar{S}$ 的参与度不低于 h_l 的参与者的集合。

设 $\bar{\sigma}'$ 为基于 COWA 算子的支付模糊的模糊合作对策 F(N，$\bar{\sigma}$) 的集结支付，根据式（10-1）得

$$\bar{\sigma}'(\bar{S}) = \tau_S \sigma_U(\bar{S}) + (1 - \tau_S)\sigma_L(\bar{S}) \tag{10-5}$$

把式（10-3）和式（10-4）代入式（10-5）中，并根据式（10-1）得到支付模糊的模糊联盟合作博弈 F(N，$\bar{\sigma}$) 支付函数的 Choquet 积分表达：

$$\begin{aligned}\bar{\sigma}'(\bar{S}) &= \tau_S \sum_{l=1}^{h(\bar{S})} v_U([\bar{S}]_{hl})(h_l - h_{l-1}) + (1 - \tau_S) \sum_{l=1}^{h(\bar{S})} v_L([\bar{S}]_{hl})(h_l - h_{l-1}) \\ &= \sum_{l=1}^{h(\bar{S})} \tau_S v_U([\bar{S}]_{hl})(h_l - h_{l-1}) + \sum_{l=1}^{h(\bar{S})} (1 - \tau_S) v_L([\bar{S}]_{hl})(h_l - h_{l-1})\end{aligned}$$

$$= \sum_{l=1}^{h(\bar{S})} \bar{v}'([\bar{S}]_{hl})(h_l - h_{l-1}) \tag{10-6}$$

进一步地，根据式（8－6）和式（10－2）可推导出支付模糊的模糊联盟合作博弈的 Shapley 值函数为：

$$\varphi_i'(\bar{\sigma}') = \sum_{l=1}^{h(\bar{S})} \varphi_i[\bar{v}'([\bar{S}]_{hl})](h_l - h_{l-1}) \tag{10-7}$$

其中，$h_0=0$，$[\bar{S}]_{h_l}=\{i \mid \mu_{\bar{S}} \geqslant h_l, i \in N\}$ 是一个清晰联盟，表示包括所有参与联盟 $\bar{S}$ 的参与度不低于 h_l 的参与者的集合。$\varphi_i[\bar{v}'([\bar{S}]_{h_l})]$ 表示参与者 i 在具有 $[\bar{S}]_{h_l}$ 清晰联盟合作博弈的 Shapley 值。

则 $\varphi'(\bar{\sigma}')=(\varphi_1'(\bar{\sigma}'), \varphi_2'(\bar{\sigma}'), \cdots, \varphi_n'(\bar{\sigma}'))$ 为支付模糊的模糊合作博弈（N，$\bar{\sigma}$）的 Shapley 值。

10.2.3　数值计算

由第 8 章 8.3 节得 $H(\bar{S})=\{0.17, 0.52, 0.31\}$，根据本章上一节计算的结果得 $\bar{v}'=(551.5260, 56.4147, 261.7589, 609.3237, 814.9883, 320.4519, 872.3909)$。

按式（10－6）计算联盟的集结支付为：

$\bar{\sigma}'(\bar{S})=(93.7594, 29.3356, 81.1453, 123.3302, 175.1943, 111.1872, 205.0168)$。

然后按式（10－7）计算得到各参与人昌九宜的收益分配如表 10－2 所示。

表 10－2　支付模糊的模糊联盟收益分配　　单位：亿元

联盟 S	{昌九宜}	{昌九}	{昌宜}	{九宜}	{昌}	{九}	{宜}
$\bar{\sigma}'(\bar{S})$	872.3909	609.3237	814.9883	320.4519	551.526	56.4147	261.7589
昌增益	93.8703	93.877	93.9042	0	93.7594	0	0
	0.1109	0.1176	0.1448	0	0	0	0
九增益	29.6548	29.4532	0	29.6888	0	29.3356	0
	0.3192	0.1176	0	0.3531	0	0	0
宜增益	81.4917	0	81.2901	81.4984	0	0	81.1453
	0.3464	0	0.1448	0.3531	0	0	0

最后，根据定义 10.5 以及第 9 章式（9－7）和式（9－8）的规划模型

min = (93.7594 - x1)^3 + (29.3356 - x2)^3 + (81.1453 - x3)^3 + (123.3302 - x1 - x2)^3 + (175.1943 - x1 - x3)^3 + (111.1872 - x2 - x3)^3 + (205.0168 - x1 - x2 - x3)^3

$x1 \geqslant 93.7594$

$x1 \leqslant 93.9042$

$x2 \geqslant 29.3356$

$x2 \leqslant 29.6888$

$x3 \geqslant 81.1453$

$x3 \leqslant 81.4984$

$x1 + x2 + x3 = 205.0168$

进行分配损失调整后的最优分配方案为：93.9042、29.6888、81.4238。损失率为：0.0004、0.0011、0.0008。

10.3 区间支付的直觉模糊联盟合作博弈

10.3.1 基本假设

假设 10.5 现实中，即使各地区认为，协同治理污染会带来剩余价值，但是出于政治压力或者居民健康福利，政策性驱动合作肯定将一定资源投入合作，或因资源禀赋、治理能力、经济风险承受力和政治晋升的考量等因素，某些资源一定不会投入联盟中，某些资源作为机动性资源，从而形成预期收益清晰的直觉模糊联盟，即各地区“三同时”环保投资中，废气、废水、固体和噪声治理投资是必须保证的，其他环境治理资金是机动性资源。区域环境涉及 n 个地区，每个地区作为一个博弈参与者，所有参与者集合为 $N = \{1, 2, \cdots, n\}$，N 的全部直觉模糊联盟子集所组成的集合记为 $F_I(N)$，$F_I(N)$ 中的任一元素 $\tilde{S}_N$ 都表示一个联盟。

假设 10.6 假设参与者对直觉模糊联盟的预期收益是模糊的，因而它是一个区间值，并且合作收益可以在成员间转移支付。

10.3.2 基本定义

定义 10.6 设 $\tilde{\eta}$ 是模糊联盟的支付函数，当 $\tilde{\eta} = [\eta^-, \eta^+]$，并使得 $\tilde{\eta}$: $F_I(N) \to I(R)$，且 $\tilde{\eta}(\Phi) = 0$，则博弈 $F_I(N, \tilde{\eta})$ 为支付模糊的直觉模糊合作博弈。

设 $\tilde{\eta}$ 是模糊联盟的支付函数，当 $\tilde{\eta} = [\eta^-, \eta^+]$，并使得 $\tilde{\eta}$: $F_I(N) \to I(R)$，且 $\tilde{\eta}(\Phi) = 0$，则博弈 $F_I(N, \tilde{\eta})$ 为支付模糊的直觉模糊合作博弈。

10.3.3　构建区间支付的直觉模糊联盟合作博弈 Shapley 值函数

（1）依据定义 9.3 和式（9-1）~式（9-3），设 $h^-(\tilde{S})$ 表示 $H^-(\tilde{S})$ 中元素的个数，$h^+(\tilde{S})$ 表示 $H^+(\tilde{S})$ 中元素的个数，将 $H^-(\tilde{S})$、$H^+(\tilde{S})$ 中的元素分别按照单调增序排列为 $h_1^- < h_2^- < \cdots < h_{h^-(\tilde{S})}^-$、$h_1^+ < h_2^+ < \cdots < h_{h^+(\tilde{S})}^+$。$\bar{v}'$是基于 COWA 算子的支付模糊的清晰博弈 $G(N, \bar{v})$ 的集结支付。对任意 $\tilde{S} \in F_I(N, \tilde{\eta})$，由式（10-3）和式（10-4）可得区间支付的直觉模糊联盟合作博弈支付函数的区间 Choquet 积分表达式：

$$
\begin{aligned}
\tilde{\eta}(\tilde{S}) &= [\eta^-(\tilde{S}), \eta^+(\tilde{S})] \\
&= \left[\sum_{l=1}^{h^-(\tilde{S})} \bar{v}'([\tilde{S}]_{h^-l})(h_l - h_{l-1}), \sum_{l=1}^{h^+(\tilde{S})} \bar{v}'([\tilde{S}]_{h^+l})(h_l^+ - h_{l-1}^+)\right]
\end{aligned}
\tag{10-8}
$$

其中，$h_0^- = 0$，$h_0^+ = 0$，$[\tilde{S}]_{h^-l} = \{i \mid \mu_{\tilde{S}} = \mu(i) \geqslant h_l^-, i \in N\}$ 是清晰联盟，表示包括所有参与联盟 $\tilde{S}$ 的参与度下限不低于 h_l^- 的参与者集合。$[\tilde{S}]_{h^+l} = \{i \mid \mu_{\tilde{S}} = 1 - \theta(i) \geqslant h_l^+, i \in N\}$ 是清晰联盟，表示包括所有参与联盟 $\tilde{S}$ 的参与度下限不低于 h_l^+ 的参与者集合。$\mu(i)$、$\theta(i)$ 分别为各地区投入资源的比例与不投入资源的比例。

（2）再令 $\tau_{\tilde{S}}$ 为直觉模糊联盟 $\tilde{S}$ 的态度因子，根据式（10-1），将式（10-8）的区间积分集结为实数，则有区间支付的直觉模糊联盟合作博弈集结值函数为：

$$
\begin{aligned}
\tilde{\eta}'(\tilde{S}) &= \tau_{\tilde{S}}\eta^+(\tilde{S}) + (1 - \tau_{\tilde{S}})\eta^-(\tilde{S}) \\
&= \tau_{\tilde{S}} \sum_{l=1}^{h^+(\tilde{S})} \bar{v}'([\tilde{S}]_{h^+l})(h_l^+ - h_{l-1}^+) + (1 - \tau_{\tilde{S}}) \sum_{l=1}^{h^-(\tilde{S})} \bar{v}'([\tilde{S}]_{h^-l})(h_l^- - h_{l-1}^-)
\end{aligned}
\tag{10-9}
$$

若清晰联盟合作博弈的支付函数 $v(\Phi) = 0$ 时，$\tilde{\eta}'(\Phi) = 0$。

（3）建立分配值函数。根据式（9-2）、式（9-3）、式（9-6）和式（9-8），将三个地区的参与度上下限集合中元素按照增序排列，以经典合作博弈 Shapley 值函数为基础，在检验并满足直觉模糊合作博弈定义 9.5 中四条公理时，则区间支付的直觉模糊联盟合作收益分配的 Shapley 值函数为：

$$
\psi_i(\tilde{\eta}) = \sum_{\substack{i \in Supp(\tilde{S}) \\ \tilde{S} \in F_I(N)}} \frac{(|\tilde{S}| - 1)!(n - |\tilde{S}|)!}{n!}(\tilde{\eta}'(\tilde{S}) - \tilde{\eta}'(\tilde{S} / \{<i, \mu(i), \theta(i)>\}))
\tag{10-10}
$$

10.3.4 数值计算

本节参数取值依据为第 10 章第一节的数据，各联盟的区间支付为：{昌} = [551.526，551.526] 亿元，{九} = [56.4147，56.4147] 亿元，{宜} = [261.7589，261.7589] 亿元，{昌九} = [607.9407，612.6828] 亿元，{昌宜} = [813.2849，817.3733] 亿元，{九宜} = [318.1736，324.2490] 亿元，{昌九宜} = [869.6996，877.1526] 亿元，$\tau_{\tilde{S}}$ = (0.1，0.0909，0.1111，0.0955，0.1056，0.101，0.1007)，计算得到区间支付集结收益为 $\bar{v}'$。对 $\bar{v}'$ 按第 9 章 9.3 节参数取值 $h_i^- = (0.24, 0.16, 0.29)$，$h_0^- = 0$，$h_i^+ = (0.68, 0.65, 0.41)$，$h_0^+ = 0$，依据式（10-8）计算得到 $\tilde{\eta}(\tilde{S})$ 区间值。然后按式（10-9）得到直觉模糊合作博弈收益集结值和各地区的收益分配值，具体如表 10-3 所示。

表 10-3　直觉模糊联盟集结收益　　单位：亿元

$\tilde{S}$	$\bar{v}'$	$\tilde{\eta}(\tilde{S})$	$\tilde{\eta}'(\tilde{S})$
$\tilde{S}_{\{南\}}$	551.5260	[132.3662，375.0377]	156.6334
$\tilde{S}_{\{九\}}$	56.4147	[9.0264，36.6696]	11.5394
$\tilde{S}_{\{宜\}}$	261.7589	[75.9101，107.3211]	79.4002
$\tilde{S}_{\{南九\}}$	608.3934	[141.4650，412.0015]	167.289
$\tilde{S}_{\{南宜\}}$	813.7165	[208.3799，482.5358]	237.3186
$\tilde{S}_{\{九宜\}}$	318.7873	[85.0346，144.2423]	91.0152
$\tilde{S}_{\{南九宜\}}$	870.4499	[217.4572，519.4777]	247.8593

然后按照式（10-10）计算各地区的收益分配值（见表 10-3）。

表 10-4　区间支付的直觉模糊联盟收益分配　　单位：亿元

联盟 S	{昌九宜}	{昌九}	{昌宜}	{九宜}	{昌}	{九}	{宜}
$\bar{\sigma}'(\tilde{S})$	247.8593	167.2890	237.3186	91.0152	156.6334	11.5394	79.4002
昌增益	156.7705	156.1915	157.2759	0	156.6334	0	0
	0.1371	-0.4419	0.6425	0	0	0	0
九增益	11.0718	11.0975	0	11.5772	0	11.5394	0
	-0.4676	-0.4419	0	0.0378	0	0	0
宜增益	80.017	0	80.0427	79.438	0	0	79.4002
	0.6168	0	0.6425	0.0378	0	0	0

由表 10－4 可知，大联盟若稳定，九江增益为负，昌九联盟失败，昌宜联盟、九宜联盟稳定。作为政策性协同合作，大联盟必须保持稳定，因而更加需要按照损失函数规划式（9－11）进行分配损失规划。

min = (156.6334 − x1)^3 + (11.5394 − x2)^3 + (79.4002 − x3)^3 + (167.2890 − x1 − x2)^3 + (237.3186 − x1 − x3)^3 + (91.0152 − x2 − x3)^3 + (247.8593 − x1 − x2 − x3)^3

x1 ≥ 156.6334

x1 ≤ 157.2759

x2 ≥ 11.5394

x3 ≥ 79.4002

x3 ≤ 80.0427

x1 + x2 + x3 = 247.8593

得到最佳分配方案（156.9197，11.5394，79.4002）。调整后的分配方案满足 Shapley 公理。

10.4　结论与启示

首先，本章从合作参与者的资源投入和合作收益预期两个角度对环境污染协同治理的三种合作博弈进行定义并构建模型构建，同时以数值验证模型。每一种模型都表明，各种联盟合作收益都比单干之和大；其次，每一种模型下，三市协同治理污染可以获得最优联盟结构以及最大收益；最后，通过损失函数的非线性规划模型得到唯一的分配方案，即使各市的分配具有损失，但与前文模型一样，这些损失率都可以忽略不计。从而说明要使得合作收益分配合理、公平，需要基于不同情境下建立相应的合理、有效的分配模型。

第11章 区域大气污染地方政府协同网络治理的对策研究

协同网络治理是当前公共事务治理的发展趋势；江西省空气污染联防联控已成必然。从区域空气污染地方政府协同网络治理形成的影响因素看，合作信任和合作收益是其形成及运行的两大基石。同时，他山之石可以攻玉，应借鉴国外的空气污染治理经验来丰富和完善我国的区域空气污染治理理论和实践。

11.1 国外区域大气污染治理的实践经验

在世界八大公害事件中，就有5件有空气污染有关，它们是比利时马斯河谷事件（1930年12月）、美国多诺拉事件（1948年10月）与洛杉矶光化学烟雾事件（1940年）、英国伦敦烟雾事件（1952年）和日本四日哮喘事件（1961年）。在这些公害的治理过程中，许多国家积累了相当丰富的经验值得借鉴。尤其是美国和日本的区域环境污染治理法治特性，最为显著的是依法划区而治。正如安德鲁·赫尔利（Andrew Hurley）所言，1940~1941年取暖季节出现了无烟的天空，市政官员们宣称这是法令的结果（Nordenstam & Lambright，1998；姜立杰，2002）。

11.1.1 美国经验

美国的空气污染治理经验由加利福尼亚南海岸空气质量管理区（south coast air quality management district，SCAQMD）和臭氧污染区域管理（ozone transport region，OTR）集中表现出来，主要包括：

（1）划区而治，并组织机构设置。1976年美国设立加利福尼亚南海岸空气质量管理区，旨在理顺区域空气污染防治与行政区划之间的矛盾，化解跨界空气污染。

SCAQMD是一个跨地域的空气污染控制区和管理特别行政区，治理范围共涉及162个城市。它包括管理委员会、执行办公室、总顾问、科技促进会、工程合规部、地区规划规则与资源办公室、立法及公共事务办公室、金融办公室、信息管理部门、行政和人力资源部门 10 个部门。该区域管理部门作为实体机构，有权进行立法、执法、监督和处罚，而协调开展工作是通过计划、规章、达标辅助、执行、监控、技术改进、宣传教育等综合手段来进行的。例如，SCAQMD 制定并实施空气质量管理计划（air quality management plan，AQMP），借助排污许可、检查监测、信息公开与公众参与来保障空气质量达标。可以看出，其主要职能是统一加州南海岸的空气质量管理标准，整合行政管理资源，加强执法效能，提升整个区域的空气质量。

臭氧污染区域管理。这种管理由主要针对受控城市的重点污染源转向区域合作。《清洁空气法案》1990 年修正案开始对臭氧进行区域管理和控制，划分了臭氧传输区域，建立了管理机构——臭氧传输委员会（Ozone Transport Commission，OTC）。由各州行政长官、主管空气污染控制的官员以及美国环保署（EPA）代表组成的 OTC 主要负责开展研究、培训、评估污染问题，进行能力建设并提出政策建议。

（2）运行经费保障。SCAQMD 的经费来源主要包括：商业污染企业的排污收费（大约占预算总额的 70%）；机动车辆注册登记费（大概占 20%），同时每辆机动车再加收 5 美元的附加费，主要用于改善城市空气质量、开发清洁燃料、鼓励合乘等方面的支出；商业污染企业每年必须缴纳的排污许可年费（陶希东，2012）。

（3）依法治理。作为一项特殊的公共治理活动，法治先行。首先，作为一项全国性的法律，美国的清洁空气法于 1955 年制定，1970 年进行修订，是各州进行空气污染治理的根本依据。它在内容上明确了公民诉讼条款（Citizen Suits Provision），从联邦法律层面上确立了环境公民诉讼制度；规范了环境保护首长的权力与责任、统一的区域空气质量评价制度、资金和技术支持等。其次，根据国家和州的相关清洁空气标准，SCAQMD 制定了《空气质量管理规划》，依法规范和引导区域达到联邦和州政府的清洁空气标准。最后，法律要求严格、细化。比如，美国在 1989 年就开始执行更加严格的排污控制许可制度，严格到把更多的污染企业纳入空气污染治理的范围之内，如要求面包房、食品加工者、药丸制造者、小型印刷店、纸袋制造者、橡胶和塑料加工者及沥青承包者等污染企业办理空气污染控制许可证（陶希东，2012）。

（4）市场化运作。自 1993 年开始利用市场机制，SCAQMD 在区域清洁空气管理中纳入排污交易政策，实施空气污染物排污交易项目——区域清洁空气激励市场（regional clean air incentives market，RECLAIM）。RECLAIM 包括 3 个最基本的机制——总量控制机制、初始分配和市场交易规则，即“泡泡”政策机制，从而达到污染控制和成本节约的效果。

（5）权力下放。在权力获得方式方面，联邦政府根据清洁空气法案授予“部分优先权”（partial preemption），“把落实环保法案的责任归回各州，但对是否接受各州的行动方案，联邦政府保留最终决定权”（patricia mcGee crotty，1987）。因此各州有权制定和执行各州的污染控制法案，但这些法案必须满足联邦政府的最低标准和目标。具体而言，在权力的执行及其力度方面，联邦政府不仅以丰厚的奖励措施来促使各州落实环保法案的细则，并允许各州申请作为清洁空气法的主要执法责任者，而且还要求各州的空气污染控制法律必须至少和联邦法律一样严格，达到最低的联邦空气质量标准。否则，美国环境保护署可以撤销其授予该州政府的主要执法者权力。

（6）公众参与。美国公民认识到应该由各州和地方政府自己决定他们想要怎样的法案，公民将更积极地参与政策制定过程。在美国环保局等机构向公众发布易懂的空气污染信息的条件下，公民通过网络、手机等查询全国各地的空气质量。他们既通过环境保护运动来保护环境，也通过诸如拼车上班来支持政府政策。

11.1.2 日本经验

日本空气污染治理的模式是政府—企业—公众一体化，即中央政府制定环境政策和法律，提出空气污染控制标准，并提供资金用于环境监测建设；地方政府根据总控标准与企业缔结公害防治协议；社会公众积极参与到企业的公害防治协议当中，增强空气污染防治的社会管理能力。这由作为八大公害之一的四日市哮喘病事件所表现出来。

（1）相关法律体系化。一是在宪法基础上制定的环境基本法；二是《煤烟控制法》进行燃料控制；三是《空气污染防治法》规定污染物总量控制；四是《公害健康被害补偿法》强调公众参与环境保护的法律保障。

（2）经济刺激手段。在总体的空气污染防治措施中，采用梯度征收排污费原则，拉开环境容量分配（容量越低，收费标准高）；征收二氧化硫税，防治 SO_2 污染；同时对企业在脱硫设施建设上的资金给予政府支持。

（3）进行制度创新，实行企业公害防止管理员制度。公害防止管理员的职责是“测定企业排放的污染物，管理污染处理设施，将测定的数据记录整理之后上报有关部门，凡未经公害防止管理员签字的数据均不能被认定为正式数据。同时，它还是行政管理部门—企业—当地居民之间的纽带，加强了公众参与空气污染治理。”

（4）采用以非强制性行为为基础的公害防止协定，加大公众参与治理。这种公害防止协定①是一种由所在地居民或民间组织（如农会、渔会等）与企业以及地方政府与企业签订的、大多以损害赔偿为主的书面协议。其作用表现在，公害防止协定不仅在确保能约束企业排污行为的前提下，能使企业的活动得到地方政府和当地居民的信任，促进企业生产，而且更为重要的是，它填补了地方政府在公害管制方面“欠缺行政权限”的空白，让公众可以直接参与污染治理。这种非强制性特点使协定双方可在不违反法律法规的前提下，就具体方案协商，实现双方利益的共赢（李超，2013）。

11.1.3　英国经验

英国是世界上最早实现工业化的国家，同时也是最早遇到环境污染事件的国家。20 世纪 50 年代，“伦敦烟雾事件”，使英国政府痛定思痛，通过采取有效措施，控制煤炭燃烧、减少尾气排放，加强大气污染防治，同时也积累了相当多的有价值的相关经验。

（1）加强立法，相关法律制度体系化。英国大气环境相关法律不仅体系完备、范围广泛，还涵盖了大气污染和尾气排放的方方面面（见表 11 – 1）。采取末端控制措施抑制污染，而忽略了环境保护的整体性。这属于“应对式”空气污染治理。20 世纪 90 年代之后，英国采用的是“整体式”空气污染治理。英国第一部从整体上控制空气污染的法律是《环境保护法案（1990）》，该法案第一章规定了“整体控制污染”，要求从传统的污染危害被动控制原则到以预防为主原则，致力于寻求“最可行的环境保护选择”，要求“不至于产生过多成本的最佳可利用技术”。随后，采用由欧盟提出的“污染整体防治”，更明确地显示出英国政府一直在致力于寻找整体治理环境问题的最好方法。可以说英国治理大气污染的过程就是相关法律法规不断修订和完善的过程。

表 11 – 1　　英国大气污染治理相关法律

年份	法律制度名称	控制对象	备注
1954	伦敦城法案	烟雾排放	
1956	清洁空气法	有毒气体	世界第一部空气污染防治法案，1968 年、1993 年修订

① 公害防止协定是指污染性或生态破坏性设施者或行为者，与厂址地或行为涉及地的环境行政机关或当地的居民团体，就环境影响的设施或行为在有关的技术规范、标准、补偿措施、社区关系以及环境纠纷处理等事项，共同约定并遵守的书面协议。

续表

年份	法律制度名称	控制对象	备注
1972	工业环境健康和安全法	所有污染企业排放的有毒害气体	
1974	空气污染控制法案	烟尘和二氧化硫	
1991	道路车辆监管法	废气	机动车污染防治
1995	环境法	废气	开始制定空气质量标准
1999	大伦敦政府法案、污染预防和控制法案	废气	划分空气质量管理区域
2004	能效：政府行动计划	环境空气质量	
2005	气候变化行动计划、英国可持续发展战略	环境空气质量	
2006	低碳建筑计划	环境空气质量	
2007	退税与补贴计划，英国能效行动计划	环境空气质量	
2008	国家可再生能源计划	环境空气质量	
2009	低碳转型计划	环境空气质量	

（2）整体治理中地方政府（部门）之间的合作。一是地方政府间合作最有效的方法，是组建区域空气污染治理组织（Bettie et al.，1998），这种区域性合作组织能使有关地方政府采用更一致的方法来审查和评估空气污染，在划分空气质量管理区域时能更好地达成意见一致，并且能更齐心协力地落实空气治理行动方案（The Air Quality Management Areas Working Group of NSCAs Air Quality Committee，2000）。地方政府间合作的典型例子是威尔特郡的合作。二是“地方空气质量管理（LAQM）”需要多部门协同合作、整体综合地对空气污染进行控制（Bettie et al.，1999）。建立跨部门合作组织来解决空气质量问题，是促进地方政府部门间进行合作的可行方法（Bettie et al.，1998）。

（3）强化经济手段的应用，制定弹性奖惩措施。经济手段强调“谁污染、谁治理、谁花钱”，除可增加政府财税收入外，经济措施同传统的行政命令相比具有持续的刺激作用，通过环境成本内部化，鼓励人们采用更为有效的方法减少环境污染，削减污染物数量，逐渐形成自愿减污的环境治理方式。自20世纪70年代以来，英国政府就开始通过征收环境税、排污权交易、出台税收优惠政策等措施达到降低治理成本、提高环境治理效率的目标。

（4）采取财政补贴，鼓励科技创新。要从根本上防治大气污染，英国政府运用财政手段，鼓励企业采用大气污染控制技术改革生产工艺，尤其是优先采用无污染或少污染的工艺。同时，通过公众参与和社会激励手段，迫使企业淘汰落后工艺，积极采用更好的减排技术。

（5）坚持公开公平原则，鼓励公众参与。英国公民在环境问题的讨论、决策、监督、执行上，有深厚的自治传统和强大的社会根基。英国注重通过立法保障公众环境知情权，是最早将空气治理信息向民众实时通报的国家。英国公民获知空气信息的途径也不被官方独家垄断。公民能直接透过《自由信息法》向政府环保机构索取相关数据，不得被拒绝。

英国环境、食品与农村事务部（DEFRA）也会通过多种方式鼓励私人部门的参与，比如由英国皇室授予某些积极出色的组织或团体“准官方”的地位和“皇家”的称号，或者通过强有力的补贴政策支持环保组织的活动或者环保科学的发展，如皇家铸币局的实验师钱德勒教授进行的伦敦居民住宅煤烟成分的研究（崔艳红，2015）。

11.2　国内大气污染治理的实践经验

区域环境保护合作是指不同行政区为解决跨行政区的环境问题，通过巧签合作协议，划定合作范围实现区域联合防治环境污染的一种区域环境保护合作机制。我国区域大气污染联防联控模式业已从政策政令外推到法律制度内驱转变，获得提升空气质量的成功经验，前者有2008年北京奥运、上海世博、广州亚运、APEC会议期间的区域大气污染联防联控行动，后者有《新环境法》《新大气污染治理法》等。数据显示，2013年京津冀与长三角（2018年汾渭平原）是我国受大气污染最为严重的区域；同时在治理中也是取得最有代表性的区域大气污染治理的实践经验。

11.2.1　京津冀经验

（1）运动式治理：统一规划，协同部署，保障2008年奥运期间的空气质量达标。2007年年初，经国务院批准，环保部与北京、天津、河北、山西、内蒙古和山东6个省区市政府以及解放军有关部门共同成立了奥运会空气质量保障工作协调小组，联合制定并组织实施了《奥运会残奥会北京空气质量保障措施》，以减少奥运期间大气污染物排放，保障北京市空气质量。同时，环境管理主管部门会同6个省区市政府统一行动，加大执法监察力度，对临时减排措施落实情况进行全面检查，对重点企业严防死守。从而兑现了奥运会空气质量承诺。由此可见，这种治理特征包括：一是打破属地主义控制大气污染的模式，制定“区域管理”性文件，把跨界污染物从按行政区划控制过渡为环渤海六省市共同管理；二是设立区域环境管理机构“北京2008年奥运会空气质量保障工作协调小组”；三是采取区域空气质量监测与信息共享机制（柴发合等，2013）。

（2）事件驱动式：区域重雾霾污染紧急事件。“京津冀”作为雾霾污染重灾区，每年进入冬季供暖期常有大范围的持续性雾霾天气。2014年3月环境保护部发布的《2013年京津冀、长三角等重点区域及直辖市和省会城市空气质量报告》首次对我国自2013年实施环境空气质量新标准的74个城市进行了评价。并指出，从全国范围来看，“京津冀区域空气污染最重”（郄建荣，2014）。特别是2015年11～12月的雾霾污染红色预警事件，三地联合应对，共同采取联合监测区域空气质量、联合发布雾霾重污染预警、加强区域联合执法等措施来改善控制质量。

（3）立足国家政令和法律，加强制度建设。基于《中华人民共和国环境法》与《中华人民共和国大气污染防治法》，2006年国家环保局与北京市政府牵头，6个省份相关部门共同制定了《第29届奥运会北京空气质量保障措施》并获国务院批准。2013年，环境保护部制定了《京津冀及周边地区落实大气污染防治行动计划实施细则》，主要目标是到2017年，北京市、天津市、河北省PM 2.5浓度在2012年基础上下降25%左右。其中，北京市PM 2.5年均浓度控制在60微克/立方米左右。

环保部、发展改革委、财政部、能源局和北京、天津、河北、河南、山东、山西6个省份公布《京津冀及周边地区2017年大气污染防治工作方案》，明确了“2+26”城市今年的大气污染治理任务。

综上所述，“京津冀”治理模式归结为分层跨区多向联动的大气污染治理模式，即分层纵向的联动构架，由国家层面—区域层面—城市层面展开；跨区横向的联动管治，从区域大气污染管理机构—跨区行动计划的短期防治目标—长期防治路径而展开；协同多向的联动机制，由产业准入联动机制、能源结构调整联动机制、绿色交通联动机制、跨区援助联动机制、监测预警联动机制、会商问责联动机制组成（王振波等，2017）。

11.2.2 长三角经验

2008年，江浙沪三地环保局就江浙沪三地环境保护问题签订合作协议《长江三角洲地区环境保护工作合作协议（2008—2010）》。这是国内首个区域环境保护合作协议。其中提到要加强区域大气污染控制。

2009 年 12 月，环保部会同上海、江苏、浙江等地有关部门联合举办“上海世博会空气质量保障工作座谈会”，提出加快解决大气污染防治重点和难点问题，加快老旧黄标车淘汰和治理进程，全力做好机动车环保标志管理，继续加大工业污染防治力度，加快推进加油站油气回收工作，彻底解决秸秆禁烧的问题，大力控制施工工地扬尘和 VOC 污染等具体措施。并且编制《2010 年上海世博会长三角区域环境空气质量保障联防联控措施》。措施中规定要划定一个半径三百公里的，统一管理的大气污染联防联控区域，采取一系列的法律措施：建立联席会议制度，就重点污染源的监测、管理事项进行沟通、协调；建成了区域大气质量监测网络，统一监督；制定区域联动应急预案；组织 3 个省份的环境监察部门，开展各省市的环境执法监察活动。2010 年 4 月 26 日，共同开发运行上海世博会长三角区域空气质量预警联动系统，利用现有空气质量监测网络资源，实现监测数据共享，实时监控长三角区域空气质量，科学预测空气污染的发生和变化趋势，及时启动高污染预警联动，在城市和区域范围内采取有针对性的减排措施，促使超标污染物排放量大幅削减，全程确保世博会空气质量目标的实现（柴发合等，2013）。

这种模式由此呈现出长三角区域大气污染联防联控治理特色，包括：（1）组织机构的建立。长三角区域大气污染防治协作组织机构具备组织协调、空气质量预报、污染问题成因分析、政策方案措施制定的能力。（2）有序的工作运行机制。遵循“协商统筹、责任共担、信息共享、联防联控”的原则，加强省市、部门间的有机配合，形成防治大气污染的合力。（3）完成国家《长三角地区重点行业大气污染限期治理方案》，明确工作任务。即，到 2017 年上海市、江苏省、浙江省细颗粒物（PM 2.5）浓度在 2012 年基础上下降 20%，安徽省可吸入颗粒物（PM 10）平均浓度比 2012 年下降 10% 以上；制定并完成区域年度协作任务，细化区域协作技术支持和政策保障；（4）全面的工作内容。长三角区域大气污染联防联控工作内容主要从能源、产业、工业、交通、农业、建筑六大领域展开，同时要求通过实施综合治理，强化污染协同减排（上海市环境科学研究院课题组，2016）。

11.2.3　汾渭平原经验

汾渭平原包含山西省晋中、运城、临汾、吕梁市，河南省洛阳、三门峡市，陕西省西安、铜川、宝鸡、咸阳、渭南市以及杨凌示范区（含陕西省西咸新区、韩城市）。

从 2018 年来看，按照环境空气质量综合指数评价，全国环境空气质量相对较差的 20 个城市中，除排在 19 名的莱芜市（该市现已撤销）外，其他的分属于晋陕豫三省。汾渭平原11个城市优良天数比例范围为37.8%～69.3%，平均超标天数比例为45.7%，其中轻度、中度、重度和严重污染分别为31.0%、9.4%、4.2%、1.1%（罗东林，陈文喆，蔡伟，2020）。2018年在全面推进蓝天保卫战的政策背景下，原环保部把汾渭平原纳入国家大气污染防治重点区域。晋陕豫三省11个区（市）于9月成立汾渭平原大气污染防治协作小组，建立汾渭平原大气污染防治协作机制，实行大气污染联防联控，积极推进温室气体与污染物协同治理。

2019年9月29日，汾渭平原大气污染防治协作小组采取了相应的措施，各省相应出台保卫蓝天行动计划，把汾渭平原作为一个整体：（1）在产业结构上实施工业污染源全面达标行动，加强工业企业大气污染综合治理；（2）在能源结构上，山西省散煤替代38.5万户，河南省散煤替代8.8万户，陕西省散煤替代113.8万户；（3）在运输结构上，严厉查处机动车超标排放行为，积极推进清洁运输；（4）在用地结构上，实施汾河、渭河河滩及黄河古道等生态恢复治理（罗冬林，陈文喆，蔡伟，2020）。

汾渭平原大气污染防治协同治理模式旨在建立防治领导小组作为协调议事机制，制定统一规划、统一标准，统一环评、统一监测，实现信息共享。

11.3 启　　示

基于综合性的空气污染防治和控制，概括而言，就是层次化、网络化管理特征的国家管理体制；国家主导的政治层面特征；网络系统的技术层面特征。这些经典经验值得我国借鉴。

（1）区域空气污染治理需要树立政府间合作的理念。空气污染日益区域化，空气污染治理已不是一个地区单独能够解决的问题，而是一个涉及中央政府、地方政府等多个政府单元在内的区域问题；因而治理好空气污染问题的根本之策在于纵横合作、协同作战。

（2）大气污染治理区域化进入法律，使得区域大气污染合作治理具有法律保障。从美国治理经验来看，美国的清洁空气法规定，设立专门的洲际输送委员会，规定署长权力（委员会设立权）；联邦环境保护署署长应该鼓励州和地方各级政府关于空气污染治理的合作行动；署长应该对所有与空气治理相关的联邦部门、机构发起的合作活动给予鼓励和协作；对于污染控制机构和其他适当的公共机构或私人机构、院校、组织及个人，应当给予鼓励、支持和协作，并在技术服务和在财务上提供帮助。而我国区域大气污染治理联防联控主要是以政策文件形式落实到工作层面，不具有法律强制性。因此，修订我国环境法、大气污染防治法等；制定区域合作法，化解行政区划的碎片化、割裂化与大气系统的整体性、连续性间的矛盾，构成一个跨界治理制度框架。

(3) 综合运用多种治理手段，形成行政力量、市场力量、技术力量的合力。一是国家（或区域的上级政府）提供资金投入、技术人才培训，以及政绩考核与惩罚相容；二是大气污染治理市场化、产业化；三是区域大气质量评价制度统一化，等等。

(4) 开拓多种渠道，鼓励公民参与。空气污染治理是一个多元主体联动协作的过程。在此过程中，社会力量是不可或缺的。为了充分发挥这支力量的作用，一要采取日本企业公害防止管理员制度；二要加强污染信息公开，不仅公开区域大气污染状况，还要公开污染与健康的关系；三要建立公民环境诉讼法律途径，等等。

(5) 从规划、标准、环评、监察、信息共享等环节形成“治理闭环”，最终实现经济高质量发展与环境协调发展的耦合机制。

11.4 区域大气污染地方政府协同网络治理的对策建议

11.4.1 以公共价值引领协同合作治理，增强绿色善治，塑造共同愿景

公共价值观决定地方政府的合作行为。公共价值是治理核心诉求的最新界定；是由效率、责任、民主、公平与正义等组成的价值链。它“超越公共产品和服务的更广泛的范畴，注重产出，更注重以公众的主观需要和感受为依据创造公共价值，克服信任与合法化危机”（张小航和杨华，2013）。因此，在区域空气污染协同网络治理的整个过程中，昌九宜地方政府要以公共价值观来引导治理行为，深刻认识到“政府的首要任务不是确保政府组织的延续，而是作为创造者，根据环境的变化和他们对公共价值的理解，改变组织职能和行为，创造新的价值。政府管理的最终目的就是要为社会创造公共价值”；认识到“作为一个公共管理者，无论政治家还是公务员，他的基本宗旨就是创造公共价值”（Moore，1995）；认识到空气污染治理必须采取协同合作网络治理方式，才能实现协同治理的宗旨——公共价值，达到合作共赢。所以，地方政府应遵循“公共价值最大化”原则，通过这种“协同网络治理”方式来提供公共价值，建立开放型的、灵活的公共环境容量服务获取方式和递送机制。

“公共价值最大化”表现善治（good governance）的本质要求，因为“善治就

是使公共利益最大化的社会管理过程”，是“公共管理中的帕累托最优”；并且公共价值的要素内在地包含于善治的内涵之中（合法性、法治、透明性、责任性、回应、有效、参与、稳定、廉洁、公正）（俞可平，2006）。因此，由于空气污染治理的特殊性，对它进行控制与治理时需要把政策强制与善治结合起来，实行包容性治理。（1）多元参与。即使区域空气污染治理是地方政府主导合作，区域内的民众、社会组织与企业也应包括在内。（2）效率与公平兼顾。由于三地发展水平的差异，污染治理成本承担要按照“污染者支付”和“受益者支付”两类原则，“制定基于区域发展成果共享与环境责任共担的区域污染控制战略，实现区域污染控制目标实现的社会成本最小化、减排责任公平化、控制标准一体化、发展权益均等化的区域空气污染治理协同合作机制。比如，通过分离减排任务与治理成本，使得减排成本低的区域承担更多的减排任务，即实现超出其法定减排义务的污染物减排，而超额减排部分的成本则由多个受益区域共同承担”（张世秋，2014）。从而实现地区间权力—责任—利益的配置、环境与经济共赢。

共同愿景是指组织中人们所共同持有的意象或景象，它创造出众人是一体的感觉，并遍布到组织全面的活动，而使各种不同的活动融会起来。在区域空气污染协同网络治理中的共同愿景是在公共价值观的指引下所要实现的区域社会—经济—环境的协同发展，以及生产、生活、生态的共赢。（1）由于合作网络参与者都是独立自主行动者，这种共同愿景合法性又不是来自合作者的地位，而是来自伙伴信任以及领导对它的认同，所以它应该贯穿于合作网络治理过程的每个阶段，自觉内化为每个合作地方政府的共同目标。（2）以区域战略高度来塑造和实现合作共同愿景。区域空气污染治理不仅仅涉及区域空气环境污染本身，而且要综合社会、经济的平衡发展，而协同合作网络治理的规范基础在于行动者能够认识到彼此之间具有互补性的利益，基于信任、忠诚和互惠的相互依赖关系能够促使和维持行动者之间的合作行动。正是这种规范优势把“社会、经济、环境的协同发展，以及生产、生活、生态的共赢”局面创造出来。（3）充分利用合作网络的学习机制。合作网络有利于引导各个合作者自觉的学习行为，并加以创造。学习与创造的过程也是共同愿景不断调节的过程，这样，共同愿景逐渐清晰、明确下来。从而赋予地方政府合作治理生生不息的动力。（4）通过《合作框架协议》《合作宣言》等纲领性文件表达出来是共同愿景具体化和可视化。

11.4.2 多管齐下，降低协同合作成本

1. 提高公民环保素质，促进区域公民社会发展，降低监督成本

区域公民社会的成熟度是区域空气污染地方政府协同治理的形成与发展的重要

条件和影响因素，也是区域空气污染地方政府协同治理形成与发展的重要推动力，提高公民对区域空气污染地方政府协同治理的监督力度，进而影响着区域空气污染地方政府协同合作的监督成本。（1）加大教育投资，提高公众的文化水平和环保素质，增加社会资本存量。从西方区域空气污染网络化治理经验来看，公众的公民素质是一个不可或缺的基础性条件。（2）加大媒体对空气环境污染治理的宣传力度，培养公众主动参与污染治理的意识。通过各种宣传活动，让公众认识到自己也是空气污染的间接制造者，因而作为环境污染治理的受益者的同时也是治理责任的承担者，从而逐渐改变不良的消费习惯，践行绿色消费，提高对生活环境污染的关注，理解经济发展与环境的和谐是有机统一的。（3）培育和发展社会组织，搭建参与平台，拓展公众参与的渠道，健全参与机制。（4）完善环境法律制度，赋予公众参与权、表达权与监督权，保证公众对环境的知情权、环境决策参与权，提供制度保障。例如，西班牙宪法中规定的“获得充分环境的权利”主要通过环境信息权、环境参与权与起诉权等权利得以具体化。所以，要借鉴西方先进法律制度，通过宪法、环境基本法、单行法、部门法及其他法律法规明确公民的环境信息权、参与权等具体的权利，使得环境污染治理的法律具体化和体系化。从环境公益诉讼制度来看，2005 年国务院发布的《关于落实科学发展观加强环境保护的决定》规定“发挥社会团体的作用，鼓励检举和揭发各种环境违法行为，推动环境公益诉讼”，表明环境公益诉讼首次明确提出。可是直到 2015 年 1 月才正式通过。并且还需要在环境诉讼主体资格、诉讼时效、举证原则、损害结果认定、事后补救等方面作进一步的完善。另外，法律要进行激励机制安排，保障法律主体环境权的实现，增大公众对环境行为结果的预期。例如美国的反欺骗政府法规定，败诉的被告将被处以一定数额的罚金，原告有权从被告的罚金中提取 15% ~30% 的金额作为奖励（王鹏祥，2010）。

2. 加强信任建设，形成合作型信任组织，减少交易成本

信任是协同合作的基石，可以使地方政府间更好地实现优势互补、资源共享、风险共担、利益共享；信任能够将复杂性简化，可以消减合作时的摩擦与冲突，降低合作过程中的谈判成本和监督成本，进而降低组织间的交易费用，提高整个协同合作网络的灵敏性。由前文信任实证可知，三市之间的信任应进一步提高。为此，加强信任建设，形成合作型信任组织，应从七个方面着手：（1）以利益共享谋信任。不管是竞争还是合作，地方政府的根本动机都是利益诉求。因此，三地区在区域一体化中寻求多领域、多方面、多层次的合作，提高共同竞争力，通过利益互补、让渡与共享来形成“利益共同体”，在实现三地经济、社会、文化与环境共同发展的过程中增进信任。（2）加强文化交流，形成学习机制，建立统一的合作联

盟文化，扩大文化兼容性，形成共同愿景，进而增加信任。（3）以社会主义核心价值观来武装行政人员的思想，将公共价值内在化，塑造并深化公共精神，指导行政领导的合作行为。理由在于，地方官员在推动地方政府间合作中扮演着决定性的角色。（4）基于能力的信任是信任延续的保证，加强地方政府的合作能力建设，提供彼此的信任基础。（5）建立以合作法律为基础的制度信任保障。信任的建立是一个博弈过程，需要以法律规范形成触动机制；同时提高机会主义成本。这样，合作信任才得以形成。（6）上级政府应提高制度的贴现能力，进行生态补偿，增强地方政府间的合作信任。（7）增加社会资本存量，完善社会信任网络。一方面，通过网络声誉机制积累社会资本，建立长期稳固的信任基础，形成互利共赢开放的格局；另一方面，建立信息共享平台，加大公众的参与和监督，形成信任压力。

3. 加强网络治理能力建设，实现地方政府能力转型，降低协调成本

合作网络能力是影响区域空气污染协同治理形成与稳定运行的关键因素。一方面，可以降低合作成本，增强地方政府造血功能，增加合作剩余；另一方面，随着地方政府合作网络能力的提升，进一步增进地方政府之间的信任，还可以提高地方政府的公信力，扩大社会资本。政府治理能力或网络治理能力是一种动态能力，是指“政府在对网络治理模式进行战略思考的基础上，整合多元社会主体及其资源，创建网络治理结构并形成对其进行维护与管理的能量或力量”（姚德超，肖军飞，2012）。主要包括网络愿景能力（目标识别与整合能力）、网络人才开发能力、资源整合能力、网络维护能力和责任控制能力。

（1）网络愿景能力建设。首先，明确构建网络的目的，即发挥各地方政府的资源互补作用，共同致力于区域空气污染治理，实现公共利益与公共价值（区域公众的健康）。其次，识别各个合作者的目的，平衡、整合利益关系，把他们的目的糅合在共同目标中。最后，把公共价值溶解在网络愿景建设之中。

（2）网络人才开发能力建设。在一个网络化的政府环境中，若一个公务员的工作任务包括激活、安排、稳定、集成和管理一个网络等的话，网络管理者一定至少拥有一定程度的谈判、调节、风险分析、信任建立、合作和项目管理的能力。但是，现实中缺少那些掌握有效管理网络正确技能或接受过必要培训的公共雇员。这是因为，公务员制度本身就是为了帮助政府提供服务。因此，首先，要革新公务员制度。其次，加强公务员教育与培训，强调网络化政府所需技能的学习内容。最后，把网络能力考核纳入公务员绩效考核体系中。这样，加强高级管理人才培养力度，加快高级人才开发速度，为区域空气污染协同网络治理提供人才储备，也是区域空气污染协同网络治理的必由之路。

（3）资源整合能力建设。整合是把系统的各个要素及其各自所拥有的资源等要素连接起来，进行系统优化，实现系统的整体合力，发挥系统各要素的最大效益，从而达到“1 +1 >2”的整体效应。分散在各个合作者的资源包括财物、知识、信息、人力资源、权力与权威、技术、关系等。对于每个个体来讲，这些资源是有限的，都不足以应对复杂的区域空气污染治理。只有把它们整合起来，才能发挥规模效应。因此，一是应该对网络关键资源进行分类，建立不同类别资源的共享平台，如投融资平台、信息与技术的共享平台、公众表达权平台，等等。二是通过一种跨公共部门、私人部门和非营利部门建立各种关系并能够平衡这些关系的连接人来拓展网络成员，建设互惠互利的网络，增大社会资本。三是优化知识与权力的配置，即“把知识赋予掌握权力的人，或者把权力赋予掌握知识的人”。

（4）网络维护能力建设。在区域空气污染网络治理中，网络合作者之间既是合作伙伴关系，又是一种相互竞争关系。合作者难免因文化差异、责任分担等原因产生意见分歧，关系裂缝。因此，要在制度上构建一个有利于保持网络合作者积极性又使得它们之间良性合作竞争关系得以维持的公平环境。更为重要的是，网络维护能力建设在于加强沟通，增进信任。这是因为网络的稳定运行主要取决于网络参与者之间的亲密合作伙伴关系，而这种关系的基础在于信任。所以，地方政府要信任建设来消除各种摩擦和冲突，使得合作网络顺利运行。

（5）责任控制能力建设。在区域空气污染网络治理过程中，由于空气污染治理是一种特殊治理方式，这种合作网络是一种半开放的网络结构，既有上级政府的宏观指挥，又有数量有限的公众参与。这种网络结构同样存在“组织边界的模糊性”“公共责任界限的模糊性”以及“转嫁财政、绩效甚至政治风险”的现象（姚德超，肖军飞，2012），从而产生责任边界的模糊性，导致无人承担完全责任。可以讲，责任问题是区域空气污染协同网络治理所面临的最艰巨的挑战。因此，要提高责任控制能力，应对责任问题，须从三个方面着手：一是由于合作者利益关系的另一面就是责任关系，则应权力与责任的界限和范围，确定责任性等级；二是引入绿色 GDP，衡量各地方政府的合作绩效责任等级；三是建立收益与风险相匹配的激励机制。

4. 共建信息平台，完善信息共享机制，减少沟通成本

信息的公开性与透明度可以使得不确定性环境变成确定性环境，决定合作者彼此对对方行为结果的预期。信息共享能有效缓解有限理性和制约机会主义行为。再者，信任是地方政府之间在合作过程中的多次动态博弈的结果，而信息的共享度是合作者彼此信任的基础，因为只有彼此对网络成员组织行为的充分了解为基础上才形成信任。在区域空气污染协同网络治理结构中，如果没有充分、透明的信息，客

观存在的信息不对称现象必定促使机会主义行为的产生，增大交易成本，减少合作收益。因此，必须进行信息平台建设，实现信息在合作者之间公开，加强信息管理，以此提高成员组织之间的相互理解与了解，增进地方政府之间的相互依赖，并增强实现合作共同愿景的信心。

（1）加大资金投入，建立健全区域环境监测信息系统。根据西方发达国家的经验，空气环境保护的资金投入大约占 GDP 的 3% 才能取得成效。而南昌、九江、宜春三个地区的投入比例都没达到这一要求。因此，要加大治污资金倾斜政策，建立共同治污基金，资金来源可以从各个渠道取得。同时，引入信息管理、数据网络等领域的专业人才，充分利用网络技术与信息技术，实现区域空气污染研究性和监测性立体监测网络，从而使得区域信息动态化、可视化。

（2）完善信息共享。信息不仅指空气环境污染状况，还包括各个地方政府的政策、经济发展等信息。信息共享包括三个方面：一是共享权限。也就是合作者享有对方信息的全面性。共享信息越全面，合作网络运行越顺畅。二是信息公开性。即地方政府间要相互公开信息，将各自掌握的信息向合作的其他主体透露，以使得主体之间进行信息资源互补，选择更有利于合作的策略。比如，根据对方的产业政策和结构来调整自己的产业结构。三是信息的透明度。信息的透明，就是要求合作主体提供更为详细、更为全面、真实的信息资源，实现合作网络的真正价值。

11.4.3 进行制度创新，加大政策支持，实现合作利益平衡

合作收益是区域内地方政府采取协同合作网络进行空气污染治理的最终诉求，是地方政府协同合作治理的实质所在，是合作网络稳健运行的原动力。在区域空气污染协同网络治理过程中，各种利益糅杂在一起，如地区政府的个体利益与共同利益、领导的政治晋升利益与地区的经济利益等。这些利益的冲突，归根结底都是由于资源的稀缺性引起。于是，人们寻求合作的方式来克服资源的稀缺性。可是，“互利并不是天赋的本性，而是一种历史的产物，是集体行动实际从利益冲突中创造利益的相互关系”（康芒斯，1997）。

制度是在解决行为主体之间的利益最大化目标的冲突中得以产生和发展。“由于人们总是会造成别人的有利于自己的行动，而反对和抵抗别人的不利于自己的行动，在长期的互动过程中，要多次重复的博弈之后，才会形成对大家都有利，或至少不损害任何人的制度安排”（盛洪，1994）。在进行区域空气污染地方政府协同合作治理制度设计时，若要使得行为主体对相关制度满意，即处于制度均衡状态，要从两个方面来设计制度，以实现利益均衡：一是能够保证个体的合理的利益地

位，否则，难以保持个体对制度的满意状态；二是能够约束个体效用最大化行为，使个体利益行为与公共利益不相违背。因此，应当进行区域地方政府合作网络的制度建设，通过适当的制度安排来提高并稳定人们的预期，消除合作中的不确定因素，维系合作网络的长久运行。区域合作的制度化程度越高，人们在合作互动中的不确定性便越少，合作网络的持续性便越有保障。这是因为“制度是为了降低人们互动中的不确定性而存在的”（诺思，2008），正是由于“制度是由追求效用最大化的个体精心创造的，但制度一旦存在便为进一步的行动确定了参数”（凯尔布罗，1996）。

（1）加大政策支持，实现输血到造血的转变。区域空气污染协同治理是个复杂的系统工程，需要大量的资金、技术、人才、法律制度等支撑。在合作网络未建立之前，地方政府会做出这样的考虑：合作网络对空气污染治理会有效果吗？能收到多大的成效？在财力、人才、技术有限的条件下能否得到实质性的顺利运行？等等。因此，为了消除地方政府的疑虑，增强他们之间的合作信心，在地方政府合作网络构建初期，上级政府要给予财政预算倾斜政策，支持采用区域联防联控方式（合作网络）的地方政府；派送专业技术人才（特别是网络集成管理人才），组建专业团队进行指导；搭建技术平台，形成学习机制，等等。更为重要的是，支持合作地方政府发展生态经济，创造生态品牌，实现自我造血，增加合作利益。

（2）引入激励约束相容机制，完善绿色 GDP 政绩考核制度，平衡经济利益与政治利益关系。在尚未实现工业结构优化和技术升级、公众绿色消费等条件下，保护环境抑或发展经济是一个两难选择。但是在我国地方政府官员的政治晋升面前就是一道简易题。原因在于在我国地方官员的晋升激励中，与经济增长和维护稳定等相关的指标是具有“一票否决”性质的“硬指标”。而环保指标在实际操作中就变成了不具有严格约束力的“软指标”，与地方官员的晋升没有实质性的关系，尤其是空气污染指标。因为工业废气的检测难度大，排放成本低，治理标准难以统一，地方政府就会对工业废气的排放的管制相对比较宽松。因此，要引入激励与约束相容机制，设计出一套以“绿色 GDP”为核心的治理绩效评价指标体系（即扣除经济活动中投入的环境成本后的国内生产总值），把区域空气污染治理与官员晋升进行绑定，甚至对采用协同网络治理空气污染的区域官员给予适当的政策倾斜。

（3）完善利益分配机制，实现利益平衡。空气污染治理的根本在于利益的分配均衡。因此，要采取各种措施来协调各个地方政府的利益关系。一是构建包容性发展（inclusive development）模式，形成互动、互补、互惠的发展格局。在区域合作实践中，发展水平不同意味着不同的利益诉求，意味着合作的利益和成本的分配是不平衡的。包容性发展就是建立在平等、互利、风险共担的原则基础上实现各方的利益共享、利益协调、利益让渡与利益补偿。比如，在区域内制定产业政策制度，进行产业结构调整与优化；建立各种公共基金，组成技术网络；统一政府绿色采购政策，加强政府采购政策的绿色导向等。从而建立地方政府间 GDP 和财税收入的共享体制。二是遵照“受益者支付/补偿”原则，实行区域生态补偿制度。从《江西统计年鉴》可知，各地方政府的废气处理能力是不同的，并且减排成本也是不同的。合作治理时可以借鉴美国的“泡泡”政策，引入区域之间的“受益者支付/补偿”原则，“通过分离减排任务与治理成本，使得减排成本低的区域承担更多的减排任务，即实现超出其法定减排义务的污染物减排，而超额减排部分的成本则由多个受益区域共同承担”（张世秋，2014）。这种做法可以在《空气污染防治法》中加以确定，建立纵横向区域财政转移支付制度或者区域共同基金，达到激励减排成本低的区域多减排的目的。三是在国家空气污染排放总量的控制下，建立完善空气污染物排污权有偿使用和政府间交易机制。从而实现了利益的转移与让渡。

第12章 总结与展望

12.1 总 结

（1）通过多理论视角以及计量经济面板数据模型对江西省空气污染网络治理必要性分析。区域空气污染不仅仅是一个气象问题，主要在于资源依赖于稀缺；技术、产业结构、能源、贸易等制度路径依赖；市场与政府失灵；归根到底在于空气污染背后的“带有目的性的利益链接”。同时，通过 Kuznets 曲线模型验证得到，总体上江西省的经济发展水平、科技水平、政府环境管制强度、贸易开放水平、产业结构、人口规模、能源利用率、经济增长速度等因素对江西省区域空气污染具有显著影响，并且粉尘污染物排放量与经济发展水平、进出口贸易水平对粉尘污染存在长期稳定的影响关系，能源利用水平、经济发展水平对烟尘污染具有长期影响。

（2）利用政策文件与理论样本数据、访谈样本数据以及调查问卷数据，运用扎根理论、探索性因子分析方法，建立结构方程模型对区域空气污染协同网络治理形成的影响因素进行分析，得到如下结论：一是从主体因素、外部环境因素和客体因素来讲，区域空气污染地方政府协同网络治理形成的主要影响因素有合作能力、文化兼容性、期望收益、制度支持、市场化水平、公民环保素质、任务复杂性、资源依赖性和信任度等。二是在江西省南昌、九江、宜春三地区空气污染协同网络治理形成的影响因素中，任务复杂性、公民环保素质、市场化水平、合作能力、信任度、期望收益对三地区的空气污染协同网络治理具有相对重要性，影响作用较大。

（3）利用调查问卷数据，建立隶属函数与 AHP 法综合模型、博弈模型，对区域空气污染地方政府协同网络治理的信任稳定性条件进行了分析，得到的结论有：①地方政府间信任水平测度指标包括领导间信任、组织间互动性、政策法规执行力、成本收益分配、信息共享度、网络合作能力等，根据这些指标，利用隶属函数与 AHP 法综合模型进行实证测度，得到的结果是“基本信任”。这一评价与调研得到的实际情况基本相符。②通过重复博弈模型进行的推演和实证，影响区域空气污染地方政府协同网络治理的信任稳定性的影响因素包括贴现因子、惩罚成本、补偿和地方政府异质性差异这四个主要方面。对于不同的博弈规则，这些影响变量的作用不同。在带有触发策略和混合策略的博弈规则下，贴现因子是合作守信的重要变量，产生分区影响，并且其他影响因素一起产生组合叠加的作用。比较而言，由于惩罚成本（或进行补偿）具有消除不确定性带来损失的作用，带有触发策略机制比混合策略机制更能实现合作信任。

（4）以卡尔多－希克斯改进理论模型为基础，通过非线性规划优化模型的实证，既表明区域污染治理成本差异以及治理效益的存在，又证明南昌、九江、宜春三市确实能实现环境治理成本的很大节约，三市合作时可节约治理成本分别为13775万元、33645万元、27109万元，共22801万元，合作收益为6236291.08万元、330246.22万元、2204988.7万元。通过构建清晰联盟合作博弈、模糊联盟合作博弈、直觉模糊联盟合作博弈、区间合作博弈四种模型，并加以验证，进而说明存在形成协同网络的激励要素；同时综合以基于Shapley值按贡献的分配和基于风险的分配方案，使得合作收益分配的策略更具客观性，为协同网络提供了科学的收益分配依据以及策略选择和制度选择，从而更让合作方易于接受，协同网络运行更加顺畅。

（5）区域环境污染协同治理的成败主要取决于各合作者的资源投入成本和合作收益分配这两个条件。不同合作者对这两个方面的理解则产生四种不同情境。从而通过前文围绕区域空气污染协同网络治理的影响因素和合作信任稳定性的分析基础上，构建合作收益分配的四种合作博弈理论模型并进行了实证分析。借此提出，使得区域空气污染协同网络治理得以形成与顺利运行，建议采取如下对策与措施：以公共价值引领合作治理、多管齐下降低协同合作成本、进行利益平衡三大对策建议。

12.2 展　望

区域空气污染地方政府协同网络治理是一个复杂的系统工程，涉及区域内的人口、经济、文化、政治等方面的问题。本研究仅围绕区域空气污染协同网络治理的合作信任稳定性和合作收益进行理论研究与实证分析，研究内容上缺乏全面性；同时，鉴于空气污染数据的难得性，调研数据存在主观性，致使研究结果存在一定的偏差。为了进一步丰富和完善我国区域空气污染地方政府协同网络治理的理论与实践，本研究预计从以下三个方面进行研究。

（1）空气污染实质是资源错配的结果，则下一步将寻求环境容量与经济增长的关系，达到两者的均衡，即构建一个环境 CGE 模型，求得两者的均衡点。

（2）以共生网络理论为基础，不仅限于地方政府，还把治理主体扩展到区域内的民众与企业，研究三者之间共生网络的稳定性以及条件。

（3）合作博弈模型是基于政府间政策性合作而建立的。自愿性合作本质上是一种协同网络关系，所以可以进行网络博弈分析。

参考文献

[1] [英] 安东尼·吉登斯. 田禾译. 现代性的后果 [M]. 南京: 译林出版社, 2000.

[2] 安福仁. 中国走新型工业化道路面临碳锁定挑战 [J]. 财经问题研究, 2011 (12): 40-44.

[3] 白天成. 京津冀环境协同治理利益协调机制研究 [D]. 天津: 天津师范大学, 2016.

[4] 鲍新中, 刘小军. 合作博弈理论对成本分配技术的改进 [J]. 工业工程, 2009, 12 (2): 68-71.

[5] 蔡岚. 空气污染治理中的政府间关系——以美国加利福尼亚州为例 [J]. 中国行政管理, 2013 (10): 96-100.

[6] 曹东等. 污染物联合削减费用函数的建立及实证分析 [J]. 环境科学研究, 2009, 22 (3): 371-376.

[7] 曹国华, 赖苹, 朱勇. 基于模糊参与度的动态夏普利值在流域水污染治理利润分配中的应用 [J]. 系统工程, 2015, 33 (12): 132-138.

[8] 曹沛霖. 政府与市场 [M]. 杭州: 浙江人民出版社, 1998.

[9] 柴发合, 云雅如, 王淑兰. 关于我国落实区域大气联防联控机制的深度思考 [J]. 环境与可持续发展, 2013 (4): 5-9.

[10] 陈静漪. 中国义务教育经费保障机制研究——机制设计理论视角 [D]. 长春: 东北师范大学, 2009.

[11] 陈庆云, 曾军荣, 鄞益奋. 比较利益人: 公共管理研究的一种人性假设——兼评"经济人"假设的适用性 [J]. 中国行政管理, 2005 (6): 40-45.

[12] 陈瑞莲. 珠江三角洲公共管理模式研究 [M]. 北京: 中国社会科学出版社, 2004.

[13] 陈思颖等. 企业创新网络组织间相互信任的影响因素分析 [J]. 中国科技论坛, 2014 (5): 16-19.

[14] 陈霞，王彩波．有效治理与协同共治：国家治理能力现代化的目标及路径［J］．探索，2015（5）：48－53.

[15] 陈振明．公共管理学［M］．北京：中国人民大学出版社，2004.

[16] 陈振明．公共管理学——一种不同于传统行政学的研究途径［M］．北京：中国人民大学出版社，2003.

[17] 成刚．组织与管理原理［M］．上海：上海人民出版社，2002.

[18] 程倩．契约型政府信任关系的形成与意义［J］．东南学术，2005（2）：33－38.

[19] 崔艳红．第二次工业革命时期非政府组织在英国大气污染治理中的作用［J］．战略决策研究，2015（3）：59－72，101.

[20] ［英］大卫·休谟．关文运译．人性论［M］．北京：商务印书馆，1997.

[21] 戴建华，薛恒新．基于Shapley值法的动态联盟伙伴企业利益分配策略［J］．中国管理科学，2004，12（4）：33－36.

[22] ［加］戴维·卡梅伦．政府间关系的几种结构［J］．国外社会科学，2002（1）：115－121.

[23] ［美］戴维·罗森布鲁姆．张成福译．公共行政学：管理、政治和法律的途径［M］．北京：中国人民大学出版社，2002.

[24] ［美］丹尼尔·F. 史普博．余晖等，译．管制与市场［M］．上海：上海三联书店，1999.

[25] ［美］丹尼尔·科尔曼．生态政治：建设一个绿色社会［M］．上海：上海译文出版社，2006.

[26] ［美］道格拉斯·C. 诺思．制度、制度变迁与经济绩效［M］．上海：上海人民出版社，2008.

[27] 丁焕峰，李佩仪．中国区域污染影响因素：基于EKC曲线的面板数据分析［J］．中国人口·资源与环境，2010（20）：117－122.

[28] 董保民，王运通，郭桂霞．合作博弈——解与成本分摊［M］．北京：中国市场出版社，2008.

[29] 董才生．信任本质与类型的社会学阐释［J］．河北师范大学学报（哲学社会科学版），2004，27（1）：40－43.

[30] 杜庆晨．中国数字经济协同治理研究［D］．北京：中央党校，博士论文，2019.

[31] 范柏乃，张鸣．地方政府信用影响因素及影响机理研究——基于116个县级行政区域的调查［J］．公共管理学报，2012，9（1）：1－10.

[32] 范凤霞. 社会网络中的信任控制和契约控制对新企业绩效的影响研究 [D]. 吉林大学，硕士学位论文，2010.

[33] 范建德. 经济与法律关系的研究 [C]//程家瑞主编. 中国经贸法比较研究论文集. 中国台北：东吴大学出版社，1998.

[34] 方福前. 福利经济学 [M]. 北京：人民出版社，1994.

[35] 冯蔚东，陈剑. 虚拟企业中伙伴收益分配比例的确定 [J]. 系统工程理论与实践，2002 (4)：45-49.

[36] 弗朗西斯·福山. 彭于华译. 信任：社会美德与创造经济繁荣 [M]. 呼和浩特：远方出版社，1998.

[37] 高璟，张强. 模糊联盟合作对策的收益分配研究 [J]. 运筹与管理，2013，22 (6)：65-70.

[38] [英] 格里·斯托克. 作为理论的治理：五个论点 [J]. 国际社会科学杂志（中文版），1999 (1)：19-30.

[39] 郭志仪，郑周胜. 财政分权、晋升激励与环境污染：基于1997~2010年省级面板数据分析 [J]. 西南民族大学学报（人文社会科学版），2013 (3)：103-107.

[40] 韩婷. 具有直觉模糊联盟的合作企业利益博弈分配方法研究 [M]. 福州：福州大学，硕士论文，2014.

[41] 郝新东，刘菲. 我国PM2.5污染与煤炭消费关系的面板数据分析 [J]. 生产力研究，2013 (2)：118-12.

[42] [德] 赫尔曼·哈肯. 郭治安译. 高等协同学 [M]. 北京：科学出版社，1989.

[43] [德] 赫尔曼·哈肯. 凌复华译. 协同学——大自然构成的奥秘 [M]. 上海：上海译文出版社，2005.

[44] 胡石清. 关于信任的博弈分析——基于个体的自利理性和社会理性 [J]. 当代财经，2009 (3)：13-18.

[45] 胡一凡. 京津冀大气污染协同治理困境与消解——关系网络、行动策略、治理结构 [D]. 大连理工大学学报（社会科学版），2020，41 (2)：48-56.

[46] 黄少安. 经济学研究重心的转移与“合作”经济学构想——对创建“中国经济学”的思考 [J]. 经济研究，2000 (5)：60-67.

[47] [澳] 黄有光. 福祉经济学 [M]. 大连：东北财经大学出版社，2005.

[48] 贾旭东. 基于扎根理论的中国城市基层政府公共服务外包研究 [D]. 兰州：兰州大学图书馆，博士论文，2010.

[49] 姜立杰. 美国工业城市环境污染以及治理的历史考察（19世纪70年代~

20世纪40年代）［D］. 长春：东北师范大学，博士论文，2002.

［50］蒋永甫 . 网络化治理：一种资源依赖的视角［J］. 学习论坛，2012（8）：51－56.

［51］金华 . 长三角地区雾霾府际协作治理路径研究［D］. 徐州：江苏师范大学，硕士论文，2017.

［52］凯尔布罗 . 崔树义译 . 政治学和社会学中的新制度学派［A］//现代外国哲学社会科学文摘编辑部 . 现代外国哲学社会科学文摘 . 1996.

［53］［美］康芒斯 . 制度经济学（上册），于树生译，商务印书馆，1997.

［54］康忠诚，周永康 . 论社会管理社会协同机制的构建［J］. 西南农业大学学报（社会科学版），2012（2）：62－67.

［55］赖苹，曹国华，朱勇 . 基于模糊动态夏普利值的流域水污染治理效用分配研究［J］. 安全与环境学报，2019，19（6）：2112－2119.

［56］赖苹等 . 基于合作博弈的流域水污染治理成本分摊研究［J］. 生态与农村环境学报，2011，27（6）：26－31.

［57］郎友兴 . 走向共赢的格局：中国环境治理与地方政府跨区域合作［J］. 宁波党校学报，2007（2）：17－24.

［58］李长江 . 供应链节点企业间的信任及实现机制［J］. 工业工程与管理，2005（2）：89－96.

［59］李常理 . 转型时期中国地方政府经济行为研究［D］. 北京：中共中央党校，博士论文，2011.

［60］李超 . 公害防止协定对日本环境保护的作用及影响［J］. 环境保护与循环经济，2013（7）：19－20.

［61］李达，王春晓 . 我国经济增长与大气污染物排放的关系——基于分省面板数据的经验研究［J］. 财经科学，2007（2）：43－50.

［62］李登峰 . 直觉模糊集决策与对策分析方法［M］. 北京：国防工业出版社，2012.

［63］李晖照 . 供应网络合作伙伴选择和合作风险研究［D］. 武汉：华中科技新大学，博士论文，2008.

［64］李辉，任晓春 . 善治视野下的协同治理研究［J］. 科学与管理，2010（12）：55－58.

［65］李辉 . 善治视野下的协同治理研究［J］. 科学与管理，2010（6）：55－58.

［66］李书娟 . 跨界空气污染需要跨区协同治理［J］. 中山大学学报（社会科

学版)，2018，58（4）：174－184.

［67］李艳春. 社会交换与社会信任［J］. 东南学术，2014（4）：157－164.

［68］李郁芳，李项峰. 地方政府环境规制的外部性分析——基于公共选择视角［J］. 财贸经济，2007（3）：54－59.

［69］林尚立. 国内政府间关系［M］. 杭州：浙江人民出版社，1998.

［70］刘波等. 地方政府网络治理形成影响因素研究［J］. 上海交通大学学报（哲学社会科学版），2014，22（1）：12－22.

［71］刘波等. 地方政府网络治理运行稳定性与关系质量研究［J］. 西安交通大学学报（社会科学版），2011（6）：63－71.

［72］刘红刚等. 基于合作博弈论的感潮河网区污染物排放总量削减分配模型研究［J］. 2011，20（3）：456－462.

［73］卢亚丽，薛惠锋. 我国农业面源污染治理的博弈分析［J］. 农业系统科学与综合研究，2007，23（3）：268－267，271.

［74］陆伟芳，肖晓丹，张弢，陈祥，刘向阳. 西方国家如何治理空气污染［J］. 史学理论研究，2018（4）：4－26.

［75］罗冬林，陈文喆，蔡伟. 跨域环境治理中地方政府协同网络信任的稳定性——基于黄河中游工业数据的实证［J］. 管理学刊，2020，33（6）：13－25.

［76］罗冬林，廖晓明. 合作与博弈：区域大气污染治理的地方政府联盟研究——以南昌、九江与宜春 SO_2 治理为例［J］. 江西社会科学，2015，4（4）：79－83.

［77］罗纳德·H. 科斯. 论生产的制度结构［M］. 上海：上海三联书店，1994.

［78］罗若愚. 产业转移下承接地政府间合作博弈模型构建及分析［J］. 求索，2012（9）：15－17.

［79］马智胜，王明超. 基于合作博弈的环保设备选择成本分摊问题研究［J］. 企业经济，2011（9）：167－169.

［80］毛洪涛，诸波，王甜安. 组织环境对功能项目成本管理影响研究——扎根理论的应用. 中国会计学会财务成本分会2011年年会论文集［C］. 2011.

［81］南江霞，卜红. 李登峰. 直觉模糊联盟合作博弈的非线性规划模型［J］. 运筹与管理，2018，27（1）：43－48.

［82］南江霞，关晶，王盼盼. 基于Choquet积分的直觉模糊联盟合作博弈的Shapley值［J］. 运筹与管理，2019，28（9）：41－46.

［83］［德］尼古拉斯·卢曼，瞿铁鹏、李强译. 信任［M］. 上海：上海人民

出版社，2005.

［84］宁淼，孙亚梅，杨金田．国内外区域大气污染联防联控管理模式分析［J］．环境与可持续发展，2012（5）：11－18.

［85］潘镇，李晏墅．联盟中的信任——一项中国情景下的实证研究［J］．中国工业经济，2008（4）：44－54.

［86］彭水军，赖明勇，包群．环境、贸易与经济增长：理论、模型与实证［M］．上海：三联书店，2006.

［87］彭正银，韩炜．任务复杂性研究前沿探析与未来展望［J］．外国经济与管理，2011，33（9）：11－18.

［88］彭正银．人力资本治理模式的选择——基于任务复杂性的分析［J］．中国工业经济，2003（8）：76－83.

［89］［法］皮埃尔·卡蓝默．庄晨燕译．破碎的民主·试论治理的革命［M］．北京：生活·读书·新知三联书店，2005.

［90］齐亚伟．区域经济合作中的跨界环境污染治理分析［J］．区域经济，2013（4）：43－45.

［91］饶常林．府际协同的模式及其选择——基于市场、网络、科层三分法的分析［J］．中国行政管理，2015（6）：62－67.

［92］任广军等．清河流域污染负荷解析及环境容量分配研究［J］．安全与环境学报，2019，19（6）：2201－2209.

［93］任银荣．网络组织成员间信任机制的实证研究——作用机理、影响因素路径［D］．天津：天津财经大学，2010.

［94］芮国强，宋典．信息公开影响政府信任的实证研究［J］．中国行政管理，2012（11）：96－101.

［95］［英］R. A. W. 罗茨：新的治理［J］．木易编译．马克思主义与现实，1999（5）：42－48.

［96］［罗］Rodica Branzei，（德）Dinco Dimitrov，（荷）Stef Tijs，刘小冬，刘九强译．合作博弈理论模型［M］．科学出版社，2016.

［97］沙勇忠等．基于扎根理论的环境维权类群众性事件演化过程分析——以厦门 PX 事件为例［J］．兰州大学学报（社会科学版），2013，41（4）：94－101.

［98］上海市环境科学研究院课题组．深化长三角区域大气污染防治联动研究［J］．科学发展，2016（87）：76－85.

［99］盛洪．为什么人们会创造对自己不利的制度安排［A］．陈昕．社会主义经济中的公共选择问题［C］．上海：三联书店，1994.

[100] [美] 斯蒂芬·戈德史密斯，威廉·D. 埃格斯. 孙迎春译. 网络化治理——公共部门的新形态 [M]. 北京：北京大学出版社，2008.

[101] 宋妍，陈赛，张明. 地方政府异质性与区域环境合作治理——基于中国式分权的演化博弈分析 [J]. 中国管理科学，2020，28 (1)：201-211.

[102] 孙国强，范建红. 网络组织治理绩效影响因素的实证研究 [J]. 数理统计与管理，2012 (2)：296-306.

[103] 孙国强等. 技术权力、组织间信任与合作行为：基于沁水煤层气网络的领导——追随行为研究 [J]. 南开管理评论，2019，22 (1)：87-97.

[104] 孙牧. 网络化治理机制研究 [D]. 兰州：西北师范大学，硕士论文，2010.

[105] 孙萍，闫亭豫. 我国协同治理理论研究述评 [J]. 理论月刊，2013 (3)：107-112.

[106] 孙伟增等. 环保考核、地方官员晋升与环境治理——基于2004~2009年中国86个重点城市的经验证据 [J]. 清华大学学报（哲学社会科学版），2014，29 (4)：79-171.

[107] 孙莹. 党政统合下基层协同治理研究——以四川省N县的脱贫振兴为例 [J]. 理论学刊，2019 (1)：137-143.

[108] 谭春桥，张强. 具有区间联盟值人对策的Shapley值 [J]. 应用数学学报，2010，33 (2)：194-203.

[109] 谭英俊. 区域经济发展中地方政府间关系调整与优化——一种组织间网络的分析框架 [J]. 行政论坛，2013 (1)：41-45.

[110] 陶希东. 美国空气污染跨界治理的特区制度及经验 [J]. 环境保护，2012 (7)：75-78.

[111] 田培杰. 协同治理概念考辨 [J]. 上海大学学报（社会科学版），2014 (1)：135-136.

[112] 汪泽波，王鸿雁. 多中心治理理论视角下京津冀区域环境协同治理探析 [J]. 生态经济，2016，32 (6)：157-163.

[113] 王欢明等. 基于网络治理的公交服务总效益和各主体决策分析 [J]. 运筹与管理，2013，22 (2)：213-221.

[114] 王俊敏，沈菊琴. 跨域水环境流域政府协同治理：理论框架与实现机制 [J]. 江海学刊，2016 (5)：214-239.

[115] 王洛忠，丁颖. 京津冀雾霾合作治理困境及其解决途径 [J]. 中共中央党校学报，2016，20 (3)：74-79.

[116] 王鹏祥. 论我国环境公益诉讼制度的构建 [J]. 湖北社会科学，2010

(3): 154 – 157.

[117] 王涛. 基于社会资本的知识链成员间相互信任产生机制的博弈研究 [J]. 科学学与科学技术管理, 2010 (1): 76 – 80.

[118] 王幼莉. 项目经济评价中环境成本问题探讨 [J]. 企业经济, 2003 (4): 40 – 41.

[119] 王振波等. 京津冀城市群跨区污染的模式总结与治理效果评估 [J]. 环境科学, 2017 (10): 1 – 12.

[120] 王振兴, 韩伊静, 李云新. 大数据背景下社会治理现代化: 解读、困境与路径 [J]. 电子政务, 2019 (4): 84 – 92.

[121] 吴季松. 以协同论指导京津冀协同创新 [J]. 经济与管理, 2014 (5): 8 – 12.

[122] 吴坚. 跨界水污染多中心治理模式探索——以长三角地区为例 [J]. 开发研究, 2010 (2): 90 – 93.

[123] 吴明隆. 结构方程模型 [M]. 重庆: 重庆大学出版社, 2011.

[124] 席恒, 雷晓康. 合作收益与公共管理: 一个分析框架及其应用 [J]. 中国行政管理, 2009 (1): 109 – 113.

[125] 郄建荣. 京津冀空气质量与达标目标差距大 [N]. 法制日报, 2014 – 03 – 26 (6).

[126] 肖冬平, 顾新. 知识网络中组织间信任形成机制研究——基于博弈论视角 [J]. 科技管理研究, 2009 (3): 208 – 210.

[127] 谢识予. 经济博弈论 [M]. 上海: 复旦大学出版社, 2012.

[128] 谢志铭. 对广东省环境污染成因的理论研究 [J]. 特区经济, 2009 (12): 23 – 24.

[129] 邢华, 邢普耀. 大气污染纵向嵌入式治理的政策工具选择——以京津冀大气污染综合治理攻坚行动为例 [J]. 中国特色社会主义研究, 2018 (3): 77 – 84.

[130] 徐现祥, 王贤彬. 晋升制度与经济增长: 来自中国省级官员的实证 [J]. 世界经济, 2010 (2): 15 – 36.

[131] 徐志伟. 京冀地区水资源补偿问题研究 [D]. 天津: 天津财经大学, 博士论文, 2012.

[132] 薛俭等. 京津冀大气污染地区际合作博弈模型 [J]. 系统工程理论与实践, 2014, 24 (3): 810 – 816.

[133] 亚当·斯密. 国民财富的性质和原因的研究 [M]. 北京: 商务印书馆, 1981.

[134] 闫喜凤．区域空气质量与水质及其土地利用变化响应研究［D］．南昌：南昌大学，博士论文，2013.

[135] 闫章荟．公共服务供给主体间合作机理研究［J］．理论月刊，2014（5）：144－148.

[136] 杨华锋．协同治理：作为社会管理创新策略的比较优势［J］．领导科学，2012（11）：54－55.

[137] 杨洁，刘家财．带风险偏好的区间支付交流结构合作博弈及平均树解［J］．系统科学与数学，2019，39（5）：733－742.

[138] 杨龙，杨杰．中国府际合作中的信任［J］．理论探讨，2015（6）：134－138.

[139] 杨兴凯．政府组织间信息共享信任机制与测度方法研究［D］．大连：大连理工大学，博士论文，2011.

[140] 杨颖．地方治理：协同治理机制探究［J］．山东行政学院学报，2013（1）：39－43.

[141] 姚德超，肖军飞．地方治理进程中政府网络管理能力建设研究［J］．理论导刊，2012（3）：8－12.

[142] 姚引良等．地方政府网络治理多主体合作效果影响因素研究［J］．中国软科学，2010（1）：138－149.

[143] 叶大凤．协同治理：政策冲突治理模式的新探索［J］．管理世界，2015（6）：172－173.

[144] 叶兆木．环境损失与环境成本评估研究进展、问题和展望［J］．四川环境，2007，26（1）：85－89.

[145] 易志斌，马晓明．我国跨界水污染问题产生的原因及防治对策分析［J］．科技进步与对策，2008，25（15）：151－153.

[146] 于江，魏崇辉．多元主体协同治理：国家治理现代化之逻辑理路［J］．求实，2015（4）：63－69.

[147] 于晓辉，周珍，杜志平．产业集群背景下模糊联盟结构合作博弈的核心［J］．系统科学与数学，2019，39（6）：934－934.

[148] 俞可平．民主与陀螺［M］．北京：北京大学出版社，2006.

[149] 俞可平．治理与善治［M］．北京：社会科学文献出版社，2000.

[150] 全球治理委员会．我们的全球伙伴关系［M］．伦敦：牛津大学出版社，1995.

[151]［美］詹姆斯·罗西瑙．没有政府的治理［M］．南昌：江西人民出版

社，2006.

［152］张继亮，王映雪．政府与社会组织协同治理效能提升的三重维度［J］．学术交流，2018（6）：70－76.

［153］张凯，李万明．基于合作博弈联盟的玛纳斯河流域水权市场化配置研究［J］．新疆师范大学学报（哲学社会科学版），2018，39（4）：149－160.

［154］张康之．公共行政："经济人"假设的适应性问题［J］．中山大学学报（社会科学版），2004，44（2）：12－17.

［155］张康之．寻找非控制导向的合作制组织［J］．中共杭州市委党校学报，2014（4）：4－12.

［156］张康之．在历史的坐标中看信任——论信任的三种历史类型［J］．社会科学研究，2005（1）：11－17.

［157］张康之．走向合作治理的历史进程［J］．湖南社会科学，2006（4）：31－36.

［158］张坤民．可持续发展论［M］．北京：中国环境科学出版社，1997.

［159］张世秋．京津冀一体化与区域空气质量管理［J］．环境保护，2014，42（17）：30－33.

［160］张伟中，何红生，朱永中．河长制框架下黄河河道管理联防联控机制建设［J］．人民黄河，2019，41（5）：16－22.

［161］张小航，杨华．创造公共价值：我国公共体育服务改革的新动向［J］．天津体育学院学报，2013，28（2）：151－156.

［162］张学刚，钟茂初．政府环境监管与企业污染的博弈分析及对策研究［J］．中国人口、资源与环境，2011，21（2）：31－35.

［163］张志耀，贾劼．跨行政区环境污染产生的原因及防治对策［J］．中国人口、资源与环境，2001，11（52）：22－24.

［164］赵来军，曹伟．湖泊流域跨界水污染合作平调模型研究［J］．系统工程学报，2011，26（3）：367－372.

［165］赵来军．我国湖泊流域跨行政区水环境协同管理研究——以太湖流域为例［M］．上海：复旦大学出版社，2009.

［166］郑中玉，何明升．网络社会的概念辨析［J］．社会学研究，2004（1）：13－21.

［167］周黎安．中国地方官员的晋升锦标赛模式研究［J］．经济研究，2007（7）：36－50.

［168］朱纪华．协同治理：新时期我国公共管理范式的创新与路径［J］．上海

市经济管理干部学院学报，2010（01）：5－9.

［169］朱德米．构建流域水污染防治的跨部门合作机制——以太湖流域为例［J］．中国行政管理，2009（4）：86－91.

［170］朱喜群．生态治理的多元协同：太湖流域个案［J］．改革，2017，276（2）：96－107.

［171］祝立宏．略论可持续发展战略下的环境成本核算［J］．会计之友，2001（11）：12－13.

［172］邹继业，李金龙．地方政府间信任关系的博弈分析［J］．经济与社会发展，2010，8（12）：72－80.

［173］Amigues J. P.，Durmaz T.. A Two－Sector Model of Economic Growth with Endogenous Technical Change and Pollution Abatement［J］. Environmental Modeling & Assessment，2019，24：703－725.

［174］Ansell C.，A. Gash. Collaborative Governance in Theory and Practice［J］. Journal of Public Administration Research and Theory，2007，18（4）：543－571.

［175］Armitage D，Loë R. D.，Plummer R. Environmental Governance and its Implications for Conservation Practice［J］. Conservation Letters，2012，5（4）：245－255.

［176］Aubin，Jean－Pierre Coeur et équilibres des jeux flous sans paiements latéraux. C. R. Acad. Sci. Paris Sér. A，1974（279）：963－966.

［177］Aubin J. P. Cooperative Fuzzy Games［J］. Mathematics of Operations Research，1981，6（1）：1－13.

［178］Bagozzi R. P.，Yi Y. On the Evaluation of Structural Equation Models［J］. Academic of Marketing Science，1988（16）：76－94.

［179］Barbra Gray，Collaborating：Finding Common Ground for Multi－Party Problems［M］. San Francisco：Jossey－Bass，1989.

［180］Barney G.，Anselm S. The Discovery of Grounded Theory：Strategies for qualitative Research［M］. Chicago：Aline，1967：161－184.

［181］Barrett，S. Self-enforcing International Environmental Agreement［J］. Oxford Economic Papers，1994，46：878－898.

［182］Bettie C. L，Elson D. M.，Gibbs D. C.，Irwin J. G.，Jefferson C. M.，Longhurst J. W. S.，Newton A. J.，Pheby D. F. H.，Pill M. A. J.，Rowe J.，Simmons A.，Tubb，A. L. T.，Whitwell I. Implementation of Air Quality Management in Urban Area within England－Some Evidence from Current Practice［M］. Air Pollution Ⅵ. WIT

Press, Southampton and Boston, 1998: 353 -364.

[183] Bettie C. L, Elson D. M., Gibbs D. C., Irwin J. G., Jefferson C. M., Longhurst J. W. S., Newton A. J., Pheby D. F. H., Pill M. A. J., Rowe J., Simmons A., Tubb A. L. T., Whitwell I., Woodfield N. K. Communication and Co-operation within and between Local Authorities - An Attempt to Quantify Management Practices and Their Effect on the Air Quality Management Process [M]. Air Pollution Ⅶ. WIT Press, Southampton and Boston, 1999: 175 -186.

[184] Bondareva O. N. Some Applications of Linear Programming Methods to the Theory of Cooperative Games [J]. Problemy Kibernetiki, 1963 (10): 119 -139.

[185] Brian S. Everitt, Graham Dunn. Applied Multivariate Data Analysis, Second Edition [M]. John Wiley & Sons, Ltd., 2001.

[186] Bryson, John M, Crosby, Barbara C, and Stone, Melissa Middleton, The Design and Implementation of Cross - Sector Collaborations: Propositions from the Literature [J]. Public Administration Review, 2006, S1: 44 -55.

[187] Byrne B. M. Structural Equation Modeling with AMOS: Basic Concepts, Applications and Programming [M]. Sage Publications, Inc, 2001.

[188] Campbell D. J. Task Complexity: A Review and Analysis. Academy of Management Review, 1988 (13): 40 -52.

[189] Cao Q., Gedajlovic E, Zhang H P. Unpacking Organizational Ambidexterity: Dimensions, Contingencies, and Synergistic Effects [J]. Organization Science, 2009, 20 (4): 781 -796.

[190] C. Hardy, N. Phillips, Strategies of Engagement: Lessons from the Critical Examination of Collaboration and Conflict in an Interorganizational Domain [J]. Organization Studies, 1998, 9: 217 -230.

[191] Ch Koch, Collaborative Governance in the Restructured Electric Industry [J]. Wakeforest Law Review, 2005, 2: 589 -615.

[192] Chris Ansell, Alison Gash, Collaborative Governance in Theory and Practice [J]. Journal of Public Administration Research & Theory, 2007, 4: 543 -571.

[193] Chris Huxham, S. Vangen. Managing to Collaborate: the Theory and Practice of Collaborative Advantage [M]. Abingdon: Routledge, 2005.

[194] Chun Y. On the Symmetric and Weighted Shapley Values [J]. International Journal of Game Theory, 1991 (20): 183 -190.

[195] Clare M. Ryan, Leadership in Collaborative Policy-making: An Analysis of

Agency Poles in Regulatory Negotiations [J]. Policy Sciences, 2001, 3: 221-245.

[196] Currall, S. C., Inkpen, A. C. A Multilevel Approach to Trust in Joint Ventures. Journal of International Business Studies. 2002, 33 (3): 479-495.

[197] Dasgupta S, Wang H, Wheeler D. Surviving Success: Policy Reform and the Future of Industrial Pollution in China [Z]//Policy Research Working Paper. Washington DC: The World Bank, 1997: 1-52.

[198] Dinar A., Howitt R. E. Mechanisms for Allocation of Environmental Control Cost: Empirical Tests of Acceptability and Stability [J]. Journal of Environmental Management, 1997, 49: 183-203.

[199] Emerson K, Nabatchi T, Balogh S. An Integrative Framework for Collaborative Governance [J]. Journal of Public Administration Research & Theory, 2012, 1: 1-29.

[200] Enrico Baraldi, Espen Gressetvold, Deebbie Harrison. Resource Interaction in inter-organizational Networks: Introduction to the Special Issue [J]. Journal of Business Research, 2012, 65 (2): 123-127.

[201] Eric Maskin. Nash Equilibrium and Welfare Optimality [J]. The Review of Economic Studies, Special Issue: Contracts, 1999, 66 (1): 23-28.

[202] Gilies D. B. Some Theorems on N-person Games [D]. Ph. D. Thesis, Princeton University Press, Princeton, 1953.

[203] Glaser B. G. Doing Grounded Theory: Issues and Discussions [M]. Mill Valley, CA: Sociology Press, 1998.

[204] Glaser B. G. Theoretical Sensitivity: Advances in the Methodology of Grounded Theory [M]. Mill Valley, CA: Sociology Press, 1978.

[205] Glasser B. G., Strass A. L. The Discovery of Grounded Theory [M]. New York: Aldinede Gruyter, 1967.

[206] Gray W. B., Shadbegian R. J. Plant Vintage [J]. Technology Economics and Management, 2003, 46: 384-402.

[207] Grossman G., Krueger A. Environmental Impacts of a North American Free Trade Agreement, In National Bureau of Economic Research Working Paper No. 3914, NBER, Cambridge MA, 1991.

[208] Guillaume Haeringer. A New Weight Scheme for the Shapley Value [J]. Mathematical Social Sciences, 2006, 52 (1): 88-98.

[209] Hair Jr., J. F. Anderson R., R. L. Tathan, W. C. Black. Multivariate Data

Analysis, Fifth Edition, N. J.: Prentice Hall International Editions, 1998.

[210] Hakansson H. Industrial Technological Development. A Network Approach. Routledge, London, 1987.

[211] Halkos G. E. Incomplete Information in the Acid Rain Game [J]. Empirical, 1996, 23: 129 – 148.

[212] Hammersley M. The Dilemma of Qualitative Method: Herbert Blumer and the Chicago Tradition [M]. Newbury Park: Sage, 1990.

[213] Harold Garfinkel, Studies in Ethnomethodology [M]. London: Polity Press, 1991.

[214] Helen Sullivan & Chris Skelcher, Working Across Boundaries: Collaboration in Public Service [M]. New York: Palgrave Mac-millan, 2002.

[215] Hilton F. G. H., Levinson A. Factoring the Environmental Kuznets Curve: Evidence from Automotive Emissions [J]. Journal of Environmental Economics and Management, 1998, 35: 126 – 141.

[216] Hoel Michael. International Environmental Conventions: the Case of Uniform Reductions of Emissions [J]. Environmental and Resource Economics, 1992 (3): 221 – 231.

[217] Hurwicz L. On Informationally Decentralized Systems [A]. In Radner, and McGuire (Eds.). Decision and organization [C]. Amster-dam: Elsevier Science, 1972.

[218] Hurwicz L. Optimality and Informational Efficiency in Resource Allocation Processes [A]. In Arrow, Karlin, and Suppes (Eds.). Mathematical Methods in the Social Sciences [C]. Stanford, CA: Stanford University Press, 1960.

[219] Hurwicz L. The Design of Mechanisms for Resource Allocation [J]. American Economic Review, 1973, 63: 1 – 30.

[220] Imperial, Mark T., Using Collaboration as a Governance Strategy: Lessons from Six Watershed Management Programs, Administration and Society, 2005, 37: 281 – 320.

[221] Jeffrey Pfeffer, Gerald R. Salancik. The External Control of Organizations: A Resource Dependence Perspective [M]. Stanford University Press, 2003.

[222] J Freeman, "Collaborative Governance in the Administrative State", UCLA Law Review, 1997, 45: 1 – 98.

[223] Jie Yang, D. Marc Kilgour. Bi-fuzzy Graph Cooperative Game Model and

Application to Profit Allocation of Ecological Exploitation [J]. International Journal Fuzzy Systems, 2019, 21 (6): 1858 - 1867.

[224] Jin Li, Sang-Chul Suh, Yuntong Wang. Sharing Pollution Permits under Welfare Upper Bounds [J]. TOPC Sociedad de Estadística e Investigación Operativa, 2020.

[225] John A. L., Charles F. M. Optimal Institutional Arrangements for Transboundary Pollutants in Second-best World: Evidence from a Differential Game with Asymmetric Players [J]. Environmental Economics and Management, 2001, 42 (3): 277 - 296.

[226] Johnston Erik W., Hicks Darrin, Nan Ning, Auer Jennifer C. Managing the Inclusion Process in Collaborative Governance [J]. Journal of Public Administration Research & Theory, 2010, 4: 699 - 721.

[227] J. S. Coleman. Foundations of Social Theory [M]. Cambridge: Cambridge University Press, 1990.

[228] Juliet C., Anselm S., Lincoln. Grounded Theory Methodology: An Overview [R]. Handbook of qualitative Research, Sage Publications, 1994: 273 - 285.

[229] Kalai E., Samet D. On Weighted Shapley Values [J]. International Journal of Games Theory, 1987, 16 (3): 205 - 222.

[230] Keon Chi, Four Strategies to Transform State Governance [M]. Washington: IBM Center for the Business of Government, 2008.

[231] L. A. Zadeh, Fuzzy Sets as Basis for a Theory of Possibility, Fuzzy Sets and Systems, 1978.

[232] Lemos M. C., Agrawal A. Environmental Governance [J]. Annual Review of Environment and Resources, 2006, 31: 297 - 325.

[233] March J. G., Simon H. A. organizations. New York: Wiley - Blackwell, 1958.

[234] Mcallister D. J. Affect-and Cognition - Based Trust as Foundations for Interpersonal Cooperation in Organizations [J]. Academy of Management Journal, 1995, 38 (1): 24 - 59.

[235] McCallin A. M. Designing a Grounded Theory Study: Some Practicalities [J]. Nursing in Critical Care, 2003 (5): 203 - 208.

[236] Michael McGuire, "Collaborative Public Management: Assessing What We Know and How We Know It", Public Administration Review, 2006, 66, S1, pp. 33 - 43.

[237] Michael Moran, Martin Rein, Robert E. Goodin. Oxford Handbook of Public Policy [M]. UK: Oxford University Press, 2008.

[238] Mielcová E. Core of N – person Transferable Utility Game with Intuitionistic Fuzzy Expectations [M]//Agent and Multi – Agent Systems: Technologies and Applications, 2015: 167 – 178.

[239] Mäler K. G. The Acid Rain Game. In H. Folmer and E. van lerland (eds), Valuation and Poliey Making in Environmental Economics [M]. Amsterdam: Elsevier North Holland. 1989.

[240] Mäler K. G. Warming Economic Policy in the Face of Positive and Negative Spillovers. In H. Siebert (eds), Environmental Scarcity [M]. Kiel: Institute for Weltwirtschaft, 1991.

[241] Moore M. H. Creating Public Value Strategic Management in Government [M]. Cambridge, MA: Harvard University Press, 1995.

[242] Moulin H. Axioms of Cooperative Decision Making [M]. Cambridge University Press, 1998.

[243] M. Sako, Price, Quality and Trust: Inter-firm Relations in Britain and Japan [M]. Cambridge, England: Cambridge University Press, 1992.

[244] Muhammad Luqman, Ugur Soytas, Sui Peng, Shaoan Huang. Sharing the Costs and Benefits of Climate Change Mitigation via Shapley Value [J]. Environmental Science and Pollution Research, 2019, 26: 33157 – 33168.

[245] Murofushi T, Sugeno M. An Interpretation of Fuzzy Measure and the Choquet Integral as an Integral with Respect to a Fuzzy Measure [J]. Fuzzy Sets and Systems, 1989, 29 (1): 201 – 227.

[246] Myerson R. B. Incentive Compatibility and the Bargaining Problem [J]. Econometric, 1979, 47: 61 – 74.

[247] Myerson R. B. Graphs and Cooperation in Games [J]. Mathematics of Operations Research, 1977, 2: 225 – 229.

[248] National Society for Clean Air and Environmental Protection (NSCA). Air Quality Management Areas: Turning Reviews into Action [R]. NSCA. Brighton, UK, 2000.

[249] N. Mahjouri, M. Ardestani. Application of Cooperative and Non – Cooperative Games in Large – Scale Water Quantity and Quality Management: A Case Study [J]. Environmental Monitoring and Assessment, 2011, 172 (1 – 4): 157 – 169.

[250] Nordenstam B. J., Lambright W. H. A Framework for Analysis of Transboundary Institutions for Air Pollution Policy in the United States. Environmental Science & Policy, 1998 (3): 231 - 238.

[251] Nowak A. S., Radizik T. On axiomatizations of the weighted Shapley values [J]. Games Economic Behavior, 1995, 8 (2): 389 - 405.

[252] Ostrom E. Governing the Commons: The Evolution of Institutions for Collective Action [M]. Cambridge: Cambridge University Press, 1990.

[253] Ostrom E. Polycentric Systems for Coping with Collective Action and Global Environmental Change [J]. Global Environmental Change, 2010, 20 (4): 550 - 557.

[254] Owen G. A Note on the Shapley Value [J]. Management Science, 1968, 14 (11): 731 - 732.

[255] Owen G. Multilinear Extensions of Games [J]. Management Science, 1972, 18 (5): 64 - 79.

[256] Panayotou, T. Empirical Tests and Policy Analysis of Environmental Degradation at Different Stages of Economic Development. Working Paper WP238, Technology and Employment Programme, International Labor Office, Geneva, 1993.

[257] Patricia McGee Crotty. The New Federalism Game: Primacy Implementation of Environmental Policy [J]. The Journal of Federalism, 1987, 17 (2): 53 - 67.

[258] P. J. May, W. Williams. Disater Policy Implementation: Managing Program under Shared Governance [M]. NY: Plenum Press, 1986.

[259] Putnam Robert D. "The Prosperous Community - Social Capital and Public Life", The American Prospect, 1993 (13): 35 - 42.

[260] Raul R. Dommel. Intergovernmental relations: in Managing local Government [M]. Sage Publication, Inc, 1991.

[261] R D Lasker, E S Weiss, "Broadening Participation in Community Problem Solving: A Multidisciplinary Model to Support Collaborative Practice and Research", Journal of Urban Health Bulletin, 2003, 1: 14 - 47.

[262] Rhodes R A W. The New Governance: Governing Without government [J]. Political Studies, 2006, 44 (4): 652 - 667.

[263] Rodica Branzei, Dinko Dimitrov, Stef Tijs. Models in Cooperative Game Theory (Second Edition) [M]. Springer - Verlag Berlin Heidelberg, 2008: 23 - 28.

[264] Roge B. Myerson Source. Mechanism design by an informed principal. Econometric, 1983, 51 (6): 1767 - 1797.

[265] Seijts G. H. , and Latham, G P. The Effects of Distal Learning, Outcome, and Proximal Goals on a Moderately Complex Task [J]. Journal of Organizational Behavior, 2001, 22 (3): 291 –307.

[266] Selden, T. and D. Song. Neoclassical Growth, the J Curve for Abatement, and the Inverted – U Curve for Pollution [J]. Journal of Environmental Economics and Management, 1995, 29: 162 –168.

[267] Shapley L. S. A Comparison of Power Indices and Non-symmetric Generalization [C]. RAND paper, 1997: 5872.

[268] Shapley L. S. . Additive and Non-additive Set Functions [D]. Ph. D. Thesis, Department of Mathematics, Princeton University, 1953.

[269] Shapley L. S. A value for n-person games [J]. Annals of Mathematics Studies, Princeton University Press, Princeton, 1953 (28): 307 –317.

[270] Shapley L. S. Valuations of games [J]. Proceedings of Symposia in Applied Mathematics, 1981 (24): 55 –67.

[271] Shapley W. W. Existnce of a Core when there are Increasing Returns [J]. Econometrica, 1979, 47 (4): 869 –876.

[272] Shuhua Chang, Suresh P. Sethi, Xinyu Wang. Optimal Abatement and Emission Permit Trading Policies in a Dynamic Transboundary Pollution Game [J]. Dynamic Games Applications, 2018 (8): 542 –572.

[273] Simon Zadek. The Logic of Collaborative Governance: Corporate Responsibility, Accountability, and the Social Contract [M]. Cambridge: Harvard University, 2006.

[274] The Royal Swedish Academy of Sciences. Mechanism design theory [R]. Oct. 2007.

[275] Tijs S. The First Steps with Alexia, the Average Lexicographic Value, CentER Discussion Paper, Tilburg University, 2005: 123.

[276] T Reilly. Collaboration in Action: An Uncertain Process [J]. Administration in Social Work, 2001, 2: 53 –73.

[277] Tsurumi Masayo et al. A Shapley Function on a Class of Cooperative Fuzzy Games [J]. European Journal of Operational Research, 2001, 129 (3): 596 –618.

[278] Tyteca D. On the Measurement of the Environmental Performance of Firms – A Literature Review and a Productive Efficiency Perspective [J]. Journal of Environmental Management, 1996, 46 (3): 281 –308.

[279] Von Neumann J. , O. Morgagenstern. Theory of Games Economic Behavior [M]. Princeton University Press, Princeton, 1944.

[280] Walter U. M. , Peter Christopher G. A Template for Family Centered Intergragency Collaboration, Families in Society: The Journal of Contemporary Human Services, 2000, 5: 494 -503.

[281] W. Anderson. Intergovernmental Relational in Review [M]. Minneapolis: University of Minnesota press, 1960.

[282] Winter E. The Shapley value. In: Aumann R. J. , Hart S. (Ed.), Handbook of Game Theory with Economic Applications 3 [M]. North Holland, 2002: 2025 - 2054.

[283] Yager R. R. OWA Aggregation over a Continuous Interval Argument with Applications to Decision Making [J]. IEEE Transactions on Systems, Man, and Cybernetics - Part B: Cybernetics, 2004, 34 (5): 1952 - 1963.

[284] Yang R. , et al. Fuzzy Numbers and Fuzzification of Choquet Interval [J]. Fuzzy Sets and Systems, 2005, 153 (1): 95 - 113.

[285] Yolanda C. Padiila, Lesley E. Daigle. Inter-agency Collaboration in an international Setting [J]. Administration in Social Work, 1998, 1: 65 - 81.

[286] Zadeh L. A. Fuzzy Sets [J]. Information and Control, 1965, 8: 338 -353.

[287] Zucker, L. G. . Production of Trust: Institutional Sources of Economic Structure, 1840 - 1920 [C]//Research in Organizational Behavior: Greenwich: JAI Press, 1986: 53 - 111.

附　录

附件 1　法律政策文件样本

附录 A　江西省昌九区域大气污染联防联控规划

一、总论

（一）目的与意义

目前，我国大气污染的区域性特征日益明显，灰霾、臭氧和酸雨等区域性大气污染问题日益突出，对人民群众身体健康和生态安全构成威胁，成为当前迫切需要解决的环境问题。近年来，特别是 2013 年南昌市作为全国第一批执行空气质量新标准的 74 个城市之一，南昌市城市环境空气质量为超二级（执行 GB3095 – 2012 标准），细颗粒物（PM2.5）超标率达到 36.2%。区域经济的一体化、环境问题的整体性以及大气环流造成昌九区域内城市间污染传输影响给现行的环境管理模式带来了巨大挑战，区域大气污染联防联控机制亟待建立。通过采取联防联控措施，加大防治力度，统筹环境资源，严格落实责任，形成治污合力，推动昌九区域空气质量不断改善，确保昌九区域环境安全，提升昌九区域可持续发展能力。

省委十三届七次全会指出，要加快推进昌九一体化，南昌、九江将逐步形成同城化发展，成为支撑江西经济崛起的“双核”。当前和今后的一段时期，昌九区域工业化、城镇化进程将不断加快，大气污染问题日益突出，资源能源与环境矛盾将更加集中。为实现 2020 年全面建成小康社会要求的生态环境质量明显改善的战略目标，应抓住当前经济社会发展的转型期和解决重大环境问题的战略机遇期，推进昌九区域大气污染联防联控工作。从系统整体角度出发，制定并实施昌九区域大气污染防治对策，采取煤炭消费总量控制等政策措施，形成环境优化经济发展的“倒逼传导机制”，加大落后产能淘汰力度，促进经济发展方式转变、能源结构优化和能源消费的合理布局，推动昌九区域经济与环境的协调发展。

科学编制昌九区域大气污染联防联控规划，是贯彻国务院《大气污染防治行动计划》《江西省落实大气污染防治行动计划实施细则》，落实全省大气污染防治目标、强化政府宏观调控措施的一项重要工作，是全省“十二五”环境保护规划的重要组成部分，同时也是指导区域经济发展、产业布局、能源消费和大气污染物排放控制的重要文件。

（二）指导思想

以科学发展观为指导，围绕全面建设小康社会的环境要求，以改善大气环境质量为目标，以多污染物综合控制和均衡控制为手段，以工业企业废气治理、城市扬尘污染防治、机动车排气污染防治等为重点，科学编制《昌九区域大气污染联防联控规划》（以下简称《规划》），明确区域大气污染防治目标、重点任务、政策措施和保障机制，实现区域大气污染防治的定量化和精细化管理，促进经济发展方式转变，提升区域可持续发展能力。

（三）规划范围

考虑到大气污染特征及行政区划，《规划》确定的实施范围为南昌、九江、宜春3个设区市部分地区，共23个县（市、区），包括南昌市全境，以及九江市庐山区、浔阳区、九江县、永修县、德安县、星子县、湖口县、瑞昌市、共青城市，宜春市奉新县、靖安县、丰城市、樟树市、高安市，总面积2.41万平方公里，2012年末总人口约1123万人。

（四）规划时限

规划的基准年为2012年，规划目标年为2017年，远期延伸至2020年。

（五）基本思路

（1）以改善区域大气环境质量为核心，确定区域大气环境质量目标及主要大气污染物控制指标。针对可吸入颗粒物污染、灰霾污染天气等重点问题，在火电、钢铁、水泥、陶瓷、石化、涂装等工业行业及机动车、城市扬尘、生活面源等重点领域，确定区域大气环境质量目标；根据区域大气环境质量目标要求，确定不同污染物排放控制要求，包括区域二氧化硫（SO_2）总量控制指标、区域氮氧化物（NO_x）总量控制指标、区域烟（粉）尘总量控制指标、区域挥发性有机物（VOCs）减量指标等。

（2）统筹区域环境资源，建立公平合理的污染防治目标，实现区域经济与环境的协调发展。统筹考虑区域内各城市社会、经济、环境发展状况，兼顾长期和短期利益，建立有利于实现区域公共利益最大化的大气污染物排放总量分配机制。根据区域产业结构的特点和排污总量的特征，制定总量控制指标，严格控制排污总量；创新环境经济政策，建立发展补偿等利益均衡机制，推动区域整体发展。

（3）加大区域污染控制力度，编制减排项目清单，落实控制任务。针对影响区域大气环境质量的重点污染物（包括颗粒物、二氧化硫、氮氧化物及挥发性有机物等）实施减排任务，加大南昌、九江和宜春城市区域污染控制力度，形成以区域大气环境质量全面改善为核心的多污染物综合防治体系。

（六）编制依据

1.《大气污染防治行动计划》

2.《重点区域大气污染防治“十二五”规划》

3.《国务院办公厅转发环境保护部等部门关于推进大气污染联防联控工作改善区域空气质量指导意见的通知》

4.《〈鄱阳湖生态经济区规划〉实施方案》

5.《江西省国民经济和社会发展第十二个五年规划纲要》（2011 年 2 月 14 日江西省第十一届人民代表大会第四次会议通过）

6.《江西省环境保护“十二五”规划》

7.《江西省落实大气污染防治行动计划实施细则》

8.《江西省 2013 年净空、净水、净土行动实施方案》

9.《南昌市土地利用总体规划（2006～2020 年）》

10.《九江市土地利用总体规划（2006～2020 年）》

11.《宜春市土地利用总体规划（2006～2020 年）》

12.《“十二五”重点区域大气污染联防联控规划编制指南》

13.《南昌市环境质量报告书》（2000～2012 年）

14.《九江市环境质量报告书》（2000～2012 年）

二、现状与问题

（一）区域大气环境质量现状

从空气质量优良率来看，规划区城市空气质量总体稳定，2013 年，南昌市城市环境空气质量为超二级（执行 GB3095 - 2012 标准），其他设区市均为二级（执行 GB3095 - 1996 标准）。其中，南昌市 2013 年空气质量优良天数为 222 天，空气质量优良率 60.8%，轻度污染 26.3%，中度污染 8.2%，重度污染 4.7%，首要污染物为细颗粒物（PM2.5）。其中，环境空气质量各指标年日平均值为：可吸入颗粒物（PM10）116 微克/立方米，细颗粒物（PM2.5）为 69 微克/立方米，二氧化硫（SO_2）40 微克/立方米，二氧化氮（NO_2）40 微克/立方米。九江市 2013 年空气质量优良天数为 342 天，空气质量优良率为 93.7%。首要污染物为可吸入颗粒物。其中，环境空气质量各指标年日平均值为：二氧化硫 36 微克/立方米，二氧化氮 32 微克/立方米，可吸入颗粒物 78 微克/立方米。

从污染时段来看，规划区冬春季节污染频率大于夏季，这与气象条件、周边地形以及大气污染物排放强度有关。据气象资料分析，每年 11 月至次年 2 月是规划区灰霾日数出现较多的月份，秋冬季节的灰霾天气占全年灰霾日总数的 70% 以上。规划区地处平原地带，冬季逆温频度大于夏季，冬季城区空气中二氧化硫、可吸入颗粒物浓度时有超标现象，城市大气污染呈现明显的季节变化特征。

从污染特征和主要污染因子来看，以煤烟型污染为主要特征向复合型污染转化，规划区由 2000 ~ 2010 年的首要污染物以二氧化硫、可吸入颗粒物为主，到 2011 ~ 2013 年，特别是 2013 年以细颗粒物、臭氧（O_3）为主。以 2013 年南昌市为例，细颗粒物超标率为 36.2%，年浓度均值为 69 微克/立方米，超过年均值二级标准 0.97 倍；臭氧日最大 8 小时均值的超标率为 6.6%，最大值为 225 微克/立方米（出现在 5 月），最大超标倍数为 0.41 倍。

（二）规划区大气污染排放现状评估

2012 年，规划区二氧化硫排放量为 20.1 万吨，其中工业 19.6 万吨，生活 0.5 万吨。从工业污染物排放行业分布来看，二氧化硫排放量居首位的火力发电业为 6.1 万吨，占全行业工业总排放量的 34%，第二位钢压延加工为 2.3 万吨，占全行业工业总排放量的 13%，第三位炼钢为 1.6 万吨，占全行业工业总排放量的 9%。前十大行业二氧化硫排放量占全行业工业二氧化硫排放量的 87%。2012 年规划区氮氧化物排放量为23.4万吨，其中工业16.3万吨，生活0.1万吨，机动车7万吨。从工业污染物排放行业分布来看，氮氧化物排放量居首位的火力发电业为9.7万吨，占全行业工业总排放量的63%，第二位水泥制造为2.3万吨，占全行业工业总排放量的15%，第三位建筑陶瓷制品制造为1.2万吨，占8%。前十大行业氮氧化物排放量占全行业工业氮氧化物排放量的95%。

2012年规划区烟（粉）尘排放量为8.1万吨，其中工业6.8万吨，生活0.2万吨，机动车0.8万吨，城市扬尘0.3万吨。从工业污染物排放行业分布来看，烟（粉）尘排放量居首位的火力发电业为1.3万吨，占全行业工业总排放量的21%，第二位钢延压加工为0.55万吨，占全行业工业总排放量的9%，第三位建筑陶瓷制品制造为0.54万吨，占全行业工业总排放量的9%。前十大行业烟（粉）尘排放量占全行业工业烟（粉）尘排放量的80%。

总体来看，规划区单位国土面积承担的大气污染物排放量远高于全省其他地区，规划区以占全省16%的国土面积，集中了全省20%的人口，产生了34%的经济总量，消费了37%的能源，排放了35%的二氧化硫、38%的氮氧化物和22%的烟（粉）尘。

（三）存在的主要问题

1. 复合型大气污染日益突出

近十年来，规划区污染天气逐步增多、出现频率和持续时间延长。同时，区域逆温等不利气象条件时有发生，大气扩散能力差，污染物积聚，造成严重雾霾天气。以南昌市为例，重污染天数2013年达到历史性的17次，全年优良率仅为60.8%，大气污染频率和危害逐步增大。随着工业的快速发展、能源消费和机动车保有量的快速增长，排放的大量二氧化硫、氮氧化物与挥发性有机物导致细颗粒物、臭氧、酸雨等二次污染呈加剧态势，呈现复合型、区域化的污染特征。

2. 工业化城镇化发展带来挑战

当前及今后一段时间，省委、省政府关于加快推进昌九一体化、南昌市打造核心增长极、九江沿江开放开发等重大战略的实施，规划区工业预期将加快发展。但资源能源消耗持续增长，环境容量相对不足，产业结构偏重化的趋势还将维持较长一段时期。预计到2015年和2020年，规划区GDP总量将分别达到6700亿元和1079亿元；城镇化率将分别达到68%和74%。GDP总量及城镇化率进一步增长，必将对区域大气污染物的控制和大气环境质量的改善带来较大压力。现有大气污染控制力度难以满足人民群众对改善环境空气质量的迫切要求。

3. 近地面颗粒物无组织排放

近年来，规划区启动了南昌旧城改造、九龙湖新城、九江八里湖新区等大规模的城市建设和拆迁改造。这些工程的建筑施工和交通运输，部分工地施工中没有采取相关降尘措施，混凝土搅拌企业存在环保设施不完善或环保设施非正常运行情况，车辆进出未采取除尘或降尘措施，产生二次扬尘较为严重。根据南昌市环境监测站对城区建筑工地、拆迁工地或混凝土搅拌企业进行的每月一次可吸入颗粒物及细颗粒物例行监测结果显示，工地周边环境空气颗粒物浓度，均不同程度超出了环境空气质量二级标准，可吸入颗粒物浓度最高值达到1934微克/立方米，细颗粒物浓度最高值达到1138微克/立方米，拆迁工地及混凝土搅拌企业周边的颗粒物监测浓度明显高于建筑工地。另外，加之城区环卫保洁、露天烧烤、餐饮油烟等管理环节滞后，区域颗粒物无组织排放及其衍生的二次污染等问题，导致城区灰霾现象日趋频繁。

4. 机动车排气污染日益严重

据不完全统计，2012年，规划区机动车保有量137万辆，占全省机动车保有量的17%，氮氧化物排放量占全省机动车排放量的24%，总颗粒物排放量占全省20%。机动车尾气中的碳氢化合物、炭黑等多种污染物最终转化为细颗粒物和臭氧，是复合型空气污染的重要来源。同时，规划区日均上牌车辆达到650辆以上，机动车数量仍在快速增长。机动车排气污染防治日益成为区域大气污染防治联防联控重点内容之一。

5. 大气环境管理模式滞后

规划区内南昌、九江、宜春三市按照现行的环境管理体系，地方政府对当地环境质量负责，采取的措施以改善当地环境质量为目标，各个城市“各自为战”导致难以解决区域性大气环境问题。同时，规划区城市特别是县级环境监测网络体系不完善，技术装备能力不足，技术与方法不完备，质量管理体系亟待提高，专业人才队伍匮乏，环境监测信息统一发布平台尚未建立，挥发性有机物、扬尘等未纳入环境统计管理体系，难以满足区域大气环境管理的需要。

三、规划目标与指标体系

（一）总体目标

经过五年努力，规划区空气质量总体改善，逐步趋稳向好，实现主要大气污染物排放总量显著下降，煤烟污染、扬尘污染与机动车排气污染等得到有效控制，工业烟（粉）尘、二氧化硫、氮氧化物排放量在2012年基础上分别下降12%、13%、19%，南昌、九江市区可吸入颗粒物浓度分别比2012年下降20%、8%以上，细颗粒物年均浓度控制在50微克/立方米左右，重污染天气较大幅度减少。力争再用五年或更长时间，逐步消除重污染天气，空气质量明显改善。

（二）指标体系

表1　　南昌、九江区域大气污染联防联控规划指标

类别	指标	2012年基准			2017年		
		南昌	九江	宜春	南昌	九江	宜春
环境质量指标[1]	二氧化硫年均浓度（微克/立方米）	45	28	—	42	维持	维持
	二氧化氮年均浓度（微克/立方米）	40	26	—	维持	维持	维持
	可吸入颗粒物年均浓度（微克/立方米）	87	62	—	70	57	维持
	细颗粒物年均浓度（微克/立方米）	69	—	—	50	50	维持
排放控制指标[2]	工业烟（粉）尘下降比例	1.11万吨	2.87万吨	2.86万吨	12%	12%	12%
	二氧化硫排放下降比例[3]	4.42万吨	8.87万吨	6.86万吨	11%	16%	10%
	氮氧化物排放下降比例[3]	5.9万吨	7.2万吨	10.3万吨	16%	7%	30%
	重点行业现役源挥发性有机物排放下降比例[4]	—	—	—	10%	10%	10%

注：1. 南昌市细颗粒物年均浓度基准值为2013年均值，其余指标为2012年均值；维持现状指标基准以2014年监测数据为准。
2. 二氧化硫、氮氧化物排放下降比例与总量减排指标一致，九江、宜春考核范围为规划内县市区。
3. 表示预期性指标，需根据国家“十三五”减排要求比例确定。
4. 表示预期性指标，需根据全国挥发性有机物排放摸底调查确定。

四、规划重点任务

（一）优化产业结构与布局，强化源头管理

1. 优化产业布局，提升产业结构

按照《江西省主体功能区规划》要求，合理确定规划区重点产业发展布局、结构和规模，重大建设项目原则上布局在优先开发区和重点开发区。加强产业政策在产业转移过程中的引导和约束作用，严格控制生态脆弱或环境敏感地区建设“两高”行业项目。加强对各类产业发展规划的环境影响评价。省环保厅会同省发改委根据南昌、九江地区环境质量状况和环境容量，划定影响大气环境的产业、行业禁止布局区域和限制布局区域，明确范围、项目种类及时限要求。南昌市、九江

市共同开展南昌、九江区域生态环境空间管制措施研究和区域环境功能区划编制等工作。

以南昌市建设国家低碳示范城市为契机，构建规划区节能环保低碳新兴产业体系。支持南昌高新技术产业开发区建设低碳科技产业园；有序推进南昌高新技术产业开发区、南昌经济技术开发区国家生态工业示范园区建设，九江经济技术开发区、小蓝经济技术开发区启动建设国家生态工业示范园区。推进江西永修云山经济技术开发区开展国家级循环经济试点，进一步加大园区循环经济发展，促进企业之间资源、能源的循环利用。

2. 现役污染源落后产能淘汰

进一步加强规划区工业园区产业结构调整，遏制高耗能、高污染产业过快发展。结合区域产业发展实际和环境质量状况，明确落后产能淘汰任务。按照《部分工业行业淘汰落后生产工艺装备和产品指导目录（2010 年本）》《产业结构调整指导目录（2011 年本）（修正）》的要求，到 2014 年，提前一年完成国家下达的钢铁、水泥、电解铝、平板玻璃等重点行业的“十二五”落后产能淘汰任务。2016 年、2017 年，依法制定范围更宽、标准更高的落后产能淘汰政策，再淘汰一批落后产能。

3. 严格控制高耗能高污染项目建设

规划区严格限制新建和扩建以大气污染为主要类型的煤电、钢铁、建材、焦化、有色、石化、电解铝、平板玻璃等“两高”行业项目；严格控制增加二氧化硫、烟（粉）尘排放量的项目以及国家产业政策指导目录明确限制的高能耗、高污染项目。严格控制水泥产能扩张，新上项目实施等量或减量置换落后产能。区域内确需新建的火电、钢铁、石化、水泥、有色、化工等企业以及燃煤锅炉项目要执行大气污染物特别排放限值。对南昌、九江城区内已建且严重影响区域大气环境质量的重污染项目，实施搬迁改造或提标治理。

4. 严格控制污染物新增排放量

把污染物排放总量作为环评审批的前置条件，以总量定项目。

规划区内新建、扩建、改建排放二氧化硫、氮氧化物、工业烟（粉）尘、挥发性有机物的项目，实行污染物排放等量替代制度，实现增产不增污。南昌市、九江市内新建项目实行工业烟（粉）尘污染物总量倍量替代制度，市域内新建工业烟（粉）尘排放项目需现役源 1.5 倍削减量替代。

全面推行清洁生产审核制度。每年制订强制性清洁生产审核计划，培育一批高效、节能的清洁生产示范企业，对节能减排效果明显的企业通过专项资金补贴的形式进行奖励。到 2017 年，钢铁、水泥、化工、石化、有色金属冶炼等重点行业至少完成一轮清洁生产审核，重点行业主要污染物排污强度比2012年下降30%以上。

5. 实施新建项目执行高标准行业准入政策

强化节能环保指标约束。严格实施污染物排放总量控制，将二氧化硫、氮氧化物、烟（粉）尘和挥发性有机物污染物排放是否符合总量控制要求作为建设项目环境影响评价审批的前置条件。严格限制新建水泥（熟料）生产线，禁止新建煤化工项目。其他行业严格按照国家发改委《产业结构调整指导目录》要求执行。

发改、工信、环保等部门建立联合准入机制。在火电、钢铁、石化、水泥、有色、化工等重点行业审批中，严把节能环保准入关口。对未通过能评、环评审查的项目，有关部门不得审批、核准、备案，不得提供土地，不得批准开工建设，不得发放生产许可证、安全生产许可证、排污许可证，金融机构不得提供任何形式的新增授信和有关贷款支持，有关单位不得供电、供水。

6. 提高挥发性有机物排放类项目建设要求

把挥发性有机物污染控制作为建设项目环境影响评价的重要内容，采取严格的污染控制措施。新、改、扩建项目排放挥发性有机物的车间有机废气的收集率应大于90%，安装废气回收/净化装置。新建机动车制造涂装项目，水性涂料等低挥发性有机物含量涂料占总涂料使用量比例不低于80%，小型乘用车单位涂装面积的挥发性有机物排放量不高于35克/平方米；电子、家具等行业新建涂装项目，水性涂料等低挥发性有机物含量涂料占总涂料使用量比例不低于50%，推广使用水性涂料，鼓励生产、销售和使用低毒、低挥发性有机溶剂。新建储油库、加油站和新配置的油罐车，必须同步配备油气回收装置。新建包装印刷项目须使用具有环境标志的油墨。

7. 加强大气污染重点企业环境监管

对规划区重点污染源开展标准规定的全指标监督性监测，做好在线监测设施的有效性审核工作，保证污染排放的稳定达标率，落实好总量控制的具体任务要求、管理机制和管理方案，强化企业清洁生产、ISO14000认证等管理措施的实施。同时督促企业健全内部环境管理制度，完善事故应急预案。

对重点监控企业每月至少检查一次，重点检查污染物处理设施运行是否正常，是否存在偷排、暗排行为，污染物是否达标排放等情况，要从污染处理设施用电量以及运行记录等环节进行详细检查、核准。

大气污染重点企业环境监管名单参照重点监控企业名单实行年度动态管理，与重点企业签订《重污染天气应急责任承诺书》，并根据重污染天气响应级别落实相应的限产限排措施。

（二）加强能源清洁利用，严格控制燃煤污染排放

1. 大力推广清洁能源

进一步调整和改善城市能源消费结构，推广使用天然气、液化石油气、太阳能、地热能、风能、核能和生物质能等清洁能源，实现优质能源供应和消费多元化。结合西气东输、液化天然气（LNG）等重点工程，增加清洁能源在城市终端用能中的比重，对达到要求的县（市、区）给予适当补助。鼓励企业开展节能评估和能源审计。加快光伏产品推广应用，大规模建设光伏发电应用工程，实施好“万家屋顶工程”。到2017年，全省煤炭占能源消费总量比重降低到65%以下，规划区实现煤炭消费总量负增长。

大力发展城市燃气事业，建设城市生活燃气和工业园区燃气管网，推动实施天然气户户通工程。已铺设城市燃气管道的餐饮、宾馆等服务场所，鼓励使用管道煤气、天然气、人工燃气等清洁能源；尚未铺设城市燃气管道的上述场所，鼓励使用液化石油气。

2. 严格控制高污染燃料使用

严格控制在高污染燃料禁燃区内使用高污染燃料。禁燃区内现有燃用高污染燃料的炉、窑等设备必须淘汰，全部改用管道天然气、液化石油气、管道煤气、电或其他清洁能源。禁燃区范围内一律不得新增燃用高污染燃料的设备，对于未经审批擅自投用的设备依法予以取缔。在城区内减少燃煤的使用比例，科学合理调配生活和工业使用低硫、低灰分优质煤。加强工业用煤管理，南昌市城区工业锅炉鼓励使用液化石油气、天然气、电或者其他清洁能源，其他区域对工业用煤含硫量和工业用重油、柴油的含硫量进行严格控制，对重点用煤单位实施煤质抽检。

3. 扩大高污染燃料禁燃区划定

调整南昌市、九江市禁燃区范围。南昌市高污染燃料禁燃区面积达到城市建成区面积的75%以上，九江市达到城市建成区面积的65%以上。到2017年，高污染燃料禁燃区范围逐步由城市建成区扩展到近郊。九江县、德安县、共青城市、永修县、南昌县、新建县等县（市）应尽快划定高污染燃料禁燃区范围。

开展禁燃区污染综合整治。制定限期淘汰禁燃区燃煤锅炉年度计划，到2014年，淘汰原禁燃区内的所有燃煤锅炉，改用清洁能源；2014年、2015年分批淘汰调整后禁燃区重点燃煤锅炉。南昌、九江等区域，新建高耗能项目单位产品（产值）能耗要达到国际先进水平。

（三）深化大气污染治理，实施多污染物协同控制

1. 深化电力、钢铁、石化行业污染减排

深化电力、钢铁行业二氧化硫减排。2014 年底前，规划区的所有现役燃煤发电机组完成脱硫设施烟气旁路取消工作；推进炉内脱硫工艺燃煤机组改造，实现脱硫剂自动添加，并配套在线中控系统保存相关记录。已投运脱硫设施不能稳定达标排放的，应更新改造已有脱硫设施，所有燃煤电厂综合脱硫率应达 90% 以上，钢铁烧结机、球团设备综合脱硫率应达 75% 以上。

继续推进电厂降氮脱硝工程。规划区现役燃煤火电机组（不含循环流化床锅炉发电机组）逐步推进低氮燃烧改造和烟气脱硝改造。推广燃气机组干式低氮燃烧技术。加强对已建脱硝机组的监督管理，确保氮氧化物稳定达标排放。规划区现有燃煤机组必须配套高效除尘设施，确保 2014 年 7 月全部机组烟尘排放浓度稳定达到 30 毫克/立方米要求。到 2016 年底，新昌电厂和九江发电厂机组烟尘排放浓度稳定达到 20 毫克/立方米要求，不能稳定达标的应对除尘设备进行技术改造，确保稳定达标排放。

开展石化行业脱硫脱硝治理工程。规划区催化裂化装置及配套的动力锅炉必须增加脱硫脱硝设施，确保 DCS 系统及在线监控设施能准确反应脱硫、脱硝设施运行情况，烟温、烟气流量等各项参数历史曲线可调阅，历史数据保存时限要大于 1 年。

2. 全面推动锅炉污染物排放综合整治

推进工业、生活锅炉燃料结构清洁化。加快电、天然气等对环境污染小或无污染的清洁能源替代煤，推进规划区天然气管网及支网建设。鼓励燃用低硫优质煤替代原煤，严格控制锅炉燃料含硫率，对规划区内企业的 20 蒸吨以上燃煤锅炉进行脱硫、除尘改造，到 2017 年底，城市建成区基本淘汰每小时 10 蒸吨及以下燃煤锅炉，禁止新建每小时 20 蒸吨以下燃煤锅炉。

3. 强化建材行业污染治理减排

引导规划区所有陶瓷、平板玻璃制造、水泥企业安装高效除尘和脱硫设施，确保达到各行业污染物排放限值要求。现有水泥工业企业自 2014 年 12 月 31 日执行《水泥工业大气污染物排放标准》（GB4915－2013）表 1 规定的大气污染物排放限值；现有砖瓦工业企业自 2015 年 7 月 1 日起执行《砖瓦工业大气污染物排放标准》（GB29620－2013）表 2 规定的大气污染物排放限值。2015 年底前，日产 2000 吨熟料以下（不含）的现役新型干法水泥熟料生产线完成低氮燃烧改造，脱硝效率达 30% 以上；日产 2000 吨熟料以上的生产线完成低氮燃烧及烟气脱硝设施建设，综

合脱硝效率达到60%以上。

4. 开展重点行业治理，完善挥发性有机物污染防治体系

开展挥发性有机物摸底调查，编制重点行业排放清单，建立挥发性有机物重点监管企业名录。到2014年底，完成挥发性有机物基础数据调查工作，掌握大气环境中挥发性有机物浓度水平、季节变化、区域分布特征。完善重点行业挥发性有机物排放控制要求和政策体系。大力削减挥发性有机物重点监管名录企业中挥发性有机物排放。到2015年，石化企业全面推行“泄漏检测与修复”技术，完成有机废气综合治理。到2017年，对有机化工、医药、表面涂装、塑料制品、包装印刷等重点行业开展挥发性有机物综合治理。

全面开展加油站、储油库和油罐车油气回收治理。加大加油站、储油库和油罐车油气回收治理改造力度，安监、消防、城建等部门开辟油气回收改造“绿色通道”，缩短办理流程。到2014年底，规划区所有城区加油站、储油库、油罐车完成油气回收治理。在条件成熟时，建设油气回收在线监控系统平台试点，实现对重点储油库和加油站油气回收远程集中监测、管理和控制。积极推广油气回收社会化、专业化、市场化运营。

（四）统筹城市交通管理，防治机动车污染

1. 促进交通可持续发展

大力发展城市公交系统和城际间轨道交通系统，城市交通发展实施公交优先战略，改善居民步行、自行车出行条件，鼓励选择绿色出行方式。加大和优化城区路网结构建设力度，通过错峰上下班、调整停车费等手段，提高机动车通行效率。推广城市智能交通管理和节能驾驶技术。鼓励选用节能环保车型，推广使用天然气汽车和新能源汽车，并逐步完善相关基础配套设施。积极推广电动公交车和出租车，在已经建成充换电服务网络的城市，公交车、出租车等公共服务领域优先选用电动汽车，地方政府应在设施投入、建设用地、用电价格及运营费用等方面给予支持。南昌、九江每年新增的公交车中，新能源和清洁燃料车的比例力争达到60%。在气源落实的条件下，积极有序推进在用公交车和出租车“油改气”工作。到2017年，基本形成覆盖设区市中心城区的加气站。

2. 推动油品配套升级

加快车用油品质量升级。加强油品质量的监督检查，严厉打击非法生产、销售不符合国家和地方标准要求车用油品的行为，建立健全炼化企业油品质量控制制度，全面保障油品质量。在2014年底前全面供应符合国家第四阶段标准的车用柴油，在2017年底前全面供应符合国家第五阶段标准的车用汽、柴油。

3. 加强车辆环保管理

严格机动车登记与转入管理。按照国家有关要求，新车注册登记与全国同步执行国家阶段性机动车污染排放标准。未达到国家机动车排放标准的车辆不得生产、销售、办理注册登记或转入手续。严格外地转入南昌市、九江市车辆的环境监管。

推进柴油车选择性催化还原装置配套工程。规划区内所有高速公路沿线需配套尿素加注站建设。到 2015 年前，规划区内主要交通干线和重点区域、城市建成相应的尿素加注网络，确保柴油车选择性催化还原装置正常运转。鼓励出租车每年更换高效尾气净化装置。

深入贯彻实施《江西省机动车排气污染防治条例》。加强在用机动车检验，规范管理环检机构。确保机动车环保检验合格标志发放率达到 90% 以上，推广安装电子环保标志。开展环保标志电子化、智能化管理；加快环保检验在线监控设备安装进程，加强检测设备的质量管理，提高环保检测机构监测数据的质量控制水平，强化检测技术监管与数据审核，推进环保检验机构社会化、规范化运营；结合各地经济社会发展实际，分地区、分阶段推进实施简易工况法检测。开展机动车环保定期检测，建立在用机动车环保定期检验和强制维护制度（I/M 制度）。加强在用机动车环境监督检查，重点对城市区域内集中停放的车辆、道路行驶的高排放车辆及排放明显可见污染物的车辆依法进行抽检；对没有环保检验合格标志、违反道路限行管理规定以及尾气超标排放的机动车，依照相关规定予以处罚。健全环保检验机构管理制度，加强监管能力建设，建立信息报送制度。

4. 加快淘汰黄标车和老旧车辆

严格执行老旧机动车强制报废制度，强化营运车辆的有效管理。制定完善黄标车限行相关政策措施，到 2014 年，南昌、九江实施黄标车限行区域达到城市建成区面积 50% 以上，并逐步在县级中心城区推行。按要求完成淘汰黄标车和老旧车辆任务，加大对大型载客汽车、重型载货汽车的黄标车淘汰力度。有条件的城市可采用经济补偿等激励措施鼓励提前报废老旧汽车及黄标车。到 2015 年底，基本淘汰 2005 年底前注册营运的黄标车。到 2017 年，基本淘汰规划区范围内的黄标车。

5. 开展非道路移动源污染防治

开展非道路移动源排放调查，掌握工程机械、火车机车、农业机械、工业机械等非道路移动源的污染状况，建立移动源大气污染控制管理台账。推进非道路移动机械的排放控制。积极稳步推进实施国家第Ⅲ阶段非道路移动机械排放标准和国家第Ⅰ阶段船用发动机排放标准。积极开展施工机械环保治理，推进安装大气污染物后处理装置。

6. 推进机动车排气污染防治监管能力建设

加快机动车排气污染防治监管体系和队伍建设。加强机动车尾气污染监测，建立省级机动车污染物分支数据管理中心、市级机动车污染监督管理数据库和数据传输网络。根据国家有关要求，力争2015年在规划区建设3个机动车排气污染防治监管平台（省级1个，设区市级2个），进一步完善省市两级机动车污染监督管理数据库和数据传输网络。

（五）加强扬尘控制，深化面源污染管理

1. 加强城市扬尘污染综合管理将扬尘控制作为城市环境综合整治的重要内容，住建、环保、市政、园林、城管、交通运输等部门结合各自职责加强协作，强化指导、监督和管理，积极开展城市扬尘综合整治。大力控制施工扬尘和渣土遗撒，开展裸露地面治理，提高绿化覆盖率，加强道路清扫保洁。

2. 强化施工扬尘监管

加强施工扬尘环境监测和执法检查。建设项目开工前，由施工单位将扬尘污染防治方案与具体实施方案报建设、环保部门。监理单位加强对施工扬尘污染防治工作的监管，建设单位加强对环境保护费用使用监督和审查。将施工企业扬尘污染控制情况纳入建筑企业信用管理系统，定期公布，作为招投标的重要依据。加强现场执法检查，强化土方作业时段监督管理，增加检查频次，加大处罚力度。加强冬春季节施工场地环境监测和执法检查，减少和降低不利气象条件下施工时间。

推进建筑工地绿色施工。施工单位应当按照工地扬尘污染防治方案的要求施工，在施工现场出入口公示扬尘污染控制措施、负责人、环保监督员、扬尘监管行政主管部门等有关信息，接受社会监督；建设工程施工现场必须全封闭设置围挡墙，严禁敞开式作业；施工现场道路、作业区、生活区必须进行地面硬化；积极推广使用散装水泥，市区施工工地全部使用预拌混凝土和预拌砂浆，杜绝现场搅拌混凝土和砂浆；施工工地内堆放水泥、灰土、砂石等易产生扬尘污染物料和建筑垃圾、工程渣土，应当遮盖或者在库房内存放；土方、拆除、洗刨工程作业时应当分段作业，采取洒水压尘措施，缩短起尘操作时间；气象预报风速达到四级以上或者出现重污染天气状况时，城市市区应当停止土石方作业、拆除工程以及其他可能产生扬尘污染的施工；施工现场的垃圾、渣土、砂石等要及时清运，建筑施工场地出口设置冲洗平台，出入工地运输车辆必须冲洗干净上路；结合现有城市监控系统，大力推进城市扬尘视频监控平台建设，并纳入数字化城市管理系统，实现精细化管理。强化拆迁工地管理。各相关部门切实加强监管，加大宣传力度，实施奖惩并进措施，严格要求，使之文明施工，规范作业。在拆迁工地施工现场，杜绝工程车辆

将尘土带出工地，减少二次扬尘的污染。在雾霾天气频发时期，针对扬尘较明显的拆迁工地可依法实施暂时性关停。拆迁工地外围应当设置围档，及时清理工地外围道路上外溢或遗撒的渣土，并洒水防止扬尘。拆迁工地出口应当设置冲洗车辆的设备，渣土清运车辆应当按照规定装载，沿途不得遗撒。

3. 控制道路扬尘污染

积极推行城市道路机械化清扫，提高机械化清扫率。到2015年，南昌市城市建成区主要车行道机扫率达到65%以上，九江市建成区主要车行道机扫率达到50%以上。到2017年，南昌、九江建成区主要车行道机扫率达到80%以上。增加城市道路冲洗保洁频次，切实降低道路积尘负荷。开挖道路应分段封闭施工，减少开挖面积，及时修复破损路面。加强道路两侧绿化，减少裸露地面。加强所有城市渣土运输车辆监督管理，建立资质管理与备案制度，通过逐步安装GPS定位系统等，对重点地区、重点路段的渣土运输车辆实施全面监控。

4. 推进堆场扬尘综合治理

强化煤堆、料堆的监督管理。大型煤堆、料堆场应建立密闭料仓与传送装置，生产企业中小型堆场和废渣堆场应搭建顶篷并修筑防风墙；临时露天堆放的应加以覆盖或建设自动喷淋装置。积极推行安装堆场视频监控设施，加强对堆场扬尘监督管理。对长期堆放的废弃物，应采取覆绿、铺装、硬化、定期喷洒抑尘剂或稳定剂等措施。积极推进粉煤灰、炉渣、矿渣的综合利用，减少堆放量。

5. 构建城市绿色生态屏障

严格按照环保部、国家发改委等部门相关要求，全面开展国家级和地方级生态保护红线划定工作，构建城市绿色生态屏障，维护自然生态系统服务持续稳定发挥、保障区域生态安全。

科学制定并严格实施城市规划，强化城市空间管制要求和绿地控制要求，规范各类产业园区和城市新城、新区设立和布局，禁止随意调整和修改城市规划，形成有利于大气污染扩散的城市和区域空间格局。研究开展城市环境总体规划试点工作，构建环境—发展—建设—国土相互融合的城市可持续发展规划体系强化南昌市西北部幕阜山脉山地森林、东北部丘陵山地森林、西南部九岭山脉—梅岭山地森林为骨架的生态屏障功能。在南昌市2中心城区10公里区域建设优质高效的生态经济型林产业带，形成城区第一道生态屏障。在南昌市中心城区30公里左右的区域，建设高标准的绿色生态屏障。加强九江市长江生态廊道、修河生态廊道、鄱阳湖生态廊道及工业园区生态防护林隔离带和滨江、滨湖区域生态防护林等生态廊道建设，以昌九走廊区域为重点，提高昌九区域生态安全。

开展城市通风廊道建设研究，形成生态通风走廊，增加市内空气流动性，改善微气候环境。合理布局区域绿地，严格管护区域绿地环境。

6. 推进餐饮业油烟污染治理

严格新建饮食服务经营场所的环保审批；推广使用管道煤气、天然气、电等清洁能源；鼓励饮食服务经营场所安装高效油烟净化设施，并强化运行监管；强化无油烟净化设施露天烧烤的环境监管。规划区内城市人民政府应当合理规划餐饮业布局。新建、改建、扩建产生油烟、废气的饮食服务项目选址，应当严格遵守相关环境管理要求。鼓励餐饮业经营者采取使用清洁能源、设置油烟净化装置等措施。营业面积1000平方米以上的餐饮场所，条件成熟时应安装油烟在线监控设施。

（六）制定和完善重污染天气应急措施

1. 加强重污染天气应急管理体系建设

统筹兼顾大气污染的长期治理和短期应急，进一步完善空气重污染应急管理，强化与湖北、安徽等邻省的大气重污染应急联动。

设区市人民政府应将空气重污染应急纳入规划区城市应急管理体系，实行政府主要负责人负责制，成立空气重污染日应急指挥部，市政府主要领导任指挥长，各县（区、市）政府、各管委会，宣传、应急、发改、教育、工信、公安、财政、城建、交通、城管、环保、农业、卫生、气象等单位主要领导为成员，负责空气重污染时期的应急组织、指挥和处置。

环保、气象等部门应加强空气重污染联合应急预警研究，完善监测预报、预警系统，不断提高预测预报的准确性。建立健全大气环境监测和信息共享、大气环境污染预报预警联合会商和服务产品联合发布、重大大气污染事件联合调查和评估机制、重污染天气监测预警体系。到2015年，完成省级和南昌、九江市重污染天气监测预警系统建设，完成重点污染源在线监控体系和细颗粒物监测点建设。

2. 完善重污染天气应急方案

南昌、九江市政府要继续组织完善应对重污染天气应急预案。规划区其他县级人民政府要在2015年底前，制定和完善应对重污染天气应急预案，并向社会公布。应急预案应落实责任主体，明确应急组织机构及其职责、预警预报及响应程序、应急处置及保障措施等内容，按不同污染等级确定企业限产停产、机动车和扬尘管控、中小学校停课及可行的气象干预等应对措施。

各地应根据应急预案内容组织开展重污染天气应急演练，强化区域空气重污染日联动工作措施。根据重污染天气的预警等级，及时启动应急预案，综合考虑污染程度和持续时间，增加持续重污染天气的应急措施。

3. 大力提倡有利于保护空气环境的文明新风

提倡和鼓励移风易俗，开展文明、绿色的节庆和祭祀活动。倡导重大节假日不燃放或少燃放烟花爆竹，宣传推广“文明过节新风尚，保护环境少放炮”的文明新风。引导各类节庆、宗教、祭祀等活动在规定的时间、区域和地点燃放烟花爆竹、焚烧祭品等。划定烟花爆竹禁（限）燃区和集中燃放区，避免在人口稠密区大量燃放。禁止生产和销售工艺落后、污染大的烟花爆竹产品。

（七）创新管理机制，提升联防联控管理能力

1. 建立区域大气污染联防联控机制

完善联防联控工作机制。建立健全联席会议、联合执法、环评会商、第三方监督性监测、环境信息共享、气象环保应急会商等制度，推进昌九区域大气污染联防联控。

建立昌九区域大气污染联防联控联席会议制度，由省环境保护委员会召集有关部门和相关地方人民政府不定期召开联席会议，协商区域内大气污染应急制度及联防联控措施，协调解决重大问题和重要部署。

建立区域大气环境联合执法监管制度，加强省、市、县（市、区）多级联动的环境执法监督，开展环境监管交叉执法和联合执法。建立重大项目环境影响评价会商制度，加强南昌、九江、宜春三市重大项目环境保护合作，对有重大影响的大气污染项目，由省环保厅组织南昌、九江、宜春进行联审联批，综合评价对区域大气环境有重大影响的火电、石化、钢铁、水泥、有色、化工等项目的环境影响。

建立大气环境第三方监督性监测制度，利用省级、设区市级环境监测资源对规划区现有各级区域大气环境质量、污染源分别开展第三方监督性监测，确保监测数据准确有效。

建立区域环境信息共享制度，围绕区域大气环境管理要求，依托省环保专网、环境信息资源中心等资源，统筹区域内各地环境空气质量监测、重点源大气污染排放、重点建设项目、机动车环保标志等信息，促进规划区各设区市之间的环境信息交流。建立气象环保应急会商制度，完善环境质量监测预警和环境气象监测信息共享平台，加强极端不利气象条件下大气污染预警体系建设，加强区域大气环境质量预报，实现大气污染风险信息研判和预警。

2. 创新环境管理政策措施

完善财税补贴激励政策。加大落后产能淘汰和污染项目治理的财政支持力度。研究实施老旧车辆报废更新补贴政策，通过采取经济激励政策等，进一步加快黄标车淘汰。认真落实鼓励秸秆等综合利用的税收优惠政策。推行政府绿色采购，完善强制采购和优先采购制度，逐步提高节能环保产品比重。

推进价格与金融贸易政策。落实脱硫、脱硝、除尘电价政策，继续执行差别电价和惩罚性电价政策。对高耗能、高污染产业，金融机构实施更为严格的贷款发放标准。开展企业环境违法信息纳入人民银行企业征信系统和银监会信息披露系统工作，与企业信用等级评定、贷款及证券融资联动。依法继续推进环境污染责任保险制度，划分环境风险企业，对有色冶炼、化工等高环境风险企业逐步实现环境污染责任保险的全面投保。

依法全面推行排污许可证制度，探索试行排污权交易。全面推行大气排污许可证制度，排放二氧化硫、氮氧化物、工业烟（粉）尘、挥发性有机物的重点企业，在2014年底前向环保部门申领排污许可证。排污许可证应明确允许排放污染物的名称、种类、数量、排放方式、治理措施及监测要求，作为总量控制、排污收费、环境执法的重要依据。未取得排污许可证的企业，不得排放污染物。适时在南昌、九江探索开展排污权交易工作。

实施环境信息公开制度。南昌、九江要实时发布城市环境空气质量信息，定期开展空气质量评估，并向社会公开。对新建项目要公示环境影响评价情况，并广泛征求公众意见。建立重污染行业企业、涉及有毒废气排放企业环境信息强制披露制度，重点企业要公开污染物排放状况、治理设施运行情况等环境信息，定期发布大气污染物排放监测结果，接受社会监督。对信息披露及时的企业在银行贷款资信评定上给予加分。对不按期公布排放信息的企业进行通报并加大监管力度。广泛动员全社会参与大气环境保护，鼓励公众监督空气环境违法行为。

推进城市环境空气质量达标管理。规划区环境空气质量未达标城市人民政府应根据《大气污染防治法》有关规定，制定限期达标规划，分阶段实现空气环境质量达标。省级环保部门对限期达标规划执行情况进行检查和考核，并将考核结果向社会公布。

3. 全面加强联防联控能力建设

健全科学完善的环境空气监测网络。建设2个环境空气自动监测超级站，1个省级环境空气自动监测质控站，38个环境空气自动监测站，基本形成完善的区域环境空气监测网络。建立健全规划区环境空气监测联动联网、信息共享、环境质量会商等机制，提高区域环境空气质量预报预警能力。

开展环境监测站优先达标建设。在全省环境监测能力建设中，优先安排规划区内监测站建设，将监测站建设达标纳入大气污染防治目标考核体系。全面提升规划区环境空气监测能力，重点提升省环境监测中心站和南昌市、九江市、宜春市监测站环境空气有机物监测能力和污染源全指标监测能力。

加强重点污染源监控能力建设。按国家重点污染源废气企业名单，2015 年底前全部建成规划区重点污染源在线监控装置，积极推进挥发性有机物在线监测工作。全面推进重点污染源自动监测系统数据有效性审核，将自动监控设施的稳定运行情况及其监测数据的有效性水平，纳入企业环保信用等级。企业污染排放在线监控能力建设项目包括新增在线监测设备 31 台（套）。

建立环境空气监测保障体系。规划区各级环境监测站按《全国环境监测站建设标准》建设并通过验收。进一步保障空气自动监测站运行经费，确保空气自动监测站长期稳定运行。加强对空气监测的质量管理，由设区市监测站进行日常监管，省级监测站对其质控考核和质控抽测。

强化污染排放统计与环境质量管理能力建设。按照环保部统一部署，建立挥发性有机物排放统计方法，开展摸底调查。组织开展非道路移动源排放状况调查，摸清非道路移动源排放系数及活动水平。对危害群众健康和影响空气质量改善的区域性特征污染物，定期开展空气质量调查性监测。建设基于环境质量的区域大气环境管理平台，编制多尺度、高分辨率大气排放清单，提高跨界污染来源识别、成因分析、控制方案定量化评估的综合能力。建立遥感空气质量监测网，形成地面和空间相结合的空气质量监测体系。

五、重点工程与效益评估

（一）重点工程项目

重点工程项目分为二氧化硫污染治理工程、氮氧化物污染治理工程、工业烟（粉）尘治理工程、油气回收治理工程、黄标车淘汰工程、扬尘综合整治工程、能力建设工程、清洁能源工程和生态屏障工程等 9 大类 16 小类 148 个项目，总投资 61.60 亿元，其中二氧化硫治理项目投资需求约 8.58 亿元，氮氧化物治理项目投资需求约 10.05 亿元，工业烟（粉）尘治理项目投资需求约 6.14 亿元，油气回收项目投资需求约 1.58 亿元，道路扬尘控制项目约 0.17 亿元，能力建设项目投资需求约 2.38 亿元，清洁能源改造项目 29.29 亿元，生态屏障工程项目 4.22 亿元。

（二）效益分析

规划实施后，将全面推动昌九区域大气污染防治工作水平提升，为区域社会经济和环境保护协调发展奠定坚实的基础，产生明显的社会效益、环境效益和潜在的经济效益。具体体现在以下几个方面：

（1）通过实施二氧化硫污染治理等各项重点工程，预计共减排二氧化硫 4.71 万吨，氮氧化物 4.56 万吨、颗粒物 4.92 万吨。其中工程项目可减排二氧化硫约 4.49 万吨、氮氧化物 4.07 万吨、颗粒物 2.44 万吨；燃气改造工程可减排二氧化硫约 0.22 万吨；黄标机动车淘汰，可减排挥发性有机物 0.30 万吨；各种挥发性有机污染治理项目的实施，工业挥发性有机物排放量将降低 60%，规划区大气污染将得到有效遏制，环境空气质量得到进一步改善。

（2）通过建成一批自动监测站和超级自动站，规划区内将基本形成较为先进的、覆盖区域城市群的环境空气监测网络，为进一步掌握大气环境质量提供更多基础性的综合信息，环境监测自动化水平以及监测数据的准确性和及时性得到明显提升。

（3）通过应急监测体系的建设，规划区应对突发性环境污染事故和突发性重污染天气的能力得到进一步增强，确保区域大气环境安全。

六、保障措施

（一）加强组织领导

省环境保护委员会在省政府统一领导下，统筹协调昌九区域大气污染联防联控工作，制订《规划》总体计划、年度计划，研究确定工作要求、工作重点与主要任务，检查、考核和通报《规划》实施情况。不定期召集组成单位及中石化江西石油分公司、中石油江西销售公司等相关部门，南昌市、九江市、宜春市的政府等召开联席工作会议，协调推进大气污染联防联控工作。

规划区各设区市政府对本行政区域内大气环境质量负总责，根据联防联控规划以及与省政府签订的大气污染防治目标责任书要求，结合各地的污染防治规划、总量规划等制定大气污染防治计划，加强重大项目环境保护合作，确定工作重点和年度控制指标，完善政策措施，加大资金投入，落实联席会议、联合执法、环评会商、环保信息共享、第三方监督性监测、气象环保应急会商等措施。

（二）严格考核评估

建立联防联控目标责任制度，明确各级政府的责任主体地位和各部门目标责任。根据国务院办公厅《关于印发大气污染防治行动计划实施情况考核办法（试行）的通知》（国办发〔2014〕21 号）、《大气污染防治目标责任书》和《昌九区域大气污染联防联控规划》的要求，结合大气污染防治目标考核，专项考核评估规划区各设区市政府实施《规划》的情况。2015 年底进行中期考核，2017 年底进行终期考核。对未通过考核的，由环境保护部门会同组织部门、监察机关约谈有关负责人，提出整改意见，予以督促。对因工作不力、履职缺位等导致未能有效应对重污染天气，以及干预、伪造监测数据和没有完成年度目标任务的，监察机关要依法依纪追究有关单位和人员的责任；环保部门要对有关地区和企业实施建设项目环评限批，取消省内授予的环境保护荣誉称号。

（三）加大资金投入

各级政府统筹安排资金，加大对区域大气环境的污染整治、环境科研以及环境监测能力建设的支持力度。积极引导民营资本、外国资本等各类投资主体参与区域大气污染治理工作，大力发展环保产业，形成多渠道、多层次、多元化的投融资体制，切实增强大气污染治理的资金投入保障。环保部门会同财政部门科学确定项目扶持重点、扶持方式。加强项目跟踪管理和对财政投入的专项资金的审计监督，及时进行项目资金绩效评价和竣工决算，确保专项资金绩效目标的实现。列入重点工程的建设项目资金，各级政府要积极督促、协调企业落实建设资金，定期检查落实情况及项目进度。将项目实施绩效目标与财政、监察、审计部门的监督检查工作紧密结合，建立科学化、精细化、制度化、标准化的绩效预算和绩效评价机制。

（四）强化科技支撑

加强规划区大气污染的形成机理、来源解析、迁移规律和监测预警等研究，建立区域内多污染物的动态污染源清单和数据库，为污染治理提供科学支撑。完善地方环境保护标准，开展保障联防联控规划实施的相关区域政策框架和制度体系研究。研究优化符合本区域内环境、气候特点以及大气污染特点的大气污染控制方案。强调综合效应，着手研究颗粒物、挥发性有机物、大气汞、臭氧等多种大气污染物协同控制方案。加强先进环保技术成果转化应用，开展大气污染治理先进技术、管理经验等方面的交流与合作。

（五）加强宣传教育

开展广泛的环境宣传教育活动，充分利用世界环境日、地球日等重大环境纪念日宣传平台，普及大气环境保护知识，全面提升群众环境意识，增强公众参与环境保护的能力。进一步加强人员培训，提高社会各界对大气污染防治工作重要性的认识，提升环保人员业务能力水平。充分发挥新闻媒体在加强大气环境保护中的作用，积极宣传区域大气污染联防联控的重要性、紧迫性及政策措施取得的成效，加强舆论监督和群众监督，为改善昌九区域大气环境质量营造良好的社会氛围。

附录B 南昌、九江、宜春、抚州四市区域合作框架协议（前湖共识）

为认真贯彻落实省委、省政府重大决策部署，进一步推进南昌、九江、宜春、抚州四市区域合作，构建“一圈两化”（南昌一小时经济圈、昌九一体化、昌抚一体化）区域发展新格局，加快区域一体化发展，实现“龙头昂起、两翼齐飞”战略目标，经四市友好协商，特制定本协议。

一、重大意义

本协议的签署，是南昌、九江、宜春、抚州四市开展多层次、宽领域、全方位区域合作的新起点，揭开了四市加快发展的新篇章，必将实现区域内更大范围的产业分工和资源配置，对形成我省区域发展新格局，加快区域发展一体化，实现“龙头昂起、两翼齐飞”战略目标具有重大意义。

二、共同价值

四市区域合作，一是具有外部经济性和联动、制度效应；二是具有在相邻城市或更大范围形成的“同城化”效应；三是具有以共同发展为目标，围绕目标有效整合相邻城市间资源价值，形成1+1+1+1>4的整合效应。“开放、合作、互利、共赢”，是四市区域合作的共同价值基础。

三、合作原则

——平等协商，协调互动。广泛深入开展交流沟通和务实合作，多层次、多途径、多形式扩大区域共同利益，激发内生动力，凝聚强大合力。

——优势互补，扬长避短。集合集成不同区域的比较优势，在规划区域内加以放大、拓展和延伸，建立区域经济发展新优势。

——政府推动，市场主导。遵循区域经济发展规律和市场经济规律，以开放为先导，着力消除市场壁垒，促进要素便捷流动和资源优化配置。

——资源共享，一体发展。统筹规划和推进区域内经济社会发展。推进基础设施、公共服务、社会保障、生态环境等一体化发展取得突破。

四、合作领域和推进政策

——基础设施对接。四市积极合作，合理布局，优化配置交通运输资源。共同推动昌九高速公路改造提升和环鄱阳湖路网建设，争取加快城际快速通道建设，形成以四市高速公路、国省干线为骨架，连接乡镇，覆盖农村的交通运输服务体系；打破部门、行业垄断和地区封锁，互相开放道路运输市场，适当增加四市直达高速客运车辆班次，推进四市城区互联互通。

——产业布局互补。支持各市主导产业进一步做强做大。推动各市在传统支柱产业的分工协作，扩大各市企业在重点产业方面的相互投资。着重以工业园区为平台，鼓励企业跨市域参与异地工业园区和特色产业园区的开发，相互在用地、用工和其他要素配置上提供支持和便利。

——生产要素互通。加快城际间物流节点设施建设，共同推进物流绿色通道建设；允许四市企业在城际之间的跨市兼并收购，对企业跨市投融资，采用相同的准入门槛和收费名目标准。鼓励企业间跨区域投资和联合发展，在资源、项目、要素、市场等方面开展多种形式的合作，形成一批大企业大集团。

——银行结算同城。加强城市间的分工，提高交易、结算、融资等金融服务效率，强化金融市场的共赢与协同效应，深化金融市场的分工合作和一体化，形成区域性金融“高速公路”。

——环境保护共建。加强水环境和鄱阳湖、赣江、抚河流域生态保护合作，提高流域生态安全水平。建立健全流域环保联防联控机制，共同推进区域内循环经济发展；提高环境污染处置能力，统一协调应急响应和信息共享。

——科技创新协同。推进四市之间企业与企业、企业与高校、科研院所联合建立跨区域研发机构，使企业成为科技投入、研究开发、风险承担、应用受益的主体。引导四市中小企业建立创新互动机制，发展各种形式的产业技术创新联盟。

五、合作机制

——建立定期协商会议制度。四市区域合作决策咨询暨协商会，由南昌、九江、宜春、抚州四市政府轮值承办，原则上每年举办一次，四市政府就合作中需要解决的重大问题集体协商，形成决议纪要，统一部署落实。

承办方政府每年年初在充分征求其他三市意见的基础上，梳理出 2 ~ 3 个共同关注的区域内重大问题，由省政府决策咨询委员会牵头组织四市相关部门，组成专题调研组进行调研后，确定本年度会议主题，每次会议一般讨论一个主题。

由四市发展改革部门牵头，围绕区域内基础设施、产业布局、公共事业、市场建设、旅游发展、生态保护等共性问题，收集、整理合作项目。由承办方政府将四市整理的合作项目汇总，组织协调相关部门进行协商对接，提供给四市政府研究实施。

四市各级政府对通过协商对接会的项目应积极组织实施，各协商会承办方将上轮会议确定事项的落实情况在下一轮会议上予以通报。

除年度协商会外，四市政府和相关部门还应开展定期或不定期的双边、多边互访。

——建立信息互通和情况通报制度。在工业、教育、科技、规划、交通运输、商务、文化、卫生、旅游、环保、宣传等多个领域，加强信息交流，共建共享信息平台。协商会议每年通报一次情况，各市对口部门之间每半年通报一次情况。

二〇一三年六月九日

附录C 江西省推进大气污染联防联控工作改善区域空气质量实施方案

为进一步推进大气污染防治工作，加大对酸雨、灰霾和光化学烟雾等区域性大气污染的防治力度，改善环境空气质量，保障人民群众身体健康，根据《国务院办公厅转发环境保护部等部门关于推进大气污染联防联控工作改善区域空气质量指导意见的通知》（国办发〔2010〕33号）要求，结合我省实际，制定本方案。

一、指导思想、基本原则和工作目标

（一）指导思想

以科学发展观为指导，以改善空气质量为目的，以增强区域环境保护合力为主线，以全面削减大气污染物排放为手段，建立统一规划、统一监测、统一监管、统一评估、统一协调的区域大气污染联防联控工作机制。全面落实大气污染防治责任，充分发挥部门联动作用，形成合力，突出重点，全面推进，扎实做好大气污染防治工作。

（二）基本原则

坚持环境保护与经济发展相结合，促进区域环境与经济协调发展；坚持属地管理与区域联动相结合，提升区域大气污染防治整体水平；坚持突出重点，率先在重点领域取得突破；坚持统筹协调，区域先行和整体推进相结合。

（三）工作目标

到2015年，基本建立大气污染联防联控机制；大气环境管理的法律法规、标准和政策体系得到全面贯彻执行；完成国家“十二五”大气主要污染物排放总量控制目标任务；进一步推动城市大气环境整治，所有设区市城市空气质量达到或好于国家二级标准。加强对城市近郊工业园区企业的监管，强化对大气污染物产生的重点行业、重点企业监管，重点企业全面达标排放；基本建立机动车排气污染监管体系，组织开展机动车环保标志核发工作，有效控制和减少机动车排气污染；进一步优化产业结构和布局，逐步转变能源结构，提高清洁能源使用率；建立和完善区域空气质量监管体系；酸雨污染明显减少，灰霾和光化学烟雾污染得到有效预防，区域空气质量明显改善。

二、重点区域和防控重点

（四）重点区域

开展大气污染联防联控工作的重点区域是各设区市城市及其近郊。

建立区域协作机制。各设区市特别是大气环境质量相互关联的设区市，要建立信息互通制度和大气污染联防联控机制。通过大气环境质量变化、辖区内重点污染企业等信息的互通，制定和执行符合实际的区域性大气污染联防联控制度和措施。

推动在用机动车污染防治工作，建立健全机动车排气污染防治监管体系。建立机动车排气污染监管协调机制，明确相关部门职责，对城市机动车排气污染进行联防联控。

重点加强防控酸雨和颗粒物排放增加，促进与周边省份之间致酸物质远距离输送的联防联控协作。

（五）防控重点

对大气主要污染物中的二氧化硫、氮氧化物、颗粒物、挥发性有机物等进行重点联防联控。

重点加强火电、钢铁、有色、石化、水泥、化工等行业大气污染物排放的监管，加强上述行业重点企业的污染物减排工作。着重解决重点行业重点企业可能造成的酸雨、灰霾和光化学烟雾污染等问题。

三、优化区域产业结构和布局

（六）提高环境准入门槛

加强区域产业发展规划环境影响评价，在重点区域严格控制新建、扩建除“上大压小”和热电联产以外的火电厂，在城市城区及其近郊禁止建设钢铁、有色、石化、水泥、传统煤化工等二氧化硫、氮氧化物、烟尘排放量大的建设项目。建立产业转移环境监管机制，提高大气污染物排放产业转入的环境准入门槛，加强产业转移过程中的环境保护监管，防止污染转移。

责任单位：各级政府，省环保厅，省发改委，省工信委，省能源局。

（七）推进产业结构调整和技术进步

继续加大产业结构调整力度，结合减排工作制定落后产能淘汰目标任务。加强落后生产工艺、落后生产设备淘汰制度的执行，通过对电力、煤炭、钢铁、水泥、有色金属、焦炭、造纸、制革、印染等重点行业落后生产工艺、落后生产设备的淘汰，加速对严重污染大气落后产能的淘汰。对城区内已建重污染企业进行清查，组织实施好搬迁改造工作。强化对强制清洁生产企业的监管，加强企业清洁生产的审核和评估验收。加大清洁生产技术推广力度，引导和鼓励其他企业采用节能降耗的先进生产技术，帮助企业自愿实施清洁生产。

责任单位：各级政府，省工信委，省财政厅，省环保厅，省发改委，省能源局。

四、加大重点污染物防治力度

（八）继续强力实施二氧化硫总量控制制度

继续严格执行新上火电项目的脱硫要求，加强燃煤火电机组脱硫的监管，完善火电厂脱硫设施特许经营制度。进一步加强钢铁、石化、有色等行业二氧化硫减排工作，通过推进工业锅炉（窑炉）脱硫改造、强化监管、完善二氧化硫排污收费制度等措施，加大非火电行业的二氧化硫减排力度。对跨区域的生产企业，环保部门要在污染减排目标任务、监管要求等方面，互通信息、加强协作。

责任单位：各级政府，省环保厅，省发改委，省工信委，省能源局，各大电力集团，相关重点排放企业。

（九）组织开展氮氧化物污染减排

按照要求建立氮氧化物排放总量控制制度。新建、扩建、改建燃煤火电厂，应根据排放标准和建设项目环境影响报告书批复要求建设烟气脱硝设施；制定并严格执行现役机组烟气脱硝计划和目标，单机容量 30 万千瓦及以上的现役燃煤机组在“十二五”期间全部安装脱硝设施，综合脱硝效率达到70%以上。对氮氧化物排放的相关行业，严格执行国家排放标准。组织好钢铁、水泥、石化、化工等重点行业氮氧化物的减排工作，对相关行业的重点企业制定减排目标任务并进行考核。要大力推广低氮燃烧技术，对低氮燃烧效率差的进行低氮燃烧技术改造。

责任单位：各级政府，省环保厅，省发改委，省工信委，省能源局，省科技厅，各大电力集团，相关重点排放企业。

（十）加大颗粒物污染防治力度

加强对产生颗粒物企业的监管。对钢铁厂、水泥厂、火电厂等使用工业锅炉（窑炉）以及其他颗粒物产生量大的企业，应采用袋式除尘等高效除尘装置。强化施工工地环境管理，在城区内实施封闭式施工，拆建施工时工地周边设置不低于2米的围护设施。运输泥土、沙石、粉灰等散体材料必须做到密闭。有条件的做到施工场内道路硬化，设置排水沟。设区市城区内的工程建设项目应当使用散装水泥和预拌混凝土。在国家规定禁止现场搅拌砂浆的区域内，禁止现场搅拌砂浆。加强道路清扫保洁工作，提高城市道路清洁度。实施“黄土不露天”工程，减少城区裸露地面。

责任单位：各级政府，省环保厅，省住房和城乡建设厅，省工信委，省能源局。

（十一）开展挥发性有机物污染防治

加强对喷漆、石化、制鞋、印刷、电子、服装干洗等排放挥发性有机污染物企业（单位）的监管。对产生有机污染物的企业，要求按照有关技术规范进行污染治理，对达不到要求的责令限期治理。推进加油站油气污染治理，重点区域内现有油库、加油站和油罐车的油气回收应进行改造，并确保达标运行；新增油库、加油站和油罐车应在安装油气回收系统后才能投入使用。采取措施严格控制城市餐饮服务业油烟排放。

责任单位：各级政府，省发改委，省能源局，省环保厅，省商务厅。

五、促进能源结构调整，提高清洁能源利用率

（十二）严格控制燃煤污染排放

严格控制重点区域内燃煤项目建设，开展区域煤炭消费总量控制试点工作。推进低硫、低灰燃煤使用，大力发展先进的煤炭洗选加工技术，重点区域内未配备脱硫设施的企业，禁止直接燃用含硫量超过0.5%的煤炭。加强高污染燃料禁燃区划定工作，逐步扩大禁燃区范围，禁止原煤散烧。

责任单位：各级政府，省发改委，省能源局，省科技厅，省环保厅。

（十三）大力推广清洁能源

采取措施加大能源消费结构调整力度。加大城市天然气、液化石油气、煤制气、太阳能等清洁能源使用的推广力度，在城市城区及近郊，禁止新建效率低、污染重的燃煤小锅炉（窑炉），逐步拆除已建燃煤小锅炉（窑炉）。推进工业企业清洁能源使用，积极推广清洁能源利用示范工程，提高工业企业清洁能源消费比重，提高清洁能源利用效率。加快发展农村清洁能源，鼓励农作物秸秆综合利用，推广生物质成型燃料技术，大力发展农村沼气。鼓励采用节能炉灶，逐步淘汰传统高污染炉灶。

责任单位：各级政府，省工信委，省发改委，省能源局，省科技厅。

（十四）鼓励工业园区开展集中供热

推进工业园区集中供热工程建设，加强园区内企业燃煤锅炉（窑炉）淘汰力度，强化集中供热锅炉烟气脱硫、脱硝和高效除尘等综合污染防治工作。

责任单位：各级政府，省发改委，省能源局，省工信委，省环保厅。

六、加强机动车污染防治

（十五）提高机动车排放水平

实施好《江西省机动车排气污染防治方案》，建立健全机动车排气监管协调机制，明确机动车排气污染监管的各部门责任。严格实施国家机动车排放标准，提高外地机动车转入环境准入门槛。二手车达不到国Ⅲ排放标准的，不得转入我省的南昌市、九江市等城市。继续推进汽车“以旧换新”工作，加速“黄标车”和低速载货车淘汰进程，积极发展新能源汽车。

责任单位：各级政府，省环保厅，省公安厅，省交通运输厅，省商务厅。

（十六）完善机动车环境管理制度

加强机动车环保定期检验，实施机动车环保标志管理。2010 年前在南昌市、九江市进行机动车环保标志核发试点，逐步向全省铺开，采取路检、抽检等方式对排放不达标车辆进行专项整治；依法加强对机动车环保检验机构的监督管理，促进其健康发展。加强机动车环保监管能力建设，建立机动车环保管理信息系统。

责任单位：各级政府，省环保厅，省公安厅，省质监局。

（十七）加快车用燃油清洁化进程

推进车用燃油低硫化，增加优质车用燃油市场供应。稳步推广乙醇汽油、液化天然气等清洁能源的使用，公共汽车、出租车优先推广使用清洁能源，积极筹划清洁能源供应配套工程建设。

责任单位：各级政府，省发改委，省交通运输厅，省工商局，省质监局，省能源局，中石化江西石油分公司，中石油江西销售分公司。

（十八）大力发展公共交通

完善城市交通基础设施，落实公交优先发展战略，加快建设公共汽、电车专用道（路）并设置公交优先通行信号系统。改善居民步行、自行车出行条件，鼓励居民选择绿色出行方式。

责任单位：各级政府，省发改委，省住房和城乡建设厅，省交通运输厅，省公安厅。

七、完善区域空气质量监管体系

（十九）加强重点区域空气质量监测

提高空气质量监测能力，优化重点区域空气质量监测点位。逐步开展酸雨、细颗粒物、臭氧监测和城市道路两侧空气质量监测，制定大气污染事故预报、预警制度，完善环境信息发布制度，实现重点区域大气环境质量监测信息共享。到 2011 年年底前，初步建成重点区域空气质量监测网络。

责任单位：各级政府，省环保厅。

（二十）强化城市空气质量分级管理

空气质量未达到二级标准的城市，应当制订达标方案报省环保厅，确保按期实现空气质量改善目标。空气质量已达到二级标准的城市，应制订空气质量持续改善方案报省环保厅，防止空气质量恶化。

责任单位：各级政府，省环保厅。

（二十一）加强区域重点企业监控和区域联合执法

及时调整、确定和公布大气污染重点监控企业名单，制定执行好重点企业污染源在线监测装置安装计划。到2012年年底前，重点企业应全部安装在线监测装置并与环保部门联网。加强对其他大气污染物排放企业的监督性监测，积极开展区域大气环境联合执法检查，集中整治违法排污企业。

责任单位：各级政府，省环保厅。

八、加强空气质量保障能力建设

（二十二）加大资金投入

各级人民政府要根据大气污染防治工作实际，加大资金投入力度，强化环境保护专项资金使用管理，推进重点治污项目和区域空气质量监测、监控能力建设。空气质量未达到标准的城市，应逐年加大资金投入，加快城市大气环境保护基础设施和污染治理工程建设。

责任单位：各级政府，省财政厅，省环保厅。

（二十三）加强环境监测能力建设

建设完善的大气自动监测网络，逐步实现监测自动化、质控系统化、数据网络化，信息交换便捷化，着力提高大气主要污染物监测和汇总分析能力，逐步提高灾害性大气污染的预警能力。

责任单位：各级政府，省环保厅，省财政厅。

（二十四）强化科技支撑

开展烟气脱硝、有毒有害气体治理、洁净煤利用、挥发性有机污染物和大气汞污染治理、农村生物质能开发等技术攻关，积极开展技术示范和成果推广。加大细颗粒物、臭氧污染防治技术示范和推广力度。加快高新技术在环保领域的应用，推动环保产业发展。

责任单位：各级政府，省科技厅，省环保厅。

（二十五）完善环境经济政策

继续实施高耗能、高污染行业差别电价政策。严格火电、钢铁、水泥、电解铝等行业上市公司环保核查。开展主要大气污染物排放指标有偿使用和排污权交易试点工作。完善区域生态补偿政策，研究对空气质量改善明显地区的激励机制。

责任单位：各级政府，省发改委，省能源局，省工信委，省环保厅。

九、加强组织协调

（二十六）建立区域大气污染联防联控的协调机制

成立由省环境保护厅牵头，省发改委、省工信委、省公安厅、省科技厅、省财政厅、省住房和城乡建设厅、省交通运输厅、省商务厅、省能源局、省质监局等有关部门及各设区市政府参加的区域大气污染联防联控联席会议，协调解决区域大气污染联防联控工作中的重大问题，组织编制重点区域大气污染联防联控规划，明确重点区域空气质量改善目标、污染防治措施及重点治理项目。

（二十七）严格落实责任

地方人民政府是区域大气污染防治的责任主体，要切实加强组织领导，制定本地区大气污染联防联控工作方案，并将各项工作任务分解到责任单位和企业，强化监督考核。各有关部门应加强协调配合，制定相关配套措施和落实意见，督促和指导地方相关部门开展工作。

（二十八）完善考核制度

区域大气污染防治重点项目完成情况和城市空气质量改善情况纳入城市环境综合整治定量考核的重要内容。对于未按时完成规划任务且空气质量状况严重恶化的城市，严格控制其新增大气污染物排放的建设项目。

（二十九）加强宣传教育

组织编写大气污染防治科普宣传和培训材料，开展多种形式的大气环境保护宣传教育，动员和引导公众参与区域大气污染联防联控工作。定期公布区域空气质量状况和大气污染防治工作进展情况，充分发挥新闻媒体的舆论引导和监督作用。

附录D　中华人民共和国大气污染防治法

《中华人民共和国大气污染防治法》已由中华人民共和国第九届全国人民代表大会常务委员会第十五次会议于2000年4月29日修订通过，现将修订后的《中华人民共和国大气污染防治法》公布，自2000年9月1日起施行。

第一章　总　则

第一条　为防治大气污染，保护和改善生活环境和生态环境，保障人体健康，促进经济和社会的可持续发展，制定本法。

第二条　国务院和地方各级人民政府，必须将大气环境保护工作纳入国民经济和社会发展计划，合理规划工业布局，加强防治大气污染的科学研究，采取防治大气污染的措施，保护和改善大气环境。

第三条　国家采取措施，有计划地控制或者逐步削减各地方主要大气污染物的排放总量。地方各级人民政府对本辖区的大气环境质量负责，制定规划，采取措施，使本辖区的大气环境质量达到规定的标准。

第四条　县级以上人民政府环境保护行政主管部门对大气污染防治实施统一监督管理。各级公安、交通、铁道、渔业管理部门根据各自的职责，对机动车船污染大气实施监督管理。县级以上人民政府其他有关主管部门在各自职责范围内对大气污染防治实施监督管理。

第五条　任何单位和个人都有保护大气环境的义务，并有权对污染大气环境的单位和个人进行检举和控告。

第六条　国务院环境保护行政主管部门制定国家大气环境质量标准。省、自治区、直辖市人民政府对国家大气环境质量标准中未作规定的项目，可以制定地方标准，并报国务院环境保护行政主管部门备案。

第七条　国务院环境保护行政主管部门根据国家大气环境质量标准和国家经济、技术条件制定国家大气污染物排放标准。省、自治区、直辖市人民政府对国家大气污染物排放标准中未作规定的项目，可以制定地方排放标准；对国家大气污染物排放标准中已作规定的项目，可以制定严于国家排放标准的地方排放标准。地方排放标准须报国务院环境保护行政主管部门备案。省、自治区、直辖市人民政府制定机动车船大气污染物地方排放标准严于国家排放标准的，须报经国务院批准。凡是向已有地方排放标准的区域排放大气污染物的，应当执行地方排放标准。

第八条　国家采取有利于大气污染防治以及相关的综合利用活动的经济、技术政策和措施。在防治大气污染、保护和改善大气环境方面成绩显著的单位和个人，由各级人民政府给予奖励。

第九条　国家鼓励和支持大气污染防治的科学技术研究，推广先进适用的大气污染防治技术；鼓励和支持开发、利用太阳能、风能、水能等清洁能源。国家鼓励和支持环境保护产业的发展。

第十条　各级人民政府应当加强植树种草、城乡绿化工作，因地制宜地采取有效措施做好防沙治沙工作，改善大气环境质量。

第二章　大气污染防治的监督管理

第十一条　新建、扩建、改建向大气排放污染物的项目，必须遵守国家有关建设项目环境保护管理的规定。建设项目的环境影响报告书，必须对建设项目可能产生的大气污染和对生态环境的影响作出评价，规定防治措施，并按照规定的程序报环境保护行政主管部门审查批准。建设项目投入生产或者使用之前，其大气污染防治设施必须经过环境保护行政主管部门验收，达不到国家有关建设项目环境保护管理规定的要求的建设项目，不得投入生产或者使用。

第十二条　向大气排放污染物的单位，必须按照国务院环境保护行政主管部门的规定向所在地的环境保护行政主管部门申报拥有的污染物排放设施、处理设施和在正常作业条件下排放污染物的种类、数量、浓度，并提供防治大气污染方面的有关技术资料。前款规定的排污单位排放大气污染物的种类、数量、浓度有重大改变的，应当及时申报；其大气污染物处理设施必须保持正常使用，拆除或者闲置大气污染物处理设施的，必须事先报经所在地的县级以上地方人民政府环境保护行政主管部门批准。

第十三条　向大气排放污染物的，其污染物排放浓度不得超过国家和地方规定的排放标准。

第十四条　国家实行按照向大气排放污染物的种类和数量征收排污费的制度，根据加强大气污染防治的要求和国家的经济、技术条件合理制定排污费的征收标准。征收排污费必须遵守国家规定的标准，具体办法和实施步骤由国务院规定。征收的排污费一律上缴财政，按照国务院的规定用于大气污染防治，不得挪作他用，并由审计机关依法实施审计监督。

第十五条　国务院和省、自治区、直辖市人民政府对尚未达到规定的大气环境质量标准的区域和国务院批准划定的酸雨控制区、二氧化硫污染控制区，可以划定为主要大气污染物排放总量控制区。主要大气污染物排放总量控制的具体办法由国务院规定。大气污染物总量控制区内有关地方人民政府依照国务院规定的条件和程序，按照公开、公平、公正的原则，核定企业事业单位的主要大气污染物排放总量，核发主要大气污染物排放许可证。有大气污染物总量控制任务的企业事业单位，必须按照核定的主要大气污染物排放总量和许可证规定的排放条件排放污染物。

第十六条　在国务院和省、自治区、直辖市人民政府划定的风景名胜区、自然保护区、文物保护单位附近地区和其他需要特别保护的区域内，不得建设污染环境的工业生产设施；建设其他设施，其污染物排放不得超过规定的排放标准。在本法施行前企业事业单位已经建成的设施，其污染物排放超过规定的排放标准的，依照本法第四十八条的规定限期治理。

第十七条　国务院按照城市总体规划、环境保护规划目标和城市大气环境质量状况，划定大气污染防治重点城市。直辖市、省会城市、沿海开放城市和重点旅游城市应当列入大气污染防治重点城市。未达到大气环境质量标准的大气污染防治重点城市，应当按照国务院或者国务院环境保护行政主管部门规定的期限，达到大气环境质量标准。该城市人民政府应当制定限期达标规划，并可以根据国务院的授权或者规定，采取更加严格的措施，按期实现达标规划。

第十八条　国务院环境保护行政主管部门会同国务院有关部门，根据气象、地形、土壤等自然条件，可以对已经产生、可能产生酸雨的地区或者其他二氧化硫污染严重的地区，经国务院批准后，划定为酸雨控制区或者二氧化硫污染控制区。

第十九条　企业应当优先采用能源利用效率高、污染物排放量少的清洁生产工艺，减少大气污染物的产生。国家对严重污染大气环境的落后生产工艺和严重污染大气环境的落后设备实行淘汰制度。国务院经济综合主管部门会同国务院有关部门公布限期禁止采用的严重污染大气环境的工艺名录和限期禁止生产、禁止销售、禁止进口、禁止使用的严重污染大气环境的设备名录。生产者、销售者、进口者或者使用者必须在国务院经济综合主管部门会同国务院有关部门规定的期限内分别停止生产、销售、进口或者使用列入前款规定的名录中的设备。生产工艺的采用者必须在国务院经济综合主管部门会同国务院有关部门规定的期限内停止采用列入前款规定的名录中的工艺。依照前两款规定被淘汰的设备，不得转让给他人使用。

第二十条　单位因发生事故或者其他突然性事件，排放和泄漏有毒有害气体和放射性物质，造成或者可能造成大气污染事故、危害人体健康的，必须立即采取防治大气污染危害的应急措施，通报可能受到大气污染危害的单位和居民，并报告当地环境保护行政主管部门，接受调查处理。在大气受到严重污染，危害人体健康和安全的紧急情况下，当地人民政府应当及时向当地居民公告，采取强制性应急措施，包括责令有关排污单位停止排放污染物。

第二十一条　环境保护行政主管部门和其他监督管理部门有权对管辖范围内的排污单位进行现场检查，被检查单位必须如实反映情况，提供必要的资料。检查部门有义务为被检查单位保守技术秘密和业务秘密。

第二十二条　国务院环境保护行政主管部门建立大气污染监测制度，组织监测网络，制定统一的监测方法。

第二十三条　大、中城市人民政府环境保护行政主管部门应当定期发布大气环境质量状况公报，并逐步开展大气环境质量预报工作。大气环境质量状况公报应当包括城市大气环境污染特征、主要污染物的种类及污染危害程度等内容。

第三章　防治燃煤产生的大气污染

第二十四条　国家推行煤炭洗选加工，降低煤的硫份和灰份，限制高硫份、高灰份煤炭的开采。新建的所采煤炭属于高硫份、高灰份的煤矿，必须建设配套的煤炭洗选设施，使煤炭中的含硫份、含灰份达到规定的标准。对已建成的所采煤炭属于高硫份、高灰份的煤矿，应当按照国务院批准的规划，限期建成配套的煤炭洗选设施。禁止开采含放射性和砷等有毒有害物质超过规定标准的煤炭。

第二十五条　国务院有关部门和地方各级人民政府应当采取措施，改进城市能源结构，推广清洁能源的生产和使用。大气污染防治重点城市人民政府可以在本辖区内划定禁止销售、使用国务院环境保护行政主管部门规定的高污染燃料的区域。该区域内的单位和个人应当在当地人民政府规定的期限内停止燃用高污染燃料，改用天然气、液化石油气、电或者其他清洁能源。

第二十六条　国家采取有利于煤炭清洁利用的经济、技术政策和措施，鼓励和支持使用低硫份、低灰份的优质煤炭，鼓励和支持洁净煤技术的开发和推广。

第二十七条　国务院有关主管部门应当根据国家规定的锅炉大气污染物排放标准，在锅炉产品质量标准中规定相应的要求；达不到规定要求的锅炉，不得制造、销售或者进口。

第二十八条　城市建设应当统筹规划，在燃煤供热地区，统一解决热源，发展集中供热。在集中供热管网覆盖的地区，不得新建燃煤供热锅炉。

第二十九条　大、中城市人民政府应当制定规划，对饮食服务企业限期使用天然气、液化石油气、电或者其他清洁能源。对未划定为禁止使用高污染燃料区域的大、中城市市区内的其他民用炉灶，限期改用固硫型煤或者使用其他清洁能源。

第三十条　新建、扩建排放二氧化硫的火电厂和其他大中型企业，超过规定的污染物排放标准或者总量控制指标的，必须建设配套脱硫、除尘装置或者采取其他控制二氧化硫排放、除尘的措施。在酸雨控制区和二氧化硫污染控制区内，属于已建企业超过规定的污染物排放标准排放大气污染物的，依照本法第四十八条的规定限期治理。国家鼓励企业采用先进的脱硫、除尘技术。企业应当对燃料燃烧过程中产生的氮氧化物采取控制措施。

第三十一条　在人口集中地区存放煤炭、煤矸石、煤渣、煤灰、砂石、灰土等物料，必须采取防燃、防尘措施，防止污染大气。

第四章　防治机动车船排放污染

第三十二条　机动车船向大气排放污染物不得超过规定的排放标准。任何单位和个人不得制造、销售或者进口污染物排放超过规定排放标准的机动车船。

第三十三条　在用机动车不符合制造当时的在用机动车污染物排放标准的，不得上路行驶。省、自治区、直辖市人民政府规定对在用机动车实行新的污染物排放标准并对其进行改造的，须报经国务院批准。机动车维修单位，应当按照防治大气污染的要求和国家有关技术规范进行维修，使在用机动车达到规定的污染物排放标准。

第三十四条　国家鼓励生产和消费使用清洁能源的机动车船。国家鼓励和支持生产、使用优质燃料油，采取措施减少燃料油中有害物质对大气环境的污染。单位和个人应当按照国务院规定的期限，停止生产、进口、销售含铅汽油。

第三十五条　省、自治区、直辖市人民政府环境保护行政主管部门可以委托已取得公安机关资质认定的承担机动车年检的单位，按照规范对机动车排气污染进行年度检测。交通、渔政等有监督管理权的部门可以委托已取得有关主管部门资质认定的承担机动船舶年检的单位，按照规范对机动船舶排气污染进行年度检测。县级以上地方人民政府环境保护行政主管部门可以在机动车停放地对在用机动车的污染物排放状况进行监督抽测。

第五章　防治废气、粉尘和恶臭污染

第三十六条　向大气排放粉尘的排污单位，必须采取除尘措施。严格限制向大气排放含有毒物质的废气和粉尘；确需排放的，必须经过净化处理，不超过规定的排放标准。

第三十七条　工业生产中产生的可燃性气体应当回收利用，不具备回收利用条件而向大气排放的，应当进行防治污染处理。向大气排放转炉气、电石气、电炉法黄磷尾气、有机烃类尾气的，须报经当地环境保护行政主管部门批准。可燃性气体回收利用装置不能正常作业的，应当及时修复或者更新。在回收利用装置不能正常作业期间确需排放可燃性气体的，应当将排放的可燃性气体充分燃烧或者采取其他减轻大气污染的措施。

第三十八条　炼制石油、生产合成氨、煤气和燃煤焦化、有色金属冶炼过程中排放含有硫化物气体的，应当配备脱硫装置或者采取其他脱硫措施。

第三十九条　向大气排放含放射性物质的气体和气溶胶，必须符合国家有关放射性防护的规定，不得超过规定的排放标准。

第四十条　向大气排放恶臭气体的排污单位，必须采取措施防止周围居民区受到污染。

第四十一条　在人口集中地区和其他依法需要特殊保护的区域内，禁止焚烧沥青、油毡、橡胶、塑料、皮革、垃圾以及其他产生有毒有害烟尘和恶臭气体的物质。禁止在人口集中地区、机场周围、交通干线附近以及当地人民政府划定的区域露天焚烧秸秆、落叶等产生烟尘污染的物质。除前两款外，城市人民政府还可以根据实际情况，采取防治烟尘污染的其他措施。

第四十二条　运输、装卸、贮存能够散发有毒有害气体或者粉尘物质的，必须采取密闭措施或者其他防护措施。

第四十三条　城市人民政府应当采取绿化责任制、加强建设施工管理、扩大地面铺装面积、控制渣土堆放和清洁运输等措施，提高人均占有绿地面积，减少市区裸露地面和地面尘土，防治城市扬尘污染。

在城市市区进行建设施工或者从事其他产生扬尘污染活动的单位，必须按照当地环境保护的规定，采取防治扬尘污染的措施。

国务院有关行政主管部门应当将城市扬尘污染的控制状况作为城市环境综合整治考核的依据之一。

第四十四条　城市饮食服务业的经营者，必须采取措施，防治油烟对附近居民的居住环境造成污染。

第四十五条　国家鼓励、支持消耗臭氧层物质替代品的生产和使用，逐步减少消耗臭氧层物质的产量，直至停止消耗臭氧层物质的生产和使用。

在国家规定的期限内，生产、进口消耗臭氧层物质的单位必须按照国务院有关行政主管部门核定的配额进行生产、进口。

第六章　法律责任

第四十六条　违反本法规定，有下列行为之一的，环境保护行政主管部门或者本法第四条第二款规定的监督管理部门可以根据不同情节，责令停止违法行为，限期改正，给予警告或者处以五万元以下罚款：（一）拒报或者谎报国务院环境保护行政主管部门规定的有关污染物排放申报事项的；（二）拒绝环境保护行政主管部门或者其他监督管理部门现场检查或者在被检查时弄虚作假的；（三）排污单位不正常使用大气污染物处理设施，或者未经环境保护行政主管部门批准，擅自拆除、闲置大气污染物处理设施的；（四）未采取防燃、防尘措施，在人口集中地区存放煤炭、煤矸石、煤渣、煤灰、砂石、灰土等物料的。

第四十七条　违反本法第十一条规定，建设项目的大气污染防治设施没有建成或者没有达到国家有关建设项目环境保护管理的规定的要求，投入生产或者使用的，由审批该建设项目的环境影响报告书的环境保护行政主管部门责令停止生产或者使用，可以并处一万元以上十万元以下罚款。

第四十八条　违反本法规定，向大气排放污染物超过国家和地方规定排放标准的，应当限期治理，并由所在地县级以上地方人民政府环境保护行政主管部门处一万元以上十万元以下罚款。限期治理的决定权限和违反限期治理要求的行政处罚由国务院规定。

第四十九条　违反本法第十九条规定，生产、销售、进口或者使用禁止生产、销售、进口、使用的设备，或者采用禁止采用的工艺的，由县级以上人民政府经济综合主管部门责令改正；情节严重的，由县级以上人民政府经济综合主管部门提出意见，报请同级人民政府按照国务院规定的权限责令停业、关闭。

将淘汰的设备转让给他人使用的，由转让者所在地县级以上地方人民政府环境保护行政主管部门或者其他依法行使监督管理权的部门没收转让者的违法所得，并处违法所得两倍以下罚款。

第五十条　违反本法第二十四条第三款规定，开采含放射性和砷等有毒有害物质超过规定标准的煤炭的，由县级以上人民政府按照国务院规定的权限责令关闭。

第五十一条　违反本法第二十五条第二款或者第二十九条第一款的规定，在当地人民政府规定的期限届满后继续燃用高污染燃料的，由所在地县级以上地方人民政府环境保护行政主管部门责令拆除或者没收燃用高污染燃料的设施。

第五十二条　违反本法第二十八条规定，在城市集中供热管网覆盖地区新建燃煤供热锅炉的，由县级以上地方人民政府环境保护行政主管部门责令停止违法行为或者限期改正，可以处五万元以下罚款。

第五十三条　违反本法第三十二条规定，制造、销售或者进口超过污染物排放标准的机动车船的，由依法行使监督管理权的部门责令停止违法行为，没收违法所得，可以并处违法所得一倍以下的罚款；对无法达到规定的污染物排放标准的机动车船，没收销毁。

第五十四条　违反本法第三十四条第二款规定，未按照国务院规定的期限停止生产、进口或者销售含铅汽油的，由所在地县级以上地方人民政府环境保护行政主管部门或者其他依法行使监督管理权的部门责令停止违法行为，没收所生产、进口、销售的含铅汽油和违法所得。

第五十五条　违反本法第三十五条第一款或者第二款规定，未取得所在地省、自治区、直辖市人民政府环境保护行政主管部门或者交通、渔政等依法行使监督管理权的部门的委托进行机动车船排气污染检测的，或者在检测中弄虚作假的，由县级以上人民政府环境保护行政主管部门或者交通、渔政等依法行使监督管理权的部门责令停止违法行为，限期改正，可以处五万元以下罚款；情节严重的，由负责资质认定的部门取消承担机动车船年检的资格。

第五十六条　违反本法规定，有下列行为之一的，由县级以上地方人民政府环境保护行政主管部门或者其他依法行使监督管理权的部门责令停止违法行为，限期改正，可以处五万元以下罚款：（一）未采取有效污染防治措施，向大气排放粉尘、恶臭气体或者其他含有有毒物质气体的；（二）未经当地环境保护行政主管部门批准，向大气排放转炉气、电石气、电炉法黄磷尾气、有机烃类尾气的；（三）未采取密闭措施或者其他防护措施，运输、装卸或者贮存能够散发有毒有害气体或者粉尘物质的；（四）城市饮食服务业的经营者未采取有效污染防治措施，致使排放的油烟对附近居民的居住环境造成污染的。

第五十七条　违反本法第四十一条第一款规定，在人口集中地区和其他依法需要特殊保护的区域内，焚烧沥青、油毡、橡胶、塑料、皮革、垃圾以及其他产生有毒有害烟尘和恶臭气体的物质的，由所在地县级以上地方人民政府环境保护行政主管部门责令停止违法行为，处二万元以下罚款。

违反本法第四十一条第二款规定，在人口集中地区、机场周围、交通干线附近以及当地人民政府划定的区域内露天焚烧秸秆、落叶等产生烟尘污染的物质的，由所在地县级以上地方人民政府环境保护行政主管部门责令停止违法行为；情节严重的，可以处二百元以下罚款。

第五十八条　违反本法第四十三条第二款规定，在城市市区进行建设施工或者从事其他产生扬尘污染的活动，未采取有效扬尘防治措施，致使大气环境受到污染的，限期改正，处二万元以下罚款；对逾期仍未达到当地环境保护规定要求的，可以责令其停工整顿。

前款规定的对因建设施工造成扬尘污染的处罚，由县级以上地方人民政府建设行政主管部门决定；对其他造成扬尘污染的处罚，由县级以上地方人民政府指定的有关主管部门决定。

第五十九条　违反本法第四十五条第二款规定，在国家规定的期限内，生产或者进口消耗臭氧层物质超过国务院有关行政主管部门核定配额的，由所在地省、自治区、直辖市人民政府有关行政主管部门处二万元以上二十万元以下罚款；情节严重的，由国务院有关行政主管部门取消生产、进口配额。

第六十条　违反本法规定，有下列行为之一的，由县级以上人民政府环境保护行政主管部门责令限期建设配套设施，可以处二万元以上二十万元以下罚款：（一）新建的所采煤炭属于高硫份、高灰份的煤矿，不按照国家有关规定建设配套的煤炭洗选设施的；（二）排放含有硫化物气体的石油炼制、合成氨生产、煤气和燃煤焦化以及有色金属冶炼的企业，不按照国家有关规定建设配套脱硫装置或者未采取其他脱硫措施的。

第六十一条　对违反本法规定，造成大气污染事故的企业事业单位，由所在地县级以上地方人民政府环境保护行政主管部门根据所造成的危害后果处直接经济损失百分之五十以下罚款，但最高不超过五十万元；情节较重的，对直接负责的主管人员和其他直接责任人员，由所在单位或者上级主管机关依法给予行政处分或者纪律处分；造成重大大气污染事故，导致公私财产重大损失或者人身伤亡的严重后果，构成犯罪的，依法追究刑事责任。

第六十二条　造成大气污染危害的单位，有责任排除危害，并对直接遭受损失的单位或者个人赔偿损失。赔偿责任和赔偿金额的纠纷，可以根据当事人的请求，由环境保护行政主管部门调解处理；调解不成的，当事人可以向人民法院起诉。当事人也可以直接向人民法院起诉。

第六十三条　完全由于不可抗拒的自然灾害，并经及时采取合理措施，仍然不能避免造成大气污染损失的，免于承担责任。

第六十四条　环境保护行政主管部门或者其他有关部门违反本法第十四条第三款的规定，将征收的排污费挪作他用的，由审计机关或者监察机关责令退回挪用款项或者采取其他措施予以追回，对直接负责的主管人员和其他直接责任人员依法给予行政处分。

第六十五条　环境保护监督管理人员滥用职权、玩忽职守的，给予行政处分；构成犯罪的，依法追究刑事责任。

第七章　附　　则

第六十六条　本法自 2000 年 9 月 1 日起施行。

附录E 大气污染防治行动计划

第一条 加大综合治理力度，减少多污染物排放

（一）加强工业企业大气污染综合治理。全面整治燃煤小锅炉。加快推进集中供热、“煤改气”“煤改电”工程建设，到2017年，除必要保留的以外，地级及以上城市建成区基本淘汰每小时10蒸吨及以下的燃煤锅炉，禁止新建每小时20蒸吨以下的燃煤锅炉；其他地区原则上不再新建每小时10蒸吨以下的燃煤锅炉。在供热供气管网不能覆盖的地区，改用电、新能源或洁净煤，推广应用高效节能环保型锅炉。在化工、造纸、印染、制革、制药等产业集聚区，通过集中建设热电联产机组逐步淘汰分散燃煤锅炉。

加快重点行业脱硫、脱硝、除尘改造工程建设。所有燃煤电厂、钢铁企业的烧结机和球团生产设备、石油炼制企业的催化裂化装置、有色金属冶炼企业都要安装脱硫设施，每小时20蒸吨及以上的燃煤锅炉要实施脱硫。除循环流化床锅炉以外的燃煤机组均应安装脱硝设施，新型干法水泥窑要实施低氮燃烧技术改造并安装脱硝设施。燃煤锅炉和工业窑炉现有除尘设施要实施升级改造。

推进挥发性有机物污染治理。在石化、有机化工、表面涂装、包装印刷等行业实施挥发性有机物综合整治，在石化行业开展“泄漏检测与修复”技术改造。限时完成加油站、储油库、油罐车的油气回收治理，在原油成品油码头积极开展油气回收治理。完善涂料、胶粘剂等产品挥发性有机物限值标准，推广使用水性涂料，鼓励生产、销售和使用低毒、低挥发性有机溶剂。

京津冀、长三角、珠三角等区域要于2015年底前基本完成燃煤电厂、燃煤锅炉和工业窑炉的污染治理设施建设与改造，完成石化企业有机废气综合治理。

（二）深化面源污染治理。综合整治城市扬尘。加强施工扬尘监管，积极推进绿色施工，建设工程施工现场应全封闭设置围挡墙，严禁敞开式作业，施工现场道路应进行地面硬化。渣土运输车辆应采取密闭措施，并逐步安装卫星定位系统。推行道路机械化清扫等低尘作业方式。大型煤堆、料堆要实现封闭储存或建设防风抑尘设施。推进城市及周边绿化和防风防沙林建设，扩大城市建成区绿地规模。

开展餐饮油烟污染治理。城区餐饮服务经营场所应安装高效油烟净化设施，推广使用高效净化型家用吸油烟机。

（三）强化移动源污染防治。加强城市交通管理。优化城市功能和布局规划，推广智能交通管理，缓解城市交通拥堵。实施公交优先战略，提高公共交通出行比

例，加强步行、自行车交通系统建设。根据城市发展规划，合理控制机动车保有量，北京、上海、广州等特大城市要严格限制机动车保有量。通过鼓励绿色出行、增加使用成本等措施，降低机动车使用强度。

提升燃油品质。加快石油炼制企业升级改造，力争在2013年底前，全国供应符合国家第四阶段标准的车用汽油，在2014年底前，全国供应符合国家第四阶段标准的车用柴油，在2015年底前，京津冀、长三角、珠三角等区域内重点城市全面供应符合国家第五阶段标准的车用汽、柴油，在2017年底前，全国供应符合国家第五阶段标准的车用汽、柴油。加强油品质量监督检查，严厉打击非法生产、销售不合格油品行为。

加快淘汰黄标车和老旧车辆。采取划定禁行区域、经济补偿等方式，逐步淘汰黄标车和老旧车辆。到2015年，淘汰2005年底前注册营运的黄标车，基本淘汰京津冀、长三角、珠三角等区域内的500万辆黄标车。到2017年，基本淘汰全国范围的黄标车。

加强机动车环保管理。环保、工业和信息化、质检、工商等部门联合加强新生产车辆环保监管，严厉打击生产、销售环保不达标车辆的违法行为；加强在用机动车年度检验，对不达标车辆不得发放环保合格标志，不得上路行驶。加快柴油车车用尿素供应体系建设。研究缩短公交车、出租车强制报废年限。鼓励出租车每年更换高效尾气净化装置。开展工程机械等非道路移动机械和船舶的污染控制。

加快推进低速汽车升级换代。不断提高低速汽车（三轮汽车、低速货车）节能环保要求，减少污染排放，促进相关产业和产品技术升级换代。自2017年起，新生产的低速货车执行与轻型载货车同等的节能与排放标准。

大力推广新能源汽车。公交、环卫等行业和政府机关要率先使用新能源汽车，采取直接上牌、财政补贴等措施鼓励个人购买。北京、上海、广州等城市每年新增或更新的公交车中新能源和清洁燃料车的比例达到60%以上。

第二条　调整优化产业结构，推动产业转型升级

（四）严控“两高”行业新增产能。修订高耗能、高污染和资源性行业准入条件，明确资源能源节约和污染物排放等指标。有条件的地区要制定符合当地功能定位、严于国家要求的产业准入目录。严格控制“两高”行业新增产能，新、改、扩建项目要实行产能等量或减量置换。

（五）加快淘汰落后产能。结合产业发展实际和环境质量状况，进一步提高环保、能耗、安全、质量等标准，分区域明确落后产能淘汰任务，倒逼产业转型升级。

按照《部分工业行业淘汰落后生产工艺装备和产品指导目录（2010年本）》《产业结构调整指导目录（2011年本）（修正）》的要求，采取经济、技术、法律

和必要的行政手段，提前一年完成钢铁、水泥、电解铝、平板玻璃等21个重点行业的“十二五”落后产能淘汰任务。2015年再淘汰炼铁1500万吨、炼钢1500万吨、水泥（熟料及粉磨能力）1亿吨、平板玻璃2000万重量箱。对未按期完成淘汰任务的地区，严格控制国家安排的投资项目，暂停对该地区重点行业建设项目办理审批、核准和备案手续。2016年、2017年，各地区要制定范围更宽、标准更高的落后产能淘汰政策，再淘汰一批落后产能。

对布局分散、装备水平低、环保设施差的小型工业企业进行全面排查，制定综合整改方案，实施分类治理。

（六）压缩过剩产能。加大环保、能耗、安全执法处罚力度，建立以节能环保标准促进“两高”行业过剩产能退出的机制。制定财政、土地、金融等扶持政策，支持产能过剩“两高”行业企业退出、转型发展。发挥优强企业对行业发展的主导作用，通过跨地区、跨所有制企业兼并重组，推动过剩产能压缩。严禁核准产能严重过剩行业新增产能项目。

（七）坚决停建产能严重过剩行业违规在建项目。认真清理产能严重过剩行业违规在建项目，对未批先建、边批边建、越权核准的违规项目，尚未开工建设的，不准开工；正在建设的，要停止建设。地方人民政府要加强组织领导和监督检查，坚决遏制产能严重过剩行业盲目扩张。

第三条　加快企业技术改造，提高科技创新能力

（八）强化科技研发和推广。加强灰霾、臭氧的形成机理、来源解析、迁移规律和监测预警等研究，为污染治理提供科学支撑。加强大气污染与人群健康关系的研究。支持企业技术中心、国家重点实验室、国家工程实验室建设，推进大型大气光化学模拟仓、大型气溶胶模拟仓等科技基础设施建设。

加强脱硫、脱硝、高效除尘、挥发性有机物控制、柴油机（车）排放净化、环境监测，以及新能源汽车、智能电网等方面的技术研发，推进技术成果转化应用。加强大气污染治理先进技术、管理经验等方面的国际交流与合作。

（九）全面推行清洁生产。对钢铁、水泥、化工、石化、有色金属冶炼等重点行业进行清洁生产审核，针对节能减排关键领域和薄弱环节，采用先进适用的技术、工艺和装备，实施清洁生产技术改造；到2017年，重点行业排污强度比2012年下降30%以上。推进非有机溶剂型涂料和农药等产品创新，减少生产和使用过程中挥发性有机物排放。积极开发缓释肥料新品种，减少化肥施用过程中氨的排放。

（十）大力发展循环经济。鼓励产业集聚发展，实施园区循环化改造，推进能源梯级利用、水资源循环利用、废物交换利用、土地节约集约利用，促进企业循环式生产、园区循环式发展、产业循环式组合，构建循环型工业体系。推动水泥、钢

铁等工业窑炉、高炉实施废物协同处置。大力发展机电产品再制造，推进资源再生利用产业发展。到 2017 年，单位工业增加值能耗比 2012 年降低 20% 左右，在 50% 以上的各类国家级园区和 30% 以上的各类省级园区实施循环化改造，主要有色金属品种以及钢铁的循环再生比重达到 40% 左右。

（十一）大力培育节能环保产业。着力把大气污染治理的政策要求有效转化为节能环保产业发展的市场需求，促进重大环保技术装备、产品的创新开发与产业化应用。扩大国内消费市场，积极支持新业态、新模式，培育一批具有国际竞争力的大型节能环保企业，大幅增加大气污染治理装备、产品、服务产业产值，有效推动节能环保、新能源等战略性新兴产业发展。鼓励外商投资节能环保产业。

第四条　加快调整能源结构，增加清洁能源供应

（十二）控制煤炭消费总量。制定国家煤炭消费总量中长期控制目标，实行目标责任管理。到 2017 年，煤炭占能源消费总量比重降低到 65% 以下。京津冀、长三角、珠三角等区域力争实现煤炭消费总量负增长，通过逐步提高接受外输电比例、增加天然气供应、加大非化石能源利用强度等措施替代燃煤。

京津冀、长三角、珠三角等区域新建项目禁止配套建设自备燃煤电站。耗煤项目要实行煤炭减量替代。除热电联产外，禁止审批新建燃煤发电项目；现有多台燃煤机组装机容量合计达到 30 万千瓦以上的，可按照煤炭等量替代的原则建设为大容量燃煤机组。

（十三）加快清洁能源替代利用。加大天然气、煤制天然气、煤层气供应。到 2015 年，新增天然气干线管输能力 1500 亿立方米以上，覆盖京津冀、长三角、珠三角等区域。优化天然气使用方式，新增天然气应优先保障居民生活或用于替代燃煤；鼓励发展天然气分布式能源等高效利用项目，限制发展天然气化工项目；有序发展天然气调峰电站，原则上不再新建天然气发电项目。

制定煤制天然气发展规划，在满足最严格的环保要求和保障水资源供应的前提下，加快煤制天然气产业化和规模化步伐。

积极有序发展水电，开发利用地热能、风能、太阳能、生物质能，安全高效发展核电。到 2017 年，运行核电机组装机容量达到 5000 万千瓦，非化石能源消费比重提高到 13%。

京津冀区域城市建成区、长三角城市群、珠三角区域要加快现有工业企业燃煤设施天然气替代步伐；到 2017 年，基本完成燃煤锅炉、工业窑炉、自备燃煤电站的天然气替代改造任务。

（十四）推进煤炭清洁利用。提高煤炭洗选比例，新建煤矿应同步建设煤炭洗选设施，现有煤矿要加快建设与改造；到 2017 年，原煤入选率达到 70% 以上。禁

止进口高灰份、高硫份的劣质煤炭，研究出台煤炭质量管理办法。限制高硫石油焦的进口。

扩大城市高污染燃料禁燃区范围，逐步由城市建成区扩展到近郊。结合城中村、城乡结合部、棚户区改造，通过政策补偿和实施峰谷电价、季节性电价、阶梯电价、调峰电价等措施，逐步推行以天然气或电替代煤炭。鼓励北方农村地区建设洁净煤配送中心，推广使用洁净煤和型煤。

（十五）提高能源使用效率。严格落实节能评估审查制度。新建高耗能项目单位产品（产值）能耗要达到国内先进水平，用能设备达到一级能效标准。京津冀、长三角、珠三角等区域，新建高耗能项目单位产品（产值）能耗要达到国际先进水平。

积极发展绿色建筑，政府投资的公共建筑、保障性住房等要率先执行绿色建筑标准。新建建筑要严格执行强制性节能标准，推广使用太阳能热水系统、地源热泵、空气源热泵、光伏建筑一体化、“热－电－冷”三联供等技术和装备。

推进供热计量改革，加快北方采暖地区既有居住建筑供热计量和节能改造；新建建筑和完成供热计量改造的既有建筑逐步实行供热计量收费。加快热力管网建设与改造。

第五条　严格节能环保准入，优化产业空间布局

（十六）调整产业布局。按照主体功能区规划要求，合理确定重点产业发展布局、结构和规模，重大项目原则上布局在优化开发区和重点开发区。所有新、改、扩建项目，必须全部进行环境影响评价；未通过环境影响评价审批的，一律不准开工建设；违规建设的，要依法进行处罚。加强产业政策在产业转移过程中的引导与约束作用，严格限制在生态脆弱或环境敏感地区建设“两高”行业项目。加强对各类产业发展规划的环境影响评价。

在东部、中部和西部地区实施差别化的产业政策，对京津冀、长三角、珠三角等区域提出更高的节能环保要求。强化环境监管，严禁落后产能转移。

（十七）强化节能环保指标约束。提高节能环保准入门槛，健全重点行业准入条件，公布符合准入条件的企业名单并实施动态管理。严格实施污染物排放总量控制，将二氧化硫、氮氧化物、烟粉尘和挥发性有机物排放是否符合总量控制要求作为建设项目环境影响评价审批的前置条件。

京津冀、长三角、珠三角区域以及辽宁中部、山东、武汉及其周边、长株潭、成渝、海峡西岸、山西中北部、陕西关中、甘宁、乌鲁木齐城市群等“三区十群”中的47个城市，新建火电、钢铁、石化、水泥、有色、化工等企业以及燃煤锅炉项目要执行大气污染物特别排放限值。各地区可根据环境质量改善的需要，扩大特

别排放限值实施的范围。

对未通过能评、环评审查的项目，有关部门不得审批、核准、备案，不得提供土地，不得批准开工建设，不得发放生产许可证、安全生产许可证、排污许可证，金融机构不得提供任何形式的新增授信支持，有关单位不得供电、供水。

（十八）优化空间格局。科学制定并严格实施城市规划，强化城市空间管制要求和绿地控制要求，规范各类产业园区和城市新城、新区设立和布局，禁止随意调整和修改城市规划，形成有利于大气污染物扩散的城市和区域空间格局。研究开展城市环境总体规划试点工作。

结合化解过剩产能、节能减排和企业兼并重组，有序推进位于城市主城区的钢铁、石化、化工、有色金属冶炼、水泥、平板玻璃等重污染企业环保搬迁、改造，到 2017 年基本完成。

第六条　发挥市场机制作用，完善环境经济政策

（十九）发挥市场机制调节作用。本着“谁污染、谁负责，多排放、多负担，节能减排得收益、获补偿”的原则，积极推行激励与约束并举的节能减排新机制。

分行业、分地区对水、电等资源类产品制定企业消耗定额。建立企业“领跑者”制度，对能效、排污强度达到更高标准的先进企业给予鼓励。

全面落实“合同能源管理”的财税优惠政策，完善促进环境服务业发展的扶持政策，推行污染治理设施投资、建设、运行一体化特许经营。完善绿色信贷和绿色证券政策，将企业环境信息纳入征信系统。严格限制环境违法企业贷款和上市融资。推进排污权有偿使用和交易试点。

（二十）完善价格税收政策。根据脱硝成本，结合调整销售电价，完善脱硝电价政策。现有火电机组采用新技术进行除尘设施改造的，要给予价格政策支持。实行阶梯式电价。

推进天然气价格形成机制改革，理顺天然气与可替代能源的比价关系。

按照合理补偿成本、优质优价和污染者付费的原则合理确定成品油价格，完善对部分困难群体和公益性行业成品油价格改革补贴政策。

加大排污费征收力度，做到应收尽收。适时提高排污收费标准，将挥发性有机物纳入排污费征收范围。

研究将部分“两高”行业产品纳入消费税征收范围。完善“两高”行业产品出口退税政策和资源综合利用税收政策。积极推进煤炭等资源税从价计征改革。符合税收法律法规规定，使用专用设备或建设环境保护项目的企业以及高新技术企业，可以享受企业所得税优惠。

（二十一）拓宽投融资渠道。深化节能环保投融资体制改革，鼓励民间资本和

社会资本进入大气污染防治领域。引导银行业金融机构加大对大气污染防治项目的信贷支持。探索排污权抵押融资模式，拓展节能环保设施融资、租赁业务。

地方人民政府要对涉及民生的“煤改气”项目、黄标车和老旧车辆淘汰、轻型载货车替代低速货车等加大政策支持力度，对重点行业清洁生产示范工程给予引导性资金支持。要将空气质量监测站点建设及其运行和监管经费纳入各级财政预算予以保障。

在环境执法到位、价格机制理顺的基础上，中央财政统筹整合主要污染物减排等专项，设立大气污染防治专项资金，对重点区域按治理成效实施“以奖代补”；中央基本建设投资也要加大对重点区域大气污染防治的支持力度。

第七条　健全法律法规体系，严格依法监督管理

（二十二）完善法律法规标准。加快大气污染防治法修订步伐，重点健全总量控制、排污许可、应急预警、法律责任等方面的制度，研究增加对恶意排污、造成重大污染危害的企业及其相关负责人追究刑事责任的内容，加大对违法行为的处罚力度。建立健全环境公益诉讼制度。研究起草环境税法草案，加快修改环境保护法，尽快出台机动车污染防治条例和排污许可证管理条例。各地区可结合实际，出台地方性大气污染防治法规、规章。

加快制（修）订重点行业排放标准以及汽车燃料消耗量标准、油品标准、供热计量标准等，完善行业污染防治技术政策和清洁生产评价指标体系。

（二十三）提高环境监管能力。完善国家监察、地方监管、单位负责的环境监管体制，加强对地方人民政府执行环境法律法规和政策的监督。加大环境监测、信息、应急、监察等能力建设力度，达到标准化建设要求。

建设城市站、背景站、区域站统一布局的国家空气质量监测网络，加强监测数据质量管理，客观反映空气质量状况。加强重点污染源在线监控体系建设，推进环境卫星应用。建设国家、省、市三级机动车排污监管平台。到 2015 年，地级及以上城市全部建成细颗粒物监测点和国家直管的监测点。

（二十四）加大环保执法力度。推进联合执法、区域执法、交叉执法等执法机制创新，明确重点，加大力度，严厉打击环境违法行为。对偷排偷放、屡查屡犯的违法企业，要依法停产关闭。对涉嫌环境犯罪的，要依法追究刑事责任。落实执法责任，对监督缺位、执法不力、徇私枉法等行为，监察机关要依法追究有关部门和人员的责任。

（二十五）实行环境信息公开。国家每月公布空气质量最差的 10 个城市和最好的 10 个城市的名单。各省（区、市）要公布本行政区域内地级及以上城市空气质量排名。地级及以上城市要在当地主要媒体及时发布空气质量监测信息。

各级环保部门和企业要主动公开新建项目环境影响评价、企业污染物排放、治污设施运行情况等环境信息，接受社会监督。涉及群众利益的建设项目，应充分听取公众意见。建立重污染行业企业环境信息强制公开制度。

第八条　建立区域协作机制，统筹区域环境治理

（二十六）建立区域协作机制。建立京津冀、长三角区域大气污染防治协作机制，由区域内省级人民政府和国务院有关部门参加，协调解决区域突出环境问题，组织实施环评会商、联合执法、信息共享、预警应急等大气污染防治措施，通报区域大气污染防治工作进展，研究确定阶段性工作要求、工作重点和主要任务。

（二十七）分解目标任务。国务院与各省（区、市）人民政府签订大气污染防治目标责任书，将目标任务分解落实到地方人民政府和企业。将重点区域的细颗粒物指标、非重点地区的可吸入颗粒物指标作为经济社会发展的约束性指标，构建以环境质量改善为核心的目标责任考核体系。

国务院制定考核办法，每年初对各省（区、市）上年度治理任务完成情况进行考核；2015 年进行中期评估，并依据评估情况调整治理任务；2017 年对行动计划实施情况进行终期考核。考核和评估结果经国务院同意后，向社会公布，并交由干部主管部门，按照《关于建立促进科学发展的党政领导班子和领导干部考核评价机制的意见》《地方党政领导班子和领导干部综合考核评价办法（试行）》《关于开展政府绩效管理试点工作的意见》等规定，作为对领导班子和领导干部综合考核评价的重要依据。

（二十八）实行严格责任追究。对未通过年度考核的，由环保部门会同组织部门、监察机关等部门约谈省级人民政府及其相关部门有关负责人，提出整改意见，予以督促。

对因工作不力、履职缺位等导致未能有效应对重污染天气的，以及干预、伪造监测数据和没有完成年度目标任务的，监察机关要依法依纪追究有关单位和人员的责任，环保部门要对有关地区和企业实施建设项目环评限批，取消国家授予的环境保护荣誉称号。

第九条　建立监测预警应急体系，妥善应对重污染天气

（二十九）建立监测预警体系。环保部门要加强与气象部门的合作，建立重污染天气监测预警体系。到 2014 年，京津冀、长三角、珠三角区域要完成区域、省、市级重污染天气监测预警系统建设；其他省（区、市）、副省级市、省会城市于 2015 年底前完成。要做好重污染天气过程的趋势分析，完善会商研判机制，提高监测预警的准确度，及时发布监测预警信息。

（三十）制定完善应急预案。空气质量未达到规定标准的城市应制定和完善重

污染天气应急预案并向社会公布；要落实责任主体，明确应急组织机构及其职责、预警预报及响应程序、应急处置及保障措施等内容，按不同污染等级确定企业限产停产、机动车和扬尘管控、中小学校停课以及可行的气象干预等应对措施。开展重污染天气应急演练。

京津冀、长三角、珠三角等区域要建立健全区域、省、市联动的重污染天气应急响应体系。区域内各省（区、市）的应急预案，应于2013年底前报环境保护部备案。

（三十一）及时采取应急措施。将重污染天气应急响应纳入地方人民政府突发事件应急管理体系，实行政府主要负责人负责制。要依据重污染天气的预警等级，迅速启动应急预案，引导公众做好卫生防护。

第十条　明确政府企业和社会的责任，动员全民参与环境保护

（三十二）明确地方政府统领责任。地方各级人民政府对本行政区域内的大气环境质量负总责，要根据国家的总体部署及控制目标，制定本地区的实施细则，确定工作重点任务和年度控制指标，完善政策措施，并向社会公开；要不断加大监管力度，确保任务明确、项目清晰、资金保障。

（三十三）加强部门协调联动。各有关部门要密切配合、协调力量、统一行动，形成大气污染防治的强大合力。环境保护部要加强指导、协调和监督，有关部门要制定有利于大气污染防治的投资、财政、税收、金融、价格、贸易、科技等政策，依法做好各自领域的相关工作。

（三十四）强化企业施治。企业是大气污染治理的责任主体，要按照环保规范要求，加强内部管理，增加资金投入，采用先进的生产工艺和治理技术，确保达标排放，甚至达到“零排放”；要自觉履行环境保护的社会责任，接受社会监督。

（三十五）广泛动员社会参与。环境治理，人人有责。要积极开展多种形式的宣传教育，普及大气污染防治的科学知识。加强大气环境管理专业人才培养。倡导文明、节约、绿色的消费方式和生活习惯，引导公众从自身做起、从点滴做起、从身边的小事做起，在全社会树立起“同呼吸、共奋斗”的行为准则，共同改善空气质量。

中国仍然处于社会主义初级阶段，大气污染防治任务繁重艰巨，要坚定信心、综合治理，突出重点、逐步推进，重在落实、务求实效。各地区、各有关部门和企业要按照本行动计划的要求，紧密结合实际，狠抓贯彻落实，确保空气质量改善目标如期实现。

附录2　区域大气污染地方政府协同网络治理形成影响因素研究调查问卷

尊敬的各位领导，亲爱的各位朋友：

您好！

我们不仅要享受经济发展带来的利益，更要享受身体的健康。为了客观获得区域空气污染地方政府协同合作治理形成（空气污染联防联控）的影响因素，设计、优化治理对策，化解“呼吸之痛”，特进行本次问卷调查。本次问卷调查采用匿名形式，调查结果仅供研究，不会对您产生任何影响。因此，恳请您花5～10分钟时间，在您认为合适的选项上打√或填写。

衷心谢谢您的支持！

第一部分　背景信息

1. 您的性别：男　女
2. 您的年龄段：19～29岁　30～39岁　40～49岁　50岁及以上
3. 您所在省市/县：1. 省城　2. 地级市　3. 县　4. 农村
4. 您的学历：　高中　大专　本科　硕士　博士
5. 您目前的职务（职称）级别：______（厅级以上、处级、科级、其他）

第二部分　选答题

序号	题项	选项				
		极不赞同	不赞同	不能确定	基本赞同	非常赞同
		1	2	3	4	5
1	我们能够进行彼此的资源整合					
2	我们能够拓展合作网络成员					
3	我们能够进行责任控制					

续表

序号	题项	选项				
		极不赞同	不赞同	不能确定	基本赞同	非常赞同
		1	2	3	4	5
4	我们有能力进行学习创新					
5	我们能在合作中进行利益协调					
6	治理投入和利益分配会按协议或协商进行					
7	合作值得我们投入更大的努力					
8	对方有足够的合作能力					
9	对方提供的知识与信息是可靠的					
10	我们都以民众的利益为出发点					
11	双方在领导理念、风格上能够契合					
12	我们对双方的污染治理负有责任					
13	我们坚持合作共赢					
14	我们主张治理公平与效率结合					
15	双方需要彼此的管理人员参与才能达成治理合作目标					
16	双方需要彼此的技术					
17	双方需要彼此的资源					
18	双方分工需要适当性调整					
19	合作治理会减少彼此污染程度					
20	治理技术会得到提高					
21	合作治理能力会得到提升					
22	物质、人力等资源会得到优化配置					
23	污染治理项目招标竞争要有序、正当					
24	实行污染治理技术公司治理污染企业市场化程度					
25	排污权交易市场成熟度是合作治理的关键因素					
26	上级政府把合作治理与地方官员晋升进行挂钩					
27	上级政府给予资金、人才技术支持					
28	上级政府以授权、分权形式给予权力支持					
29	有关环境法律制度应具体和完善					
30	民众环保意识增强					
31	民众缺乏环保实际行动					
32	民众喜欢使用低碳消费品					

续表

序号	题项	选项				
		极不赞同	不赞同	不能确定	基本赞同	非常赞同
		1	2	3	4	5
33	民众参加社会团体，要求减少空气污染					
34	民众要求法律赋予环境侵害直接诉讼等权利					
35	公民认识到直接或间接地促成空气污染					
36	空气污染具有空间转移性					
37	空气污染治理需要政府、企业与公民的合作					
38	我们努力配合采取多种污染治理措施					
39	经济发展、人口规模、环保管制、产业结构和能源利用率等对区域空气污染都产生影响					
40	利益关系需要多重权衡					

后　记

本书的出版得益于许多专家与领导的关心和指导，此书的付梓是在他们的合作网络研究基础上进行创新性研究的成果。值此书出版之际，对所有帮助我们写作的各位同仁朋友给予衷心的致谢。

感谢东华理工大学以及理学院的领导与同仁，本书是在博士论文基础上的东华理工大学博士科研启动基金（编号：DHBK2019394）——江西省流域环境治理的协同网络：生成机理、网络效应及优化的标志性研究成果。

感谢经济科学出版社的各位编辑为本书的出版付出的辛勤劳动、江西省环保厅及统计局等行政单位提供的数据支持，以及本书中所引用的参考文献的作者。

最后，每每让我感动的是，新冠肺炎疫情期间年迈母亲所做的米香，萌儿事业的跃升与帅儿的朴实问候，兄弟姐妹的关怀。这一切都给予我精神与生活上无形而最强有力的鼓励与支持。

罗冬林

2021 年 6 月

东华理工大学 · 华瑞